开发者书库·Python

# Python
## 数据挖掘技术及应用 微课版

曹洁 邓璐娟◎编著

Cao Jie　Deng Lujuan

U0291056

清华大学出版社

北京

## 内 容 简 介

本书是一本全面介绍数据挖掘技术的专业书籍，系统地阐述了数据挖掘的相关概念、原理、算法思想和算法的 Python 代码实现。全书共分 13 章，各章相对独立成篇，以利于读者选择性学习。13 章内容分别为绪论、pandas 数据处理、认识数据、数据预处理、决策树分类、贝叶斯分类、支持向量机分类、感知器分类、回归、聚类、关联规则挖掘、推荐系统、电商评论网络爬取与情感分析。

本书可作为高等院校计算机科学与技术、数据科学与大数据及相关专业的数据挖掘、数据分析课程教材，亦可作为数据挖掘、数据分析人员的参考书。

**图书在版编目（CIP）数据**

Python 数据挖掘技术及应用：微课版/曹洁，邓璐娟编著.—北京：清华大学出版社，2021.5(2024.7重印)
（清华开发者书库.Python）
ISBN 978-7-302-57876-5

Ⅰ.①P… Ⅱ.①曹… ②邓… Ⅲ.①软件工具－程序设计 Ⅳ.①TP311.561

中国版本图书馆 CIP 数据核字（2021）第 057359 号

责任编辑：白立军
封面设计：刘　键
责任校对：焦丽丽
责任印制：曹婉颖

出版发行：清华大学出版社
　　　　网　　　址：https://www.tup.com.cn,https://www.wqxuetang.com
　　　　地　　　址：北京清华大学学研大厦 A 座　　　　　　邮　　编：100084
　　　　社　总　机：010-83470000　　　　　　　　　　　　邮　　购：010-62786544
　　　　投稿与读者服务：010-62776969，c-service@tup.tsinghua.edu.cn
　　　　质量反馈：010-62772015，zhiliang@tup.tsinghua.edu.cn
　　　　课件下载：https://www.tup.com.cn,010-83470236
印　装　者：三河市龙大印装有限公司
经　　　销：全国新华书店
开　　本：185mm×260mm　　　　印　　张：19.5　　　　字　　数：473 千字
版　　次：2021 年 7 月第 1 版　　　　　　　　　印　　次：2024 年 7 月第 5 次印刷
定　　价：69.00 元

产品编号：088987-01

# 前　言
PREFACE

随着物联网、移动互联网、智能终端、Web 2.0 和云计算等新兴信息技术的快速发展,以社交网络、社区、博客和电子商务为代表的新型应用得到广泛使用,这些应用不断产生大量的数据。人们希望了解大数据中所隐含的有价值的知识和数据间有价值的潜在联系,"数据挖掘"是实现这些期盼的有力工具。

数据挖掘是一个在海量数据中利用各种分析工具发现模型与数据间关系的过程,它可以帮助决策者寻找数据间潜在的某种关联,发现被隐藏的、被忽略的因素,因而被认为是在这个数据爆炸时代深层次认识数据、有效利用数据的一种有效方法。

Python 具有开源、简洁易读、快速上手、多场景应用以及完善的生态和服务体系等优点,使其在数据挖掘领域中的地位显得尤为突出,Python 已经当仁不让地成为了数据挖掘人员的一把"利器"。

## 1. 本书编写特色

内容系统全面:全面介绍数据挖掘的经典和主流算法。

原理浅显易懂:循序渐进阐述各类数据挖掘算法原理。

配套视频教程:提供配套视频讲解数据挖掘算法实现。

算法代码实现:使用 Python 3.6.x 实现书中所有算法。

## 2. 本书内容组织

第 1 章绪论。本章主要讲解什么是数据挖掘以及数据挖掘的相关概念。先讲解数据挖掘的相关概念,以及数据挖掘算法的分类。然后,讲解数据挖掘的步骤,以及数据挖掘的两种典型应用。最后,讲解数据挖掘面临的主要挑战。

第 2 章 pandas 数据处理。本章主要讲解 pandas 数据处理库。先对 pandas 的一维数组型的 Series 数据结构和二维表格型的 DataFrame 数据结构进行讲解。然后讲解 DataFrame 对象的基本运算,具体包括数据筛选、数据预处理、数据运算与排序、数学统计、数据分组与聚合。接着,讲解 pandas 数据可视化。最后,讲解了 pandas 读写 csv 文件、读取 txt 文件、读写 Excel 文件。

第 3 章认识数据。先讲解数据类型,具体包括属性类型和数据对象的类型。然后讲解数据质量分析,具体包括缺失值分析、异常值分析、一致性分析。最后,讲解数据特征分析,具体包括分布特征、统计量特征、周期性特征和相关性特征。

第 4 章数据预处理。先讲解数据清洗,具体包括缺失值处理、噪声数据处理。接着,讲解数据集成,具体包括实体识别、属性冗余处理、元组重复处理、属性值冲突处理,数据规范化。然后,讲解数据离散化。之后讲解数据归约,具体包括过滤法归约、包装法归约、嵌入法归约。最后,讲解主成分分析法和线性判别分析法两种数据降维方法。

第 5 章决策树分类。先讲解数据对象间的相似性和相异性的度量。然后,讲解分类的相关概念和分类的一般流程。接着,讲解决策树分类的相关概念,ID3 决策树的工作原理,以及 C4.5 决策树的工作原理。最后,讲解 CART 决策树。

第 6 章贝叶斯分类。先讲解概率基础和贝叶斯定理。然后,讲解朴素贝叶斯分类原理与分类流程。最后,讲解高斯朴素贝叶斯分类、多项式朴素贝叶斯分类、伯努利朴素贝叶斯分类。

第 7 章支持向量机分类。先讲解支持向量机分类原理。然后,讲解线性可分支持向量机的线性决策边界、线性分类器边缘、模型训练。最后,讲解 sklearn 机器学习库提供的三种支持向量机分类模型。

第 8 章感知器分类。先讲解人工神经元与激活函数。然后,讲解感知器模型和感知器学习算法。最后,讲解 Python 实现感知器学习算法和使用感知器分类鸢尾花数据。

第 9 章回归。先讲解回归的相关概念。然后,讲解一元线性回归方程的参数求解过程,多元线性回归方程的参数求解过程,以及非线性回归方程的参数求解过程。最后,讲解逻辑回归。

第 10 章聚类。先讲解聚类的相关概念、聚类方法类型、聚类应用领域。然后,讲解 $k$ 均值聚类原理,并给出鸢尾花 $k$ 均值聚类的 Python 实现。接着,讲解层次聚类原理,并给出凝聚层次聚类的 Python 实现、BIRCH 聚类的 Python 实现。最后,讲解密度聚类原理,并给出 DBSCAN 密度聚类的 Python 实现。

第 11 章关联规则挖掘。先讲解关联规则的相关概念、关联规则类型。接着,讲解频繁项集产生的先验原理、Apriori 算法产生频繁项集的过程,并给出频繁项集及其支持度的 Python 实现。然后,讲解关联规则产生的原理,并给出 Apriori 算法产生关联规则的方式及其算法实现。最后,讲解构建 FP 树,并给出 FP 树的挖掘过程。

第 12 章推荐系统。先讲解推荐系统的相关概念、推荐系统的类型。接着,讲解基于内容的推荐,并给出基于内容的推荐的 Python 实现。然后,讲解基于用户的协同过滤推荐,并给出基于用户的协同过滤推荐的 Python 实现。最后,讲解基于物品的协同过滤推荐,并给出基于物品的协同过滤推荐的 Python 实现。

第 13 章电商评论网络爬取与情感分析。先讲解网页的概念、网络爬虫的工作流程。然后,讲解如何使用 BeautifulSoup 库提取网页信息。接着,讲解如何使用 urllib 库编写简单的网络爬虫,以及爬取京东小米手机评论的整个过程。最后,讲解对手机评论文本进行情感分析。

**3. 本书适用范围**

(1)高等院校各专业的数据挖掘、数据分析课程教材。

(2)数据挖掘、数据分析人员的参考书。

在本书编写和出版过程中得到了郑州轻工业大学、清华大学出版社的大力支持和帮助,在此表示感谢。

在本书的撰写过程中,参考了大量专业书籍和网络资料,在此向这些作者表示感谢。

参与本书编写的有曹洁、邓璐娟、郝水侠、刘宇、李现伟、崔霄、郑倩、张世征、李祖贺。

由于编写时间仓促,编者水平有限,书中肯定会有不少缺点和不足,热切期望得到专家和读者的批评指正,在此表示感谢。您如果遇到任何问题,或有更多的宝贵意见,欢迎发送邮件至邮箱 bailj@tup.com.cn,期待能够收到您的真挚反馈。

编 者

2021 年 2 月

# 目　录
CONTENTS

# 第1章

# 绪　　论

本章主要介绍数据挖掘的相关概念、数据挖掘的步骤、数据挖掘的典型应用和数据挖掘面临的主要挑战。

## 1.1　数据挖掘的相关概念

数据挖掘(Data Mining,DM)就是从大量的、不完全的、有噪声的、模糊的、随机的实际应用数据中,发现和提取隐含在其中的、人们事先不知道的、具有利用价值的信息和知识的过程。这个定义包括多层含义:数据源必须是真实的、大量的;提取的是用户感兴趣的知识;提取的知识要可接受、可理解、可运用;仅支持特定应用的提取问题。

从广义上理解,数据、信息也是知识的表现形式,但是人们更把概念、规则、模式、规律和约束等看作知识。人们把数据看作是形成知识的源泉,数据可以是结构化的,如关系数据库中的数据;也可以是半结构化的,如文本、图形和图像数据;甚至是分布在网络上的异构型数据。发现知识的方法可以是数学的,也可以是非数学的;可以是演绎的,也可以是归纳的。

与数据挖掘相近的同义词有数据融合、人工智能、商务智能、模式识别、机器学习、知识发现、数据分析和决策支持等。

数据挖掘算法按功能主要分为分类、回归分析、聚类和关联规则等,它们分别从不同的角度对数据进行挖掘。

### 1. 分类

分类是找出数据对象集中一组数据对象的共同特点并按照分类模式将其划分为不同的类,其目的是通过分类,将数据对象集中的数据对象映射到某个给定的类别。它可以应用到客户的分类、客户的属性和特征分析、客户满意度分析、客户的购买趋势预测等,如一个汽车零售商将客户按照对汽车的喜好划分成不同的类,这样营销人员就可以将新型汽车的广告手册直接邮寄到有这种喜好的客户手中,从而可大大增加推销成功率。

### 2. 回归分析

回归分析用于推断属性变量与相应的响应变量或目标变量之间的函数关系,使得对任何一个属性集合,可以预测其响应,其主要研究问题包括数据序列的趋势特征、数据序列的预测以及数据间的相关关系等。它可以应用到市场营销的各个方面,如保持和预防客户流失、产品生命周期分析、销售趋势预测及有针对性的促销活动等。

### 3. 聚类

聚类是将对象集合中的对象分类到不同的类或者簇这样的一个过程,使得同一个簇中的对象有很大的相似性,而不同簇间的对象有很大的相异性。它可以应用到客户群体的分类、客户背景分析、客户购买趋势预测、市场的细分等。

**4. 关联规则**

关联规则是描述数据库中数据项之间所存在的关系的规则,即根据一个事务中某些项的出现可导出另一些项在同一事务中也出现,即隐藏在数据间的关联或相互关系。在客户关系管理中,通过对企业的客户数据库里的大量数据进行挖掘,可以从大量的记录中发现有趣的关联关系,找出影响市场营销效果的关键因素,为产品定位、定价与定制客户群,客户寻求、细分与保持,市场营销与推销,营销风险评估和诈骗预测等决策支持提供参考依据。

数据挖掘的
步骤

# 1.2　数据挖掘的步骤

从数据本身来考虑,通常数据挖掘需要有数据收集、数据集成、数据归约、数据清洗、数据变换、数据挖掘、模式评估和知识表示 8 个阶段。

**1. 信息收集阶段**

根据确定的数据挖掘对象抽象出在数据挖掘中所需要的特征信息,然后选择合适的信息收集方法,将收集到的信息存入数据库。对于海量数据,选择一个合适的数据存储和管理的数据仓库是至关重要的。

**2. 数据集成阶段**

数据集成就是对各种异构数据提供统一的表示、存储和管理,逻辑地或物理地集成到一个统一的数据集合中。数据源包括关系数据库、数据仓库和一般文件。数据集成的核心任务是要将互相关联的分布式异构数据源集成到一起,使用户能够以透明的方式访问这些数据。

**3. 数据归约阶段**

用于数据分析的原始数据集属性数目可能会有几十个,甚至更多,其中大部分属性可能与数据分析任务不相关,或者是冗余的。例如,数据对象的 ID 号通常对于挖掘任务无法提供有用的信息;生日属性和年龄属性相互关联存在冗余,因为可以通过生日日期推算出年龄。不相关和冗余的属性增加了数据量,可能会减慢数据分析挖掘过程,降低数据分析挖掘的准确率或导致发现很差的模式。

数据归约技术可以用来得到数据集的归约表示,它小得多,但仍然接近于保持原数据的完整性,并且归约后执行数据挖掘结果与归约前执行结果相同或几乎相同。

**4. 数据清洗阶段**

人工输入错误、仪器设备测量精度以及数据收集过程机制缺陷等都会造成采集的数据存在质量问题,具体包括测量误差、数据收集错误、噪声、离群点、缺失值、不一致值、重复数据等。数据清洗阶段的主要任务就是填写缺失值、光滑噪声数据、删除离群点和解决属性的不一致性。

**5. 数据变换阶段**

通过平滑聚集、数据概化、规范化等方式将数据转换成适用于数据挖掘的形式。对于有些实数型数据,通过概念分层和数据的离散化来转换数据也是重要的一步。

**6. 数据挖掘阶段**

根据数据信息,选择合适的挖掘工具,应用统计方法、事例推理、决策树、规则推理等算法处理数据,得出有用的结果信息。

**7. 模式评估阶段**

从商业角度,由行业专家来验证数据挖掘结果的正确性。

**8. 知识表示阶段**

将数据挖掘所得到的结果信息以可视化的方式呈现给用户,或作为新的知识存放在知识库中,供其他应用程序使用。

数据挖掘过程是一个反复循环的过程,每一个步骤如果没有达到预期目标,都需要回到前面的步骤,重新调整并执行。不是每件数据挖掘的工作都需要这里列出的每一步,例如在某个工作中不存在多个数据源时,第 2 阶段的数据集成便可以省略。

第 3 阶段的数据归约、第 4 阶段的数据清洗、第 5 阶段的数据变换又合称数据预处理。在数据挖掘中,至少 60% 的费用可能要花在第 1 阶段的信息收集阶段,而至少 60% 以上的精力和时间是花在数据预处理上。

## 1.3 数据挖掘的典型应用

### 1.3.1 数据挖掘在市场营销中的应用

数据挖掘技术在企业市场营销中得到了广泛应用,它是以市场营销学的市场细分原理为基础,其基本假定是"消费者过去的行为是其今后消费倾向的最好说明"。

通过收集、加工和处理涉及消费者消费行为的大量信息,确定特定消费群体或个体的兴趣、消费习惯、消费倾向和消费需求,进而推断出相应消费群体或个体下一步的消费行为,据此向该消费群体进行特定内容的定向营销,这与传统的不区分消费者对象特征的大规模营销手段相比,大大节省了营销成本,提高了营销效果,从而为企业带来更多的利润。

### 1.3.2 数据挖掘在企业危机管理中的应用

危机管理是管理领域新出现的一个热点研究领域,它是以市场竞争中危机的出现为研究起点,分析企业危机产生的原因和过程,研究企业预防危机、应付危机、解决危机的手段和策略,以增强企业的免疫力、应变力和竞争力,使管理者能够及时准确地获取所需要的信息,迅速捕捉到企业可能发生危机的一切可能事件和先兆,进而采取有效的规避措施,在危机发生之前对其进行控制,趋利避害,从而使企业能够适应迅速变化的市场环境,保持长久的竞争优势。

## 1.4 数据挖掘的主要挑战

### 1.4.1 数据挖掘查询语言

关系查询语言(如 SQL)允许用户提出特定的数据提取查询。类似地,需要开发高级数据挖掘查询语言,使得用户通过说明挖掘任务的相关数据集、领域知识、所挖掘的数据类型、被发现的模式必须满足的条件和兴趣度限制,描述特定的数据挖掘任务。这种语言应当与数据库或数据仓库查询语言集成,并且对于有效的、灵活的数据挖掘是优化的。

### 1.4.2　用户交互

用户在数据挖掘过程中起着重要的作用,包括如何和挖掘系统交互,如何在挖掘中结合用户的背景知识,如何可视化和理解挖掘结果。

**1. 交互挖掘**

由于很难准确地知道能够在数据集中发现什么,数据挖掘过程应当是交互的。用户可以在开始抽样一些数据,然后描述数据的一般特征,评估可能的挖掘效果。交互式挖掘要允许用户能动态地改变搜索焦点,根据返回的结果提出和精炼数据挖掘请求。用户与数据挖掘交互,以不同的粒度和从不同的角度观察数据和发现模式。

**2. 结合背景知识**

可以使用背景知识或关于所研究领域的信息来指导发现过程,并使得发现的模式以简洁的形式在不同的抽象层表示。关于数据库的领域知识,如完整性限制和演绎规则,可以帮助聚焦和加快数据挖掘过程,或评估发现的模式的兴趣度。

**3. 数据挖掘结果的表示和显示**

发现的知识应当用恰当的语言进行可视化表示,使得知识易于理解,能够直接被人使用。如果数据挖掘系统是交互的,这一点尤为重要。这要求系统采用有表达能力的知识表示技术,如树、表、图、图表、交叉表、矩阵或曲线。

### 1.4.3　并行、分布和增量挖掘算法

由于数据产生和数据采集技术的进步,需要进行数据挖掘的数据集越来越大,数据集的大容量、数据的广泛分布和一些数据挖掘算法的计算复杂性促使人们开发并行和分布式数据挖掘算法。这些算法将数据集划分成多个子集,这些子集数据可以并行处理,然后合并每个子集的结果。此外,有些数据挖掘过程的高花费导致了对增量数据挖掘算法的需要。增量算法与数据库更新结合在一起,而不必重新挖掘全部数据。这种算法渐增地进行知识更新,修正和加强以前数据挖掘发现的知识。

### 1.4.4　数据类型的多样化

关系数据库中的数据是结构化的数据,相对来说比较简单。然而,其他数据库可能包含复杂的数据对象、超文本和多媒体数据、空间数据、时间数据或事务数据。由于数据类型的多样性和数据挖掘的目标不同,指望一个数据挖掘系统挖掘所有类型的数据是不现实的。为挖掘特定类型的数据,应当构造特定的数据挖掘系统。这样,对于不同类型的数据,我们可能有不同的数据挖掘系统。

网络把不同来源的数据连接在一起,形成了巨大的、分布式的、异质的全局信息系统。多种数据来源的结构化、半结构化和非结构化并且内在连接的数据是对数据挖掘的巨大挑战。对这些数据的挖掘将有助于发现比在小规模的孤立数据仓库中更多的异质网络中的模式和知识。Web挖掘、多数据源挖掘、信息网络挖掘将成为有挑战性和快速增长的数据挖掘领域。

## 1.5 本章小结

本章主要讲解什么是数据挖掘以及数据挖掘的相关概念。先讲解了数据挖掘的相关概念,以及数据挖掘算法的分类。然后,讲解了数据挖掘的步骤,以及数据挖掘的两种典型应用。最后,讲解了数据挖掘面临的主要挑战。

# 第 2 章

# pandas 数据处理

pandas 是 Python 的一个非常强大的数据处理库,提供了高性能易用的数据类型,以及大量能使人们快速便捷地处理数据的函数和方法。pandas 的核心数据结构有两种,即一维数组型的 Series 对象和二维表格型的 DataFrame 对象。可通过 pip install pandas 命令安装 pandas 数据处理库。

## 2.1 Series 对象

### 2.1.1 Series 对象的创建

Series 对象是一维数组结构,与 Python 的列表数据结构很相近,其区别是列表中的元素可以是不同的数据类型,而 Series 中则只允许存储同一数据类型的数据,因为这样可以更有效地使用内存,批量操作元素时速度更快。

Series 对象的内部结构如表 2-1 所示,由两个相互关联的数组组成,一个是数据(也称元素,本章将这两个概念等同)数组 values,用来存放数据;数组 values 中的每个数据都有一个与之关联的索引(标签),这些索引存储在另外一个叫作 index 的索引数组中。

创建 Series 对象最常用的方法是使用 pandas 的 Series()构造函数,其语法格式如下:

表 2-1　Series 对象的内部结构

| index | values |
|-------|--------|
| 0 | 'a' |
| 1 | 'b' |
| 2 | 'c' |
| 3 | 'd' |

```
pandas.Series(data=None, index=None, dtype=None, name=None)
```

返回值:返回一个 Series 对象。

参数说明如下。

data:创建 Series 对象的数据,可以是 Python 的一个列表;可以是一个字典,将"键-值"对中的"值"作为 Series 对象的数据,将"键"作为索引;也可是一个标量值,这种情况下必须设置索引 index,标量值会重复来匹配索引的长度。

index:为 Series 对象的每个数据指定索引。创建 Series 对象时,若不用 index 明确指定索引,pandas 默认使用从 0 开始依次递增的整数值作为索引。

dtype:为 Series 对象的数据指定数据类型。

name:为 Series 对象起个名字。

因此,根据 data 的数据类型不同,有如下创建 Series 对象的方式。

### 1. 用 NumPy 的一维 ndarray 数组创建 Series 对象

```
>>> import numpy as np
#本章中出现的 np 默认均是这个含义,NumPy 是用 Python 编写的一个科学计算库
>>> import pandas as pd                    #本章中出现的 pd 默认均是这个含义
#arange()函数创建均匀间隔的一维数组,起始值为 0,结尾值为 5,间隔值为 2
>>> s1=pd.Series(np.arange(0,5,2),index=['a', 'b', 'c'])    #通过 index 指定索引
>>> s1
a    0
b    2
c    4
dtype: int32
```

如果想分别查看组成 Series 对象的两个数组,可通过调用它的两个属性 index(索引)和 values(数据)来得到。

```
>>> s1.values
array([0, 2, 4])
>>> s1.index
Index(['a', 'b', 'c'], dtype='object')
```

### 2. 用标量值创建 Series 对象

```
>>> s2 = pd.Series(25,index = ['a', 'b','c'])
>>> s2
a    25
b    25
c    25
```

### 3. 用字典创建 Series 对象

用字典创建 Series 对象时,"键-值"对中的"键"是用来作为 Series 对象的索引,"键-值"对中的"值"作为 Series 对象的数据。

```
>>> dict1 = {'Alice':'2341', 'Beth':'9102','Cecil':'3258'}
>>> sd = pd.Series(dict1)
>>> sd
Alice    2341
Beth     9102
Cecil    3258
dtype: object
```

### 4. 用列表创建 Series 对象

```
>>> s3=pd.Series(data=[90,86,95],index = ['Java','C','Python'])
>>> s3
Java     90
C        86
```

```
Python    95
dtype: int64
```

## 2.1.2 Series 对象的属性

### 1. 使用 shape 属性获取 Series 对象的形状

```
>>> s3.shape
（ 3，）
```

### 2. 使用 name 属性为 Series 对象及索引命名

```
>>> s3.name='grade'              #为 Series 对象 s3 命名为'grade'
>>> s3.name
'grade'
>>> s3.index.name='科目'          #为索引命名
>>> s3.index.name
'科目'
```

## 2.1.3 Series 对象的查看和修改

Series 对象包括索引数组 index 和数据数组 values 两部分,Series 类型的操作类似 NumPy 的 ndarray 类型、Python 的字典类型。

### 1. 通过索引和切片查看 Series 对象的数据

可以使用数据索引以"Series 对象[id]"方式访问 Series 对象的数据数组中索引为 id 的数据。

1) 通过某个索引查看对应的数据

```
>>> s3['C']
86
```

可通过默认索引来读取。

```
>>> s3[1]
86
```

此外,还可以将索引作为 Series 对象的属性来获取对应的数据。

```
>>> s3.C
86
```

2) 通过截取(切片)索引的方式一次读取多个元素

```
>>> s3[0:2]
科目
Java    90
C       86
Name: grade, dtype: int64
```

3）通过索引列表一次读取多个元素

使用多个数据对应的索引来一次读取多个元素，注意索引要放在一个列表中。

```
>>> s3[['Python','C','Java']]
科目
Python    95
C         86
Java      90
Name: grade, dtype: int64
```

4）根据筛选条件读取数据

```
>>> s3[s3>=90]           #获取数据值大于或等于90的元素
科目
Java      90
Python    95
Name: grade, dtype: int64
```

**2. Series 对象数据的修改**

Series 对象中的数据可以重新被赋值以实现数据的修改，可以用索引或下标的方式选取数据后进行赋值。

```
>>> s3['C']=96
>>> s3['C']
96
```

# 2.2　Series 对象的基本运算

## 2.2.1　算术运算与函数运算

**1. 算术运算**

适用于 NumPy 数组的运算符（＋、－、＊、/）或其他数学函数，也适用于 Series 对象。可以将 Series 对象的数据数组与标量进行＋、－、＊、/等算术运算。

```
>>> s3 + 2
科目
Java      92
C         98
Python    97
```

**2. 函数运算**

```
>>> import numpy as np
>>> np.sqrt(s3)          #计算各数据的平方根
科目
Java     9.486833
C        9.797959
Python   9.746794
```

```
>>> s3.count()              #返回 s3 包含的元素个数
3
>>> s3.drop(labels=['Java','C']) #删除 s3 中索引为'Java'和'C'的元素,s3 不变
科目
Python     95
Name: grade, dtype: int64
```

从返回结果可以看出：将剩下的元素作为 Series 对象返回。

### 2.2.2　Series 对象之间的运算

Series 对象之间也可进行＋、－、＊、/等运算,不同于 Series 对象运算的时候,能够通过识别索引进行匹配计算,即只有索引相同的元素才会进行相应的运算操作。

```
>>> s5=pd.Series([10,20],index=['c','d'])
>>> s6=pd.Series([2,4,6,8],index=['a','b','c','d'])
>>> s5+s6               #相同索引值的元素相加
a     NaN
b     NaN
c     16.0
d     28.0
dtype: float64
```

上述运算得到一个新的 Series 对象,其中只有索引相同的元素才求和,其他只属于任何一个 Series 对象的索引也被添加到新对象中,只不过它们的值为 NaN(Not a Number,非数值)。pandas 数据结构中若字段为空或者不符合数字的定义时,就用 NaN 这个特定的值来表示。通常来讲,NaN 表示的数据是有问题的,如从某些数据源抽取数据时遇到了问题、数据源缺失也会产生 NaN 值这类数据。此外,对一个负数求平方根、求对数时,也可能产生这样的结果。

DataFrame
对象的创建

## 2.3　DataFrame 对象

### 2.3.1　DataFrame 对象的创建

DataFrame 是一个表格型的数据结构,既有行索引(保存在 index)又有列索引(保存在 columns),是 Series 对象从一维到多维的扩展。DataFrame 对象每列相同位置处的元素共用一个行索引,每行相同位置处的元素共用一个列索引。DataFrame 对象各列的数据类型可以不相同。

DataFrame 对象的内部组成如图 2-1 所示。

DataFrame 对象可以理解为一个由多个 Series 对象组成的字典,其中每一列的名称称为字典的键,形成 DataFrame 列的 Series 对象的数据数组作为字典的值。

| | columns | |
|---|---|---|
| | course | scores |
| 0 | 'C' | 80 |
| 1 | 'Java' | 96 |
| 2 | 'Python' | 90 |
| 3 | 'Hadoop' | 88 |

index

图 2-1　DataFrame 对象的内部组成

创建 DataFrame 对象最常用的方法是使用 pandas 的 DataFrame()构造函数,其语法格式如下。

```
DataFrame(data=None, index=None, columns=None, dtype=None)
```

返回值:DataFrame 对象。

参数说明如下。

data:创建 DataFrame 对象的数据,其类型可以是字典、嵌套列表、元组列表、NumPy 的 ndarray 对象、其他 DataFrame 对象。

index:行索引,创建 DataFrame 对象的数据时,如果没有提供行索引,默认使用从 0 开始依次递增的整数值作为索引。

columns:列索引,若没有提供列索引,默认使用从 0 开始依次递增的整数值作为索引。

dtype:用来指定元素的数据类型,如果为空,自动推断类型。

**1. 使用字典对象创建 DataFrame 对象**

可将一个字典对象传递给 DataFrame()函数来生成一个 DataFrame 对象,字典的键作为 DataFrame 对象的列索引,字典的值作为列索引对应的列值,pandas 也会自动为其添加一列从 0 开始的数值作为行索引。

```
>>> import pandas as pd
>>> data={'C':[86,90,87,95],'Python':[92,89,89,96],'DataMining':[90,91,89,86]}
>>> studentDF=pd.DataFrame(data,index=['LiQian','WangLi','YangXue','LiuTao'])
>>> studentDF              #查看 studentDF 中的数据
         C  DataMining  Python
LiQian   86          90      92
WangLi   90          91      89
YangXue  87          89      89
LiuTao   95          86      96
```

可以只选择字典对象的一部分数据来创建 DataFrame 对象,只需要在 DataFrame 构造函数中,用 columns 选项指定需要的列即可,新建的 DataFrame 对象各列顺序与指定的列顺序一致。

```
>>> studentDF1=pd.DataFrame (data,columns=['C','DataMining'])        #指定需要的列
```

**2. 使用嵌套列表对象创建 DataFrame 对象**

创建 DataFrame 对象时,可以同时指定行索引和列索引,这时候就需要传递三个参数给 DataFrame()构造函数,三个参数的顺序是数据、index 选项和 columns 选项。或将存放数据的对象赋给 data 选项,将存放行索引的列表赋给 index 选项,将存放列索引的列表赋给 columns 选项。

```
>>> studentDF2=pd.DataFrame ([[78,82,93],[85,86,97],[90,92,81]],['ZhangSan',
'LiHua','WangQiang'],['Python','Java','C'])
>>> studentDF2     #查看 studentDF2 中的数据
           Python  Java   C
ZhangSan       78    82  93
LiHua          85    86  97
WangQiang      90    92  81
```

**3. 使用字典的字典或 Series 的字典创建 DataFrame 对象**

以字典的字典或 Series 的字典创建 DataFrame 对象,pandas 会将外边的键解释成列名称,将里面的键解释成行索引。

```
>>> data={ "name":{'one':"Jack",'two':"Mary",'three':"John",'four':"Alice"},
        "age":{'one':10,'two':20,'three':30,'four':40},
        "weight":{'one':30,'two':40,'three':50,'four':65}}
>>> df2=pd.DataFrame(data)
>>> df2
        age     name    weight
four     40     Alice      65
one      10     Jack       30
three    30     John       50
two      20     Mary       40
```

**4. 使用值为列表的字典创建 DataFrame 对象**

用值为列表的字典创建 DataFrame 对象,其中每个列表代表一列,字典的键则为列索引。这里要注意的是每个列表中的元素数量必须相同,否则会报错。

```
>>> data1={ "name":["Jack","Mary","John"], "age":[10,20,30], "weight":[30,40,
50]}
>>> df4 =pd.DataFrame(data1)
>>> df4
   age  name   weight
0   10  Jack       30
1   20  Mary       40
2   30  John       50
```

**5. 使用字典列表创建 DataFrame 对象**

使用字典列表创建 DataFrame 对象,其中一个字典列表代表一条记录(DataFrame 中的一行),字典中各个键对应的值对应这条记录的属性值。

```
>>> data2 = [{'Name':'李华','Age':18},{'Name' : '李强','Age':19},{'Name' : '李涛',
'Age':20}]
>>> df5 = pd.DataFrame(data2,index=['ID1','ID2','ID3'])
>>> df5
     Age  Name
ID1   18  李华
ID2   19  李强
ID3   20  李涛
```

## 2.3.2　DataFrame 对象的属性

DataFrame 对象的常用属性如表 2-2 所示。

DataFrame
对象的属性

表 2-2　DataFrame 对象的常用属性

| 属 性 名 | 功 能 描 述 |
|---|---|
| T | 行列转置 |
| columns | 查看列索引名,可得到各列的名称 |
| dtypes | 查看各列的数据类型 |
| index | 查看行索引名 |
| shape | 查看 DataFrame 对象的形状 |
| size | 返回 DataFrame 对象包含的元素个数,为行数、列数大小的乘积 |
| values | 获取存储在 DataFrame 对象中的数据,返回一个 NumPy 数组 |
| ix | 用 ix 属性和行索引可获取指定行的内容 |
| ix[[x,y,…], [x,y,…]] | 对行重新索引,然后对列重新索引 |
| index.name | 行索引的名称 |
| columns.name | 列索引的名称 |
| loc | 通过行索引获取行数据 |
| iloc | 通过行号、列号获取指定位置处的数据 |

```
>>> studentDF                              #查看 studentDF 中的数据,该对象在前面已经创建
         C  DataMining  Python
LiQian  86          90      92
WangLi  90          91      89
YangXue 87          89      89
LiuTao  95          86      96
>>> studentDF.values                       #获取存储在 studentDF 中的数据
array([[86, 90, 92],
       [90, 91, 89],
       [87, 89, 89],
       [95, 86, 96]], dtype=int64)
#获取 DataFrame 对象某一列的内容
>>> studentDF['Python']
LiQian    92
WangLi    89
YangXue   89
LiuTao    96
Name: Python, dtype: int64
#也可以通过将列名称作为 DataFrame 对象的属性来获取该列的内容
>>> studentDF.Python
LiQian    92
WangLi    89
YangXue   89
LiuTao    96
```

```
Name: Python, dtype: int64
>>> studentDF.ix[2]                              #获取行号为2这一行的内容
C             87
DataMining    89
Python        89
Name: YangXue, dtype: int64
>>> studentDF.ix[[2,3]]                           #用一个列表指定多个索引就可获取多行的内容
          C  DataMining  Python
YangXue  87          89      89
LiuTao   95          86      96
>>> studentDF.loc['YangXue']                      #通过行索引获取行数据
C             87
DataMining    89
Python        89
Name: YangXue, dtype: int64
>>> studentDF.loc[['YangXue','LiuTao']]  #通过行索引列表查看两行数据
          C  DataMining  Python
YangXue  87          89      89
LiuTao   95          86      96
#对行重新索引,然后对列重新索引
>>> studentDF.ix[[3, 2,1, 0],['DataMining','Python','C']]
          DataMining  Python   C
LiuTao            86      96  95
YangXue           89      89  87
WangLi            91      89  90
LiQian            90      92  86
>>> studentDF.iloc[0:2,:2]                        #获取前2行、前2列的数据
          C  DataMining
LiQian   86          90
WangLi   90          91
```

### 2.3.3 查看和修改 DataFrame 对象的元素

#### 1. 查看 DataFrame 对象中的元素

要想获取存储在 DataFrame 对象中的一个元素,需要依次指定元素所在的列名称、行名称(索引)。

```
>>> import pandas as pd
>>> data={ "name":["Jack","Mary","John","Alice"],
        "age":[10,20,30,40],
        "weight":[30,40,55,65] }
>>> df=pd.DataFrame(data)
>>> df
   age  name   weight
0   10  Jack       30
1   20  Mary       40
2   30  John       55
3   40  Alice      65
```

```
>>> df['age'][1]
20
```

可以通过指定条件筛选 DataFrame 对象的元素。

```
>>> df[df.weight>35]                #获取 weight 大于 35 的行
    age   name    weight
1   20    Mary       40
2   30    John       55
3   40    Alice      65
>>> df[df>35]                       #获取 DataFrame 对象中数值大于 35 的所有元素
    age   name    weight
0   NaN   Jack       NaN
1   NaN   Mary      40.0
2   NaN   John      55.0
3   40.0  Alice     65.0
```

返回的 DataFrame 对象只包含所有大于 35 的数值,各元素的位置保持不变,不符合条件的数值元素被替换为 NaN。

**2. 修改 DataFrame 对象中的元素**

可以用 DataFrame 对象的 name 属性为 DataFrame 对象的列索引 columns 和行索引 index 指定别的名称,以便于识别。

```
>>> df.index.name='id'
>>> df.columns.name='item'
>>> df
item   age   name    weight
id
0      10    Jack       30
1      20    Mary       40
2      30    John       55
3      40    Alice      65
```

可以为 DataFrame 对象添加新的列,指定新列的名称,以及为新列赋值。

```
>>> df['new']=10                    #添加新列,并将新列的所有元素都赋值为 10
>>> df
item   age   name    weight   new
id
0      10    Jack       30     10
1      20    Mary       40     10
2      30    John       55     10
3      40    Alice      65     10
```

从显示结果可以看出,DataFrame 对象新增了名称为 new 的列,它的各个元素都为 10。
如果想更新一列的内容,需要把一列数赋给这一列。

```
>>> df['new']=[11,12,13,14]
```

```
>>> df
item   age   name    weight   new
id
0       10   Jack        30    11
1       20   Mary        40    12
2       30   John        55    13
3       40   Alice       65    14
```

修改单个元素的方法是：选择元素，为其赋新值即可。

```
>>> df['weight'][0]=25
>>> df
item   age   name    weight   new
id
0       10   Jack        25    11
1       20   Mary        40    12
2       30   John        55    13
3       40   Alice       65    15
```

### 2.3.4　判断元素是否属于 DataFrame 对象

可通过 DataFrame 对象的方法 isin()判断一组元素是否属于 DataFrame 对象。

```
>>> df
       age   name    weight
four    40   Alice       65
one     10   Jack        30
three   30   John        50
two     20   Mary        40
>>> df.isin(['Jack',30])
        age     name    weight
four    False   False   False
one     False   True    True
three   True    False   False
two     False   False   False
```

返回结果是一个只包含布尔值的 DataFrame 对象，其中只有满足从属关系的所在处的元素为 True。如果把上述结果作为选取元素的索引，将得到一个新的 DataFrame 对象，其中只包含满足条件的元素。

```
>>> df[df.isin(['Jack',30])]
        age    name   weight
four    NaN    NaN    NaN
one     NaN    Jack   30.0
three   30.0   NaN    NaN
two     NaN    NaN    NaN
```

# 2.4 DataFrame 对象的基本运算

## 2.4.1 数据筛选

DataFrame 对象的常用数据筛选方法如表 2-3 所示,表格中的 df 为一个 DataFrame 对象。

表 2-3  **DataFrame 对象的常用数据筛选方法**

| DataFrame 对象的数据筛选方法 | 描　述 |
|---|---|
| df.head($N$) | 返回前 $N$ 行 |
| df.tail($M$) | 返回后 $M$ 行 |
| df[$m$:$n$] | 切片,选取 $m$～$n-1$ 行 |
| df[df['列名'] > value] | 选取满足条件的行 |
| df.query('列名> value') | 选取满足条件的行 |
| df.query('列名==[v1,v2,…]') | 选取列名列的值等于 v1,v2,…的行 |
| df.ix[:,'colname'] | 选取 colname 列的所有行 |
| df.ix[row, col] | 选取某一元素 |
| df['col'] | 获取 col 列,返回 Series |

```
>>>import pandas as pd
>>>import numpy as np
>>> data={'index':[1,2,3,4,5],'year':[2012,2013,2014,2015,2016], 'status':
['good','good','well','well','wonderful']}
>>> df=pd.DataFrame(data, columns=['status','year','index'], index=['one',
'two','three','four', 'five'])
>>> df
        status  year  index
one        good  2012      1
two        good  2013      2
three      well  2014      3
four       well  2015      4
five  wonderful  2016      5
>>> df.head(3)                    #获取前3行
        status  year  index
one        good  2012      1
two        good  2013      2
three      well  2014      3
>>> df.tail(2)                    #获取后2行
        status  year  index
four       well  2015      4
five  wonderful  2016      5
```

```
>>> df[2:4]                          #获取第 2 和第 3 行
        status  year  index
three   well    2014      3
four    well    2015      4
>>> df[df['year'] > 2014]            #获取'year'列值大于 2014 的行
          status  year  index
four      well    2015      4
five  wonderful   2016      5
>>> df.query('year> 2014')           #获取'year'列值大于 2014 的行
          status  year  index
four      well    2015      4
five  wonderful   2016      5
>>> df.query('year%2000>index * 5')  #选取满足条件的行
      status  year  index
one   good    2012      1
two   good    2013      2
>>> df.query('year==[2013,2014]')    #选取满足条件的行
        status  year  index
two     good    2013      2
three   well    2014      3
>>> df.ix[1]                         #获取行号为 1 的行,采用默认的行索引
status    good
year      2013
index        2
Name: two, dtype: object
>>> df.ix['two']                     #获取行索引为 two 的行,采用自定义的行索引
status    good
year      2013
index        2
Name: two, dtype: object
>>> df.ix[1:4,'year']                #获取'year'列的 1~3 行
two      2013
three    2014
four     2015
Name: year, dtype: int64
>>> df.ix[1:4]                       #获取 1~3 行
        status  year  index
two     good    2013      2
three   well    2014      3
four    well    2015      4
>>> df.ix[1,2]                       #获取默认行索引为 1、默认列索引为 2 的元素
2
>>> df['year']                       #返回'year'列
```

```
one     2012
two     2013
three   2014
four    2015
five    2016
Name: year, dtype: int64
```

## 2.4.2  数据预处理

DataFrame 对象的数据预处理方法如表 2-4 所示，表格中的 df 是一个 DataFrame 对象。

表 2-4  DataFrame 对象的数据预处理方法

| DataFrame 对象的数据预处理方法 | 描　　述 |
| --- | --- |
| df.duplicated(subset＝None, keep＝'first') | 针对某些列，返回用布尔序列表示的重复行 |
| df.drop_duplicates(subset＝None, keep＝'first', inplace＝False) | df.drop_duplicates()用于删除 df 中重复行，并返回删除重复行后的结果 |
| df.fillna(value＝None, method＝None, axis＝None, inplace＝False, limit＝None) | 使用指定的方法填充 NA/NaN 缺失值 |
| df.drop(labels＝None, axis＝0, index＝None, columns＝None, inplace＝False) | 删除指定轴上的行或列，它不改变原有的 DataFrame 对象中的数据，而是返回另一个 DataFrame 对象来存放删除后的数据 |
| df.dropna(axis＝0, how＝'any', thresh＝None, subset＝None, inplace＝False) | 删除指定轴上的缺失值 |
| del df['col'] | 直接在 df 对象上删除 col 列 |
| df.columns ＝ col_lst | 重新命名列名，col_lst 为自定义列名列表 |
| df.rename(index＝{'row1': 'A'}, columns＝{'col1': 'A1'}) | 重命名行索引名和列索引名 |
| df.reindex(index＝None, columns＝None, fill_value ＝'NaN') | 改变索引，返回一个重新索引的新对象，index 用作新行索引，columns 用作新列索引，将缺失值填充为 fill_value |
| df.replace(to_replace＝None, value＝None, inplace＝False, limit＝None, regex＝False, method＝'pad') | 用来把 to_replace 所列出的且在 df 对象中出现的元素值替换为 value 所表示的值 |
| df.merge(right, how＝'inner', on＝None, left_on＝None, right_on＝None) | 通过行索引或列索引进行两个 DataFrame 对象的连接 |
| pandas.concat(objs, axis＝0, join＝'outer', join_axes ＝None, ignore_index＝False, keys＝None) | 以指定的轴将多个对象堆叠到一起，concat()不会删除对象中重复的记录 |
| df.stack(level＝−1, dropna＝True) | 将 df 的列旋转成行 |
| df.unstack(level＝−1, fill_value＝None) | 将 df 的行旋转为列 |

### 1. 重复行处理

1) df.duplicated(subset＝None, keep＝'first')

作用：针对某些列，返回用布尔序列表示的重复行，即用来标记行是否重复，重复的行标记为 True,不重复的行标记为 False。

参数说明如下。

subset:用于识别重复的列索引,默认所有列索引。

keep:{'first', 'last', False},默认为'first'。keep='frist'表示除了第一次出现外,其余相同的被标记为重复;keep='last'表示除了最后一次出现外,其余相同的被标记为重复;keep=False 表示所有相同的都被标记为重复。

```
>>> import numpy as np
>>> import pandas as pd
>>> df = pd.DataFrame({'col1': ['one', 'one', 'two', 'two', 'two', 'three', 'four'],
'col2': [3, 2, 3, 2, 3, 3, 5],'col3':['一','二','三','四','五','六','七']}, index=
['a', 'a', 'b', 'c', 'b', 'a','c'])
>>> df
    col1  col2  col3
a    one    3    一
a    one    2    二
b    two    3    三
c    two    2    四
b    two    3    五
a  three    3    六
c   four    5    七
#针对'col1'列标记重复的行,subset='col1'与'col1'的效果等同
>>> df.duplicated('col1')
a    False
a     True
b    False
c     True
b     True
a    False
c    False
dtype: bool
>>> df.duplicated(['col1','col2'])            #第 5 行被标记为重复
a    False
a    False
b    False
c    False
b     True
a    False
c    False
dtype: bool
```

2) df.index.duplicated(keep='last')

作用:根据行索引标记重复行。

```
>>> df.index.duplicated(keep='last')          #第 1、2、3、4 行被标记为重复
```

```
array([ True, True, True, True, False, False, False], dtype=bool)
```

3) df.drop_duplicates(subset＝None，keep＝'first', inplace＝False)

作用：用于删除 DataFrame 中重复行，并返回删除重复行后的结果。

参数说明如下。

subset：用于识别重复的列索引，默认所有列索引。

keep：keep＝'first'表示保留第一次出现的重复行，是默认值；keep 另外两个取值为'last'和 False，分别表示保留最后一次出现的重复行和去除所有重复行。

inplace：inplace＝True 表示在原 DataFrame 上执行删除操作，inplace＝False 返回一个副本。

```
>>> df.drop_duplicates('col1')          #删除 df.duplicated('col1')标记的重复记录
    col1  col2  col3
a   one    3    一
b   two    3    三
a   three  3    六
c   four   5    七
#inplace=False 返回一个删除重复行的副本
>>> df.drop_duplicates('col2',keep='last',inplace=False)
    col1  col2  col3
c   two    2    四
a   three  3    六
c   four   5    七
```

**2. 缺失值处理**

df.fillna(value=None, method=None, axis=None, inplace=False, limit=None)

作用：用于按指定的方法填充 NA/NaN 缺失值。

参数说明如下。

value：用于填充缺失值的标量值或字典对象。

method：插值方式，可选值集合为{ 'bfill', 'ffill',None}，默认为 None，ffill 表示用前一个非缺失值去填充该缺失值，bfill 表示用下一个非缺失值填充该缺失值，None 表示指定一个值去替换缺失值。

axis：待填充的轴，默认 axis＝0，表示 index 行。

limit：对于前向或后向填充，可以连续填充的最大数量。

```
>>> import numpy as np
>>> import pandas as pd
>>> df = pd.DataFrame([[np.nan, 2, np.nan, 0],[5, 4, np.nan, 1],[np.nan, np.nan,
np.nan, 3],[np.nan, 5, np.nan, 4]],columns=list('ABCD'))
>>> df
     A    B    C   D
0  NaN  2.0  NaN  0
1  5.0  4.0  NaN  1
2  NaN  NaN  NaN  3
3  NaN  5.0  NaN  4
```

```
>>> df.fillna('missing')                    #用字符串'missing'填充缺失值
        A        B        C  D
0  missing        2  missing  0
1        5        4  missing  1
2  missing  missing  missing  3
3  missing        5  missing  4
>>> df.fillna(method='ffill')              #ffill:用前一个非缺失值去填充该缺失值
     A    B    C  D
0  NaN  2.0  NaN  0
1  5.0  4.0  NaN  1
2  5.0  4.0  NaN  3
3  5.0  5.0  NaN  4
>>> values = {'A': 0, 'B': 1, 'C': 2, 'D': 3}
#将'A'、'B'、'C'和'D'列中的 NaN 元素分别替换为 0、1、2 和 3
>>> df.fillna(value=values)
     A    B    C  D
0  0.0  2.0  2.0  0
1  5.0  4.0  2.0  1
2  0.0  1.0  2.0  3
3  0.0  5.0  2.0  4
>>> df.fillna(value=values, limit=1)     #替换各列的第一个 NaN 元素
     A    B    C  D
0  0.0  2.0  2.0  0
1  5.0  4.0  NaN  1
2  NaN  1.0  NaN  3
3  NaN  5.0  NaN  4
```

### 3. 删除指定的行或列

```
df.drop(labels=None,axis=0,index=None,columns=None,inplace=False)
```

作用：删除指定的行或列。

参数说明如下。

labels：拟要删除的行或列索引，用列表给定。

axis：指定删除行还是删除列，axis＝0 表示删除行，axis＝1 表示删除列。

index：直接指定要删除的行。

columns：直接指定要删除的列。

inplace：inplace＝True 表示在原 DataFrame 上执行删除操作，inplace＝False 表示返回一个执行删除操作后的新 DataFrame。

```
>>> data={'index':[1,2,3,4,5],'year':[2012,2013,2014,2015,2016], 'status':
['good','very good','well','very well','wonderful']}
>>> df=pd.DataFrame(data, columns=['status','year','index'], index=['one',
'two','three','four', 'five'])
>>> df
```

```
          status  year  index
one          good  2012      1
two     very good  2013      2
three        well  2014      3
four    very well  2015      4
five    wonderful  2016      5
>>> df.drop('two', axis=0)              #删除行索引为'two'的行
          status  year  index
one          good  2012      1
three        well  2014      3
four    very well  2015      4
five    wonderful  2016      5
>>> df.drop('year', axis=1)             #删除列索引为'year'的列,要指定 axis=1
          status  index
one          good      1
two     very good      2
three        well      3
four    very well      4
five    wonderful      5
>>> df.drop(['year','index'], axis=1)   #删除两列
          status
one          good
two     very good
three        well
four    very well
five    wonderful
>>> df.drop(['one','two','three'])      #删除前 3 行
          status  year  index
four    very well  2015      4
five    wonderful  2016      5
```

#### 4. 删除缺失值

df.dropna(axis=0,how='any',thresh=None,subset=None,inplace=False)

作用：删除含有缺失值的行或列。

参数说明如下。

axis：axis＝0 表示删除含有缺失值的行,axis＝1 表示删除含有缺失值的列。

how：取值集合{ 'any', 'all'},默认为'any'。how＝'any'表示删除含有缺失值的行或列,how＝'all'表示删除全为缺失值的行或列。

thresh：指定要删除的行或列至少含有多少个缺失值。

subset：在哪些列中查看是否有缺失值。

```
>>> df = pd.DataFrame({"name": ['ZhangSan', 'LiSi', 'WangWu',np.nan],"sex": [np.
nan, 'male', 'female',np.nan],"age": [np.nan, 26,21,np.nan]})
>>> df
```

```
       age       name     sex
0     NaN   ZhangSan     NaN
1    26.0       LiSi    male
2    21.0    WangWu  female
3     NaN        NaN     NaN
>>> df.dropna()                        #删除含有缺失值的行
       age    name     sex
1     26.0    LiSi    male
2     21.0  WangWu  female
>>> df.dropna(how='all')               #删除全为缺失值的行
       age       name     sex
0     NaN   ZhangSan     NaN
1    26.0       LiSi    male
2    21.0    WangWu  female
>>> df.dropna(thresh=2)                #删除至少含有两个缺失值的行
       age    name     sex
1     26.0    LiSi    male
2     21.0  WangWu  female
>>> df.dropna(subset=['name', 'sex'])  #删除时只在'name'和'sex'列中查看缺失值
       age    name     sex
1     26.0    LiSi    male
2     21.0  WangWu  female
```

### 5. 重新命名列名

```
df.columns = col_lst
```

作用：为 df 对象的列重新命名列名，col_lst 为自定义列名列表。

```
>>> df.columns = ['年龄','姓名','性别']
>>> df
       年龄       姓名      性别
0     NaN   ZhangSan     NaN
1    26.0       LiSi    male
2    21.0    WangWu  female
3     NaN        NaN     NaN
```

### 6. 重命名行名和列名

```
df.rename(index={'row1':'A'}, columns={'col1':'A1'})
```

作用：为 df 对象重新指定行索引名和列索引名。

```
>>> df.rename(index={0:'A',1:'B',2:'C',3:'D'}, columns={'年龄':'年龄 age','姓名':
'姓名 name','性别':'性别 sex'})
     年龄 age    姓名 name   性别 sex
A       NaN   ZhangSan     NaN
B      26.0       LiSi    male
C      21.0    WangWu  female
D       NaN        NaN     NaN
```

## 7. 重新索引

```
df.reindex(index=None, columns=None, fill_value='NaN')
```

作用：改变 DataFrame 对象 df 的索引，创建一个新索引的新对象。

参数说明如下。

index：指定新行索引。

columns：指定新列索引。

fill_value：用于填充缺失值，默认将缺失值填充为 NaN。

```
>>>data={'index':[1,2,3,4,5],'year':[2012,2013,2014,2015,2016],'status':['good',
'very good','well','very well','wonderful']}
>>> df=pd.DataFrame(data, columns=['status','year','index'], index=['one',
'two','three','four', 'five'])
>>> df
           status  year  index
one          good  2012      1
two     very good  2013      2
three        well  2014      3
four    very well  2015      4
five   wonderful  2016      5
#对 df 重新进行行索引
>>> df.reindex(index=['two','four','one','five','three','six'], fill_value=
'NaN')
           status  year  index
two     very good  2013      2
four    very well  2015      4
one          good  2012      1
five   wonderful  2016      5
three        well  2014      3
six           NaN   NaN    NaN
#同时改变行索引和列索引
>>> df.reindex(index=['two','four','one','five','three'],columns=['year',
'status','index'])
       year       status  index
two    2013    very good      2
four   2015    very well      4
one    2012         good      1
five   2016   wonderful      5
three  2014         well      3
```

## 8. 数据替换

```
df.replace(to_replace=None,value=None,inplace=False,limit=None,regex=False,
method='pad')
```

作用：把 to_replace 所列出的且在 df 对象中出现的元素替换为 value 所表示的值。

参数说明如下。

to_replace：为待被替换的值，其类型可以是 str、regex(正则表达式)、list、dict、Series、int、float 或 None。

value：把 df 出现在 to_replace 中的元素用 value 替换，value 的数据类型可以是 dict、list、str、regex(正则表达式)、None。

regex：是否将 to_replace、value 参数解释为正则表达式，默认 False。

```
>>> import numpy as np
>>> import pandas as pd
>>> df = pd.DataFrame({'A': [0, 1, 2, 3, 4],'B': [5, 6, 7, 8, 9],'C': ['a', 'b', 'c',
'd', 'e']})
>>> df
   A  B  C
0  0  5  a
1  1  6  b
2  2  7  c
3  3  8  d
4  4  9  e
#单值替换
>>> df.replace(0,np.nan)               #用 np.nan 替换 0
>>> df.replace([0, 1, 2, 3], np.nan)   #把 df 出现在列表中的元素用 np.nan 替换
     A  B  C
0  NaN  5  a
1  NaN  6  b
2  NaN  7  c
3  NaN  8  d
4  4.0  9  e
#把 df 出现在第一个列表中的元素用第二个列表中的相应元素替换
>>> df.replace([1, 2, 3], [11, 22, 33])    #把 1 替换为 11,2 替换为 22,3 替换为 33
     A  B  C
0   0  5  a
1  11  6  b
2  22  7  c
3  33  8  d
4   4  9  e
#用字典表示 to_replace 参数,将 0 替换为 10、1 替换为 100
>>> df.replace({0:10, 1:100})
#将 A 列的 0、B 列的 5 替换为 100
>>> df.replace({'A': 0, 'B': 5}, 100)
       A    B  C
0   100  100  a
1     1    6  b
2     2    7  c
3     3    8  d
4     4    9  e
```

```
>>> df.replace({'A': {0: 100, 4: 400}})   #将 A 列的 0 替换为 100、4 替换为 400
>>> df1 = pd.DataFrame({'A': ['a1e','a2e','a0e'],'B': ['abe','ace','ade']})
>>> df1
     A    B
0  a1e  abe
1  a2e  ace
2  a0e  ade
```

#'a\de'可以匹配'a1e'和'a2e'等,regex=True 将 'a\de'解释为正则表达式
#\d 匹配 0~9 的任一数字

```
>>> df1.replace(to_replace='a\de', value='good', regex=True)
      A    B
0  good  abe
1  good  ace
2  good  ade
```

#把 regex 匹配到的元素用'new'替换

```
>>> df1.replace(regex='a\de', value='new')
     A    B
0  new  abe
1  new  ace
2  new  ade
```

#把 regex 中的正则表达式匹配到的元素都用'good'替换

```
>>> df1.replace(regex=['a\de', 'a[bcd]e'], value='good')
      A     B
0  good  good
1  good  good
2  good  good
```

#把 regex 中的两个正则表达式匹配到的元素分别用'good'和'better'替换

```
>>> df1.replace(regex={'a\de':'good', 'a[bcd]e':'better'})
      A       B
0  good  better
1  good  better
2  good  better
```

### 9. 两个 DataFrame 对象的连接

```
df1.merge(df2, how='inner', on=None, left_on=None, right_on=None, left_index=
False, right_index=False, sort=False, suffixes=('_x', '_y'))
```

作用:通过行索引或列索引进行两个 DataFrame 对象的连接。

参数说明如下。

df2:拟被合并的 DataFrame 对象。

how:取值集为{'left', 'right', 'outer', 'inner'},表示连接的方式。how＝left 表示只使用 df1 的键;how＝right 表示只使用 df2 的键;how＝outer 表示使用两个 DataFrame 对象中的键的联合;how＝inner 表示使用来自两个 DataFrame 对象的键的交集。

on:指的是用于连接的列索引或行索引名称,必须存在两个 DataFrame 对象中,如果

on 没有指定且不以行的方式合并,则以两个 DataFrame 的列名交集作为连接键。

left_on:df1 中用作连接键的列名。

right_on:df2 中用作连接键的列名。

left_index:将 df1 行索引用作连接键。

right_index:将 df2 行索引用作连接键。

sort=False:根据连接键对合并后的数据按字典顺序对行排列,默认为 True。

suffixes:对两个数据集中出现的重复列,新数据集中加上后缀_x 或_y 进行区别。

```
>>> df1 = pd.DataFrame({'key1': ['k1', 'k1', 'k2', 'k3'], 'key2': ['k1', 'k2',
'k1', 'k2'],'A': ['a1', 'a2', 'a3', 'a4'],'B': ['b1', 'b2', 'b3', 'b4']})
>>> df2 = pd.DataFrame({'key1': ['k1', 'k2', 'k2', 'k3'],'key2': ['k1', 'k1',
'k1', 'k1'],'C': ['c1', 'c2', 'c3', 'c4'],'D': ['d1', 'd2', 'd3', 'd4']})
>>> df1
    A   B   key1   key2
0   a1  b1   k1     k1
1   a2  b2   k1     k2
2   a3  b3   k2     k1
3   a4  b4   k3     k2
>>> df2
    C   D   key1   key2
0   c1  d1   k1     k1
1   c2  d2   k2     k1
2   c3  d3   k2     k1
3   c4  d4   k3     k1
#how 没指定,默认使用 inner,使用'key1'和'key2'作为键进行内连接
>>> df1.merge(df2, on=['key1', 'key2'])  #只保留两个表中公共部分的信息
    A   B   key1   key2   C   D
0   a1  b1   k1     k1    c1  d1
1   a3  b3   k2     k1    c2  d2
2   a3  b3   k2     k1    c3  d3
#how='left',只保留 df1 的所有数据
>>> df1.merge(df2, how='left', on=['key1', 'key2'])
    A   B   key1   key2    C     D
0   a1  b1   k1     k1    c1    d1
1   a2  b2   k1     k2   NaN   NaN
2   a3  b3   k2     k1    c2    d2
3   a3  b3   k2     k1    c3    d3
4   a4  b4   k3     k2   NaN   NaN
#how='right',只保留 df2 的所有数据
>>> df1.merge(df2, how='right',on=['key1', 'key2'])
     A     B   key1   key2   C   D
0   a1    b1   k1     k1    c1  d1
1   a3    b3   k2     k1    c2  d2
2   a3    b3   k2     k1    c3  d3
3  NaN   NaN   k3     k1    c4  d4
```

```
#how='outer',保留 df1 和 df2 的所有数据
>>> df1.merge(df2, how='outer', on=['key1', 'key2'])
     A    B   key1  key2    C    D
0   a1   b1    k1    k1    c1   d1
1   a2   b2    k1    k2   NaN  NaN
2   a3   b3    k2    k1    c2   d2
3   a3   b3    k2    k1    c3   d3
4   a4   b4    k3    k2   NaN  NaN
5  NaN  NaN    k3    k1    c4   d4
```

**10. 按指定的列索引或行索引连接两个对象**

pandas.merge(left, right, how='inner', on=None, left_on=None, right_on=None, sort=True)

作用：按指定的列索引或行索引连接两个 DataFrame 对象 left 和 righ，用法与 df.merge()方法类似。

参数说明如下。

left 和 right：两个 DataFrame 对象。

sort：在合并后的 DataFrame 对象中，根据合并键按字典顺序对行排序。

```
>>> import pandas as pd
>>> df1=pd.DataFrame({'lkey':['Java','C','C++','Python'],'value':[1,2,3,4]})
>>> df2=pd.DataFrame({'rkey':['Python','Java','C','Basic'],'value':[5,6,7,
8]})
>>> df1
     lkey   value
0    Java      1
1       C      2
2     C++      3
3  Python      4
>>> df2
     rkey   value
0  Python      5
1    Java      6
2       C      7
3   Basic      8
>>> pd.merge(df1,df2,on='value')       #没用公共部分,返回空 DataFrame 对象
Empty DataFrame
Columns: [lkey, value, rkey]
Index: []
>>> pd.merge(df1,df2,left_on='lkey', right_on='rkey', how='outer')
     lkey  value_x    rkey  value_y
0    Java      1.0    Java      6.0
1       C      2.0       C      7.0
2     C++      3.0     NaN      NaN
3  Python      4.0  Python      5.0
4     NaN      NaN   Basic      8.0
```

```
#sort='True'表示对合并后的 DataFrame 对象,根据合并关键字按字典顺序对行排序
>>> pd.merge(df1,df2,left_on='lkey', right_on='rkey', how='outer',sort=
'True')
     lkey   value_x    rkey   value_y
0    NaN      NaN     Basic     8.0
1    C        2.0     C         7.0
2    C++      3.0     NaN       NaN
3    Java     1.0     Java      6.0
4    Python   4.0     Python    5.0
#how='inner'内连接,只保留两个表中公共部分的信息
>>> pd.merge(df1,df2,left_on='lkey', right_on='rkey', how='inner')
     lkey   value_x    rkey   value_y
0    Java      1      Java      6
1    C         2      C         7
2    Python    4      Python    5
```

### 11. 按指定轴连接多个 DataFrame 对象

```
pandas.concat(objs, axis=0, join='outer', join_axes=None, ignore_index=False,
keys=None)
```

作用:以指定的轴将多个对象堆叠到一起,concat 不会去除重复的记录。

参数说明如下。

objs:需要连接的对象集合,其类型可以是 Series、DataFrame、列表或字典。

axis:连接方向。axis=0,对行操作,纵向连接;axis=1,对列操作,横向连接。

join:连接的方式。join='outer',取并集;join='inner',取交集。

join_axes:指定根据哪个表的轴来对齐数据。

keys:创建层次化索引,以标识数据来自不同的连接对象。

ignore_index:ignore_index=False,保留原索引;ignore_index=True,忽略原索引,重建索引。

```
>>> import pandas as pd
>>> df1=pd.DataFrame({'A':['A0','A1','A2','A3'],'B': ['B0','B1','B2','B3'],
'C': ['C0','C1','C2','C3']})
>>> df2=pd.DataFrame({'A':['A0','A4','A5'],'B': ['B0','B4','B5'],'C': ['C0',
'C4','C5']})
>>> df3=pd.DataFrame({'A':['A5','A6'],'B': ['B5','B6'],'C': ['C5','C6']})
>>> pd.concat([df2,df3])
     A    B    C
0    A0   B0   C0
1    A4   B4   C4
2    A5   B5   C5
0    A5   B5   C5
1    A6   B6   C6
#ignore_index=True,忽略 df2、df3 的行索引,重新索引
>>> pd.concat([df2,df3],ignore_index=True)
```

```
     A    B    C
0   A0   B0   C0
1   A4   B4   C4
2   A5   B5   C5
3   A5   B5   C5
4   A6   B6   C6
```

\#参数 key 增加层次索引,以标识数据源自于哪张表

```
>>> pd.concat([df2,df3],keys=['x','y'])
       A    B    C
x 0   A0   B0   C0
  1   A4   B4   C4
  2   A5   B5   C5
y 0   A5   B5   C5
  1   A6   B6   C6
```

\#axis=1,横向表拼接

```
>>> pd.concat([df1, df2,df3], axis=1)
    A    B    C    A    B    C    A    B    C
0   A0   B0   C0   A0   B0   C0   A5   B5   C5
1   A1   B1   C1   A4   B4   C4   A6   B6   C6
2   A2   B2   C2   A5   B5   C5   NaN  NaN  NaN
3   A3   B3   C3   NaN  NaN  NaN  NaN  NaN  NaN
```

\#join 为'inner'时得到的是两表的交集,为'outer'时得到的是两表的并集

```
>>> pd.concat([df1,df2], axis=1,join='inner')
    A    B    C    A    B    C
0   A0   B0   C0   A0   B0   C0
1   A1   B1   C1   A4   B4   C4
2   A2   B2   C2   A5   B5   C5
```

\#join_axes=[df2.index],保留与 df2 的行索引一样的数据,配合 axis=1 一起用

```
>>> pd.concat([df1, df2], axis=1, join_axes=[df2.index])
    A    B    C    A    B    C
0   A0   B0   C0   A0   B0   C0
1   A1   B1   C1   A4   B4   C4
2   A2   B2   C2   A5   B5   C5
```

### 12. 列旋转为行

```
df.stack(level=-1, dropna=True)
```

作用:用来把 df 的列旋转成行,也就是列名变为行索引名,操作的结果是将 df 变成具有多层行索引的 Series。

参数说明如下。

level:数据类型为 int、str、list 等,默认为−1,从列转换为行的层次。

dropna:dropna＝True 删除含有缺失值的行。

```
>>> df1 = pd.DataFrame([[69, 175], [50, 170]],index=['ZhangSan', 'LiSi'],columns
=['weight', 'height'])          #单层次的列,即列名只有一层
```

```
>>> df1
          weight   height
ZhangSan      69      175
LiSi          50      170
>>> df1.stack()
ZhangSan  weight   69
          height  175
LiSi      weight   50
          height  170
dtype: int64
>>> multicol = pd.MultiIndex.from_tuples([('weight', 'kg'),('height', 'cm')])
>>> df2=pd.DataFrame([[69, 175], [50, 170]],index=['ZhangSan', 'LiSi'],columns
=multicol)                             #得到含有两层列名的 DataFrame 对象 df2
>>> df2
          weight   height
             kg      cm
ZhangSan     69     175
LiSi         50     170
>>> df2.stack(0)                        #height、weight 层转换为行
                     cm     kg
ZhangSan  height  175.0    NaN
          weight    NaN   69.0
LiSi      height  170.0    NaN
          weight    NaN   50.0
>>> df2.stack([0, 1])                   #两个层次的列都分别转换为行
ZhangSan  height  cm  175.0
          weight  kg   69.0
LiSi      height  cm  170.0
          weight  kg   50.0
dtype: float64
```

### 13. 行旋转为列

```
df.unstack(level=-1, fill_value=None)
```

作用：用来将 DataFrame 对象 df 的行旋转为列，也就是行名变为列名。如果是多层索引，默认针对内层索引进行转换。

参数说明如下。

level：数据类型为 int、str、list 等，默认为−1，从行转换为列的层次。

fill_value：如果 unstack()操作产生了缺失值，用 fill_value 指定的值填充。

```
>>> import pandas as pd
>>> index = pd.MultiIndex.from_tuples([('one', 'a'), ('one', 'b'), ('two', 'a'),
('two', 'b')])                          #生成多层索引标签
>>> index
MultiIndex(levels=[['one', 'two'], ['a', 'b']],
```

```
             labels=[[0, 0, 1, 1], [0, 1, 0, 1]])
#得到含有两层行名的 DataFrame 对象 s
>>> s = pd.Series(np.arange(1.0, 5.0), index=index)
>>> s
one   a  1.0
      b  2.0
two   a  3.0
      b  4.0
dtype: float64
>>> s.unstack()                          #内层行转换为列
        a    b
one  1.0  2.0
two  3.0  4.0
>>> s.unstack(level=0)                    #one、two 层转换为列
    one  two
a  1.0  3.0
b  2.0  4.0
```

## 2.4.3  数据运算与排序

DataFrame 对象的数据运算与排序方法如表 2-5 所示，表格中的 df 表示一个 DataFrame 对象。

**表 2-5  DataFrame 对象的数据运算与排序方法**

| 数据运算与排序方法 | 描　　述 |
|---|---|
| df.T | df 的行列转置 |
| df * N | df 的所有元素乘以 N |
| df1＋df2 | 将 df1 和 df2 的行名和列名都相同的元素相加，其他位置的元素用 NaN 填充 |
| df1.add(other, axis＝'columns', level＝None, fill_value＝None) | 将 df1 中的元素与 other 中的元素相加，other 的类型可以是 scalar(标量)、sequence(序列)、Series、DataFrame 等形式 |
| df1.sub(other, axis＝'columns', level＝None, fill_value＝None) | 将 df1 中的元素与 other 中的元素相减 |
| df1.div(other, axis＝'columns', level＝None, fill_value＝None) | 将 df1 中的元素与 other 中的元素相除 |
| df1.mul (other, axis＝'columns', level＝None, fill_value＝None) | 将 df1 中的元素与 other 中的元素相乘 |
| df.apply(func, axis＝0) | 将 func 函数应用到 df 的行或列所构成的一维数组上 |
| df.applymap(func) | 将 func 函数应用到各个元素上 |
| df.sort_index(axis＝0，ascending＝True) | 按行索引进行升序排序 |
| df.sort_values(by，axis＝0，ascending＝True) | 按指定的列或行进行值排序 |

续表

| 数据运算与排序方法 | 描　述 |
| --- | --- |
| df.rank(axis＝0，method＝'average', ascending＝True) | 沿着行计算元素值的排名,对于相同的两个元素值,沿着行顺序排在前面的数据排名高,返回各个位置上元素值从小到大排序对应的序号 |

### 1. df1＋df2

作用：将 df1 和 df2 的行名和列名都相同的元素相加,其他位置的元素用 NaN 填充。

```
>>> import pandas as pd
>>> import numpy as np
>>> df1=pd.DataFrame(np.arange(9).reshape((3,3)),columns=list('bcd'),index=
['A','B','C'])
>>> df2=pd.DataFrame(np.arange(12).reshape((4,3)),columns=list('bde'),index=
['A','D','B','E'])
>>> df1
   b  c  d
A  0  1  2
B  3  4  5
C  6  7  8
>>> df2
   b   d   e
A  0   1   2
D  3   4   5
B  6   7   8
E  9  10  11
>>> df1+df2            #行名和列名都相同的元素相加,其他位置的元素用 NaN 填充
     b    c     d    e
A  0.0  NaN   3.0  NaN
B  9.0  NaN  12.0  NaN
C  NaN  NaN   NaN  NaN
D  NaN  NaN   NaN  NaN
E  NaN  NaN   NaN  NaN
```

### 2. df1.add(other，axis＝'columns'，level＝None，fill_value＝None)

作用：若 df1 和 other 对象的行名和列名都相同的位置上的元素都存在时,直接将相应的元素相加;同一行名和列名处,若其中一个对象在该处不存在元素,则先用 fill_value 指定的值填充,然后相加;若同一行名和列名处,两个对象都不存在元素,则相加的结果用 NaN 填充。

参数说明如下。

other：取值集合{scalar(标量)，sequence(序列)，Series，DataFrame}

axis：取值集合{ 'index'或 'columns'},axis＝0 或 'index'表示按行比较,axis＝1 或 'columns'表示按列比较。

level：int 或 name，选择不同的索引，一个 DataFrame 对象可能有两个索引。

fill_value：用于填充缺失值，默认将缺失值填充为 NaN。

```
>>> df1.add(10)                      #other 为标量 10
    b   c   d
A  10  11  12
B  13  14  15
C  16  17  18
>>> df1.add([5,5,5])                 #other 为列表
    b   c   d
A   5   6   7
B   8   9  10
C  11  12  13
>>> df1.add(df2)                     #与 df1+df2 的计算结果一样
     b    c     d     e
A  0.0  NaN   3.0   NaN
B  9.0  NaN  12.0   NaN
C  NaN  NaN   NaN   NaN
D  NaN  NaN   NaN   NaN
E  NaN  NaN   NaN   NaN
>>> df1.add(df2, fill_value=100)
       b      c      d      e
A    0.0  101.0    3.0  102.0
B    9.0  104.0   12.0  108.0
C  106.0  107.0  108.0    NaN
D  103.0    NaN  104.0  105.0
E  109.0    NaN  110.0  111.0
```

### 3. df.apply（func，axis＝0）

作用：将 func 函数应用到 DataFrame 对象 df 的行或列所构成的一维数组上。

参数说明如下。

func：应用到行或列上的函数。

axis：axis＝0，对每一列应用 func 函数；axis＝1，对每一行应用 func 函数。

```
>>> df=pd.DataFrame(np.arange(16).reshape((4,4)),columns=list('abcd'), index
=['A','B','C','D'])
>>> df
    a   b   c   d
A   0   1   2   3
B   4   5   6   7
C   8   9  10  11
D  12  13  14  15
>>> def f(x):                        #计算数组元素的取值间隔
    return x.max()-x.min()
>>> df.apply(f,axis=0)               #求每一列元素的取值间隔
```

```
a     12
b     12
c     12
d     12
dtype: int64
>>> df.apply(f,axis=1)
A     3
B     3
C     3
D     3
dtype: int64
```

apply()函数可一次执行多个函数,作用于行或列时,一次返回多个结果。

```
>>> def f1(x):
    return pd.Series([x.max(),x.min()],index=['max','min'])
>>> df.apply(f1,axis=0)                    #返回一个 DataFrame 对象
     a    b    c    d
max  12   13   14   15
min  0    1    2    3
```

### 4. df.applymap(func)

作用: 将 func 函数应用到各个元素上。

```
>>> df
    a    b    c    d
A   0    1    2    3
B   4    5    6    7
C   8    9    10   11
D   12   13   14   15
>>> def f2(x):
    return 2 * x+1
>>> df.applymap(f2)
    a    b    c    d
A   1    3    5    7
B   9    11   13   15
C   17   19   21   23
D   25   27   29   31
```

### 5. df.sort_index(axis＝0，ascending＝True)

作用: 按行索引进行升序排序。

参数说明如下。

axis: axis＝0,对行进行排序;axis＝1,对列进行排序。

ascending: ascending＝True,升序排序;ascending＝False,降序排序。

```
>>> df = pd.DataFrame({ 'col1':['A','A','B',  'D','C'],'col2':[2, 9, 8, 7, 4],
'col3':[1, 9, 4, 2, 3],})
```

```
>>> df
    col1  col2  col3
0    A     2     1
1    A     9     9
2    B     8     4
3    D     7     2
4    C     4     3
>>> df.sort_index(axis=1,ascending=False)        #按列索引进行降序排序
    col3  col2  col1
0    1     2     A
1    9     9     A
2    4     8     B
3    2     7     D
4    3     4     C
```

**6. df.sort_values(by,axis＝0,ascending＝True)**

作用：按指定的列或行进行值排序。

参数说明如下。

by：指定某些行或列作为排序的依据。

axis：axis＝0,对行进行排序;axis＝1,对列进行排序。

```
>>> df.sort_values(by=['col1'])                  #按col1进行排序
    col1  col2  col3
0    A     2     1
1    A     9     9
2    B     8     4
4    C     4     3
3    D     7     2
>>> df.sort_values(by=['col1','col2'])           #按col1、col2进行排序
    col1  col2  col3
0    A     2     1
1    A     9     9
2    B     8     4
4    C     4     3
3    D     7     2
```

**7. df.rank(axis＝0,method＝'average',ascending＝True)**

作用：沿着行计算元素值的排名,对于相同的两个元素值,沿着行顺序排在前面的数据排名高,返回各个位置上元素值从小到大排序对应的序号。

参数说明如下。

axis：为0时沿着行,为1时沿着列。

method：method＝'average',在相等分组中,为各个值分配平均排名;method＝'min',使用整个分组的最小排名;method＝'max',使用整个分组的最大排名;method＝'first',按值在原始数据中的出现顺序分配排名。

ascending：boolean型,默认值为True,True为升序排名,False为降序排名。

```
>>> df = pd.DataFrame({'a':[4,2,3,2],'b':[15,21,10,13]},index=['one','two','
three','four'])
>>> df
        a    b
one     4   15
two     2   21
three   3   10
four    2   13
>>> df.rank(method = 'first')          #为每个位置分配从小到大排序后其元素对应的序号
        a     b
one    4.0   3.0
two    1.0   4.0
three  3.0   1.0
four   2.0   2.0
#将在两个 2 这一分组的排名 1 和 2 的最大排名 2 作为两个 2 的排名
>>> df.rank(method = 'max')
        a     b
one    4.0   3.0
two    2.0   4.0
three  3.0   1.0
four   2.0   2.0
#将两个 2 这一分组的排名 1 和 2 的平均值 1.5 作为两个 2 的排名
>>> df.rank(method = 'average')
        a     b
one    4.0   3.0
two    1.5   4.0
three  3.0   1.0
four   1.5   2.0
```

## 2.4.4　数学统计

数学统计

DataFrame 对象的常用数学统计方法如表 2-6 所示,其中 df 表示一个 DataFrame 对象。

表 2-6　DataFrame 对象的常用数学统计方法

| 数学统计方法 | 描　　述 |
| --- | --- |
| df.count(axis＝0,level＝None) | 统计每列或每行非 NaN 的元素个数 |
| df.describe(percentiles＝None, include＝None, exclude＝None) | 生成描述性统计,总结数据集分布的集中趋势、分散和形状, 不包括 NaN 值 |
| df.max(axis＝0) | axis＝0 表示返回每列的最大值,axis＝1 表示返回每行的最大值 |
| df.min(axis＝0) | axis＝0 表示返回每列的最小值,axis＝1 表示返回每行的最小值 |
| df.sum(axis＝None,skipna＝None, level＝None) | 返回指定轴上元素值的和 |

| 数学统计方法 | 描　　述 |
|---|---|
| df.mean(axis＝None,skipna＝None,level＝None) | 返回指定轴上元素值的平均值 |
| df.median(axis＝None,skipna＝None,level＝None) | 返回指定轴上元素值的中位数 |
| df.var(axis＝None,skipna＝None,level＝None) | 返回指定轴上元素值的均方差 |
| df.std(axis＝None,skipna＝None,level＝None) | 返回指定轴上元素值的标准差 |
| df.cov() | 计算 df 的列与列之间的协方差,不包括空值 |
| df.corr(method＝'pearson') | 计算 df 的列与列之间的相关系数,返回相关系数矩阵 |
| df1.corrwith(df2) | 计算 df1 与 df2 的行或列之间的相关性 |
| df.cumsum(axis＝0,skipna＝True) | 对 df 求累加和,计算结果是与 df 形状相同的 DataFrame 对象 |
| df.cumprod(axis＝None, skipna＝True) | 返回 df 指定轴上的元素的累计积 |

**1. df.count(axis＝0,level＝None)**

作用：统计每列或每行非 NaN 的元素个数。

参数说明如下。

axis：axis＝0,统计每列非 NaN 的元素个数;axis＝1,统计每行非 NaN 的元素个数。

level：如果索引有多层,level 指定按什么层次统计。

```
>>> import pandas as pd
>>> import numpy as np
>>> df = pd.DataFrame({"Name":["John", "Myla", None, "John", "Myla"], "Age":
[24., np.nan, 21., 33, 26],"Grade": ['A', 'A', 'B', 'B', 'A']},columns=["Name",
"Age","Grade"])
>>> df
   Name   Age  Grade
0  John  24.0     A
1  Myla   NaN     A
2  None  21.0     B
3  John  33.0     B
4  Myla  26.0     A
>>> df.count(axis=1)              #统计每行非 NaN 的元素个数
0    3
1    2
2    2
3    3
4    3
```

**2. df.describe(percentiles＝None,include＝None,exclude＝None)**

作用：一次性产生多个汇总统计：集中趋势、分散和形状,不包括 NaN 值。

参数说明如下。

percentiles：是一个数字列表，指定输出结果中包含的百分位数，默认输出 25％、50％、75％百分位数。

include：指定处理结果中要包含的数据类型。

exclude：指定处理结果中要排除的数据类型。

```
>>>data={'index':[1,2,3,4,5],'year':[2012,2013,2014,2015,2016],'status':['good',
'very good','well','very well','wonderful']}
>>> df=pd.DataFrame(data, columns=['status','year','index'], index=['one',
'two','three','four', 'five'])
>>> df
          status   year   index
one          good   2012      1
two     very good   2013      2
three        well   2014      3
four    very well   2015      4
five    wonderful   2016      5
>>> df.describe()                    #一次性产生多个汇总统计
             year       index
count    5.000000    5.000000
mean  2014.000000    3.000000
std      1.581139    1.581139
min   2012.000000    1.000000
25%   2013.000000    2.000000
50%   2014.000000    3.000000
75%   2015.000000    4.000000
max   2016.000000    5.000000
```

**注意**：describe()默认情况下只返回数字字段的统计结果，要描述 DataFrame 的所有列，而不管数据类型如何，需要设置 include＝'all'。

describe()函数的返回结果包括 count、mean、std、min、max 以及百分位数。默认情况下，百分位数分三档：25％、50％、75％，其中 50％就是中位数，把所有数值由小到大排列，处于 $p$％位置的值称为第 $p$ 百分位数。

count：这一组数据中包含的数据个数。

mean：这一组数据的平均值。

std：这一组数据的标准差。

min：这一组数据的最小值。

max：这一组数据的最大值。

**3. df.sum(axis＝None，skipna＝None，level＝None)**

作用：返回指定轴上元素值的和。

参数说明如下。

axis：axis＝0 表示对列进行求和，axis＝1 表示对行进行求和。

skipna：布尔值，默认为 True，表示跳过 NaN 值；如果整行/列都是 NaN，那么结果也是 NaN。

```
>>> df.sum()                          #默认返回 df 对象每列元素的和
status   good   very good   well   very well   wonderful
year                                           10070
index                                            15
dtype: object
>>> df.sum(axis=1)                    #返回 df 对象每行可求和元素的和
```

### 4. df.var(axis = None，skipna = None，level = None)

作用：返回指定轴上元素值的均方差。

```
>>> df1.var(axis=0)                   #按列计算方差
one      40.0
two      40.0
three    40.0
four     40.0
dtype: float64
```

### 5. df.std(axis = None，skipna = None，level = None)

作用：返回指定轴上元素值的标准差。

```
>>> df1.std()
one      6.324555
two      6.324555
three    6.324555
four     6.324555
dtype: float64
```

### 6. df.cov()

作用：计算 df 的列与列之间的协方差，不包括空值。

协方差只表示线性相关的方向，取值范围是正无穷到负无穷。也就是说，协方差为正值，说明一个变量变大而另一个变量也变大；取负值说明一个变量变大而另一个变量变小，取 0 说明两个变量没有相关关系。

```
>>> df2 = pd.DataFrame([(1, 2), (0, 3), (2, 0), (1, 1)],columns=['dogs', 'cats'])
>>> df2
   dogs  cats
0    1    2
1    0    3
2    2    0
3    1    1
>>> df2.cov()                         #计算 df2 的列与列间的协方差
          dogs      cats
dogs   0.666667  -1.000000
cats  -1.000000   1.666667
```

**7. df.corr(method = 'pearson')**

作用：计算 df 的列与列之间的相关系数，返回相关系数矩阵。

参数说明如下。

method：指定求何种相关系数，可选值集合为{'pearson','kendall','spearman'}。'pearson'相关系数用来衡量两个数据集合是否在一条线上面，即针对线性数据的相关系数计算；'kendall'用于反映分类变量相关性的指标，即针对无序序列的相关系数；'spearman'表示非线性的、非正态分布的数据的相关系数。

线性相关系数不仅表示线性相关的方向，还表示线性相关的程度，取值为$-1$~$1$。也就是说，相关系数为正值，说明一个变量变大而另一个变量也变大；取负值说明一个变量变大而另一个变量变小；取 0 说明两个变量没有相关关系。同时，相关系数的绝对值越接近 1，线性关系越显著。

```
>>> import pandas as pd
>>> data = pd.DataFrame({ 'x':[0,1,2,4,7,10], 'y':[0,3,2,4,5,7],'s':[0,1,2,3,4,
5],'c':[5,4,3,2,1,0]},index = ['p1','p2','p3','p4','p5','p6'])
>>> data
    c s  x  y
p1  5 0  0  0
p2  4 1  1  3
p3  3 2  2  2
p4  2 3  4  4
p5  1 4  7  5
p6  0 5 10  7
>>> data.corr()                        #计算 pearson 相关系数
          c          s          x          y
c  1.000000  -1.000000  -0.972598  -0.946256
s  -1.000000   1.000000   0.972598   0.946256
x  -0.972598   0.972598   1.000000   0.941729
y  -0.946256   0.946256   0.941729   1.000000
```

**8. df.corrwith(other，axis = 0)**

作用：计算 df 跟另一个 Series 或 DataFrame 对象的列或行之间的相关系数，传入一个 Series 将会返回一个相关系数值 Series(针对各列进行计算)，传入一个 DataFrame 则会计算按列名配对的相关系数。

参数说明如下。

other：DataFrame 对象或 Series 对象。

axis：axis=0，表示按列进行计算，axis=1，表示按行进行计算。

```
>>> import pandas as pd
>>> df2 = pd.DataFrame({'a':[1,2,3,6],'b':[5,6,8,10],'c':[9,10,12,13],'d':[13,
14,15,18]})
>>> df2
```

```
      a    b    c    d
0     1    5    9    13
1     2    6    10   14
2     3    8    12   15
3     6    10   13   18
>>> df2.corrwith(pd.Series([1,2,3,4]))        #计算 df2 的列与 Series 对象之间的相关性
a      0.956183
b      0.989778
c      0.989949
d      0.956183
dtype: float64
>>> df3 = pd.DataFrame({'a':[1,2,3,4],'b':[5,6,7,8],'c':[9,10,11,12], 'd':[13,
14,15,16]})
>>> df3
      a    b    c    d
0     1    5    9    13
1     2    6    10   14
2     3    7    11   15
3     4    8    12   16
>>> df2.corrwith(df3)                          #计算 df2 与 df3 列与列之间的相关性
a      0.956183
b      0.989778
c      0.989949
d      0.956183
dtype: float64
>>> df2.corrwith(df3,axis=1)                   #传入 axis=1 可按行进行计算
0      1.000000
1      1.000000
2      0.993808
3      0.995429
dtype: float64
```

### 9. df.cumsum(axis=0,skipna=True)

作用：对 df 求累加和,计算结果是与 df 形状相同的 DataFrame 对象。

参数说明如下。

axis：axis=0,表示对列求累加和;axis=1,表示对行求累加和。

skipna：skipna=True,忽略 NA/null 值。

```
>>> df3.cumsum(axis=0)                         #对列求累加和
      a    b    c    d
0     1    5    9    13
1     3    11   19   27
2     6    18   30   42
3     10   26   42   58
>>> df3.cumsum(axis=1)                         #对行求累加和
```

```
   a   b    c    d
0  1   6   15   28
1  2   8   18   32
2  3  10   21   36
3  4  12   24   40
```

**10. df.cumprod(axis＝None，skipna＝True)**

作用：返回 df 指定轴上的元素值的累计积。

```
>>> df3.cumprod(axis=0)                    #按列求累计积
    a     b      c      d
0   1     5      9     13
1   2    30     90    182
2   6   210    990   2730
3  24  1680  11880  43680
```

## 2.4.5 数据分组与聚合

对数据集进行分组并对各分组应用函数是数据分析中的重要环节。在 pandas 中，分组运算主要通过 groupby 函数来完成，聚合操作主要通过 agg 函数来完成。

### 1. 数据分组

groupby 对数据进行数据分组运算的过程分为三个阶段：分组、用函数处理分组和分组结果合并。

(1) 分组。按照键(key)或者分组变量将数据分组。分组键可以有多种形式，且类型不必相同：①列表或数组，其长度与待分组的轴一样；②DataFrame 对象的某个列名；③字典或 Series，给出待分组轴上的值与分组名之间的对应关系。④函数，用于处理轴索引或索引中的各个标签。

(2) 用函数处理。对于每个分组应用我们指定的函数，这些函数可以是 Python 自带函数，也可以是自定义的函数。

(3) 合并分组处理结果。把每个分组的计算结果合并起来。

对数据进行分组求和运算的流程如图 2-2 所示。

groupby 函数的语法格式如下。

```
df.groupby(by=None, axis=0, level=None, as_index=True, sort=True, group_keys=
True, squeeze=False)
```

作用：通过指定列索引或行索引，对 DataFrame 对象 df 的数据元素进行分组。

参数说明如下。

by：用于指定分组的依据，其数据形式可以是映射、函数、索引以及索引列表。

axis：默认 axis＝0 按行分组，可指定 axis＝1 按列分组。

level：int 值，默认为 None，如果 axis 是一个 MultiIndex(分层索引)，则按特定的级别分组。

as_index：对于聚合输出，返回带有组标签的对象作为索引。as_index＝False 实际上是"SQL 风格"分组输出，boolean 值，默认为 True。

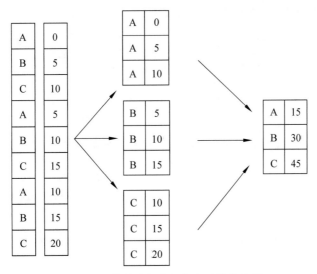

图 2-2　对数据进行分组求和运算的流程

sort：排序。boolean 值，默认为 True。

group_keys：当调用 apply 时，添加 group_keys 索引来识别片段。

squeeze：尽可能减少返回类型的维度，否则返回一致的类型。

1）按列分组

```
>>> df=pd.DataFrame({'key1':['a','a','b','b','a'],'key2':['one','two','one',
'two','one'],'data1':random.randint(1,6,5),'data2':random.randint(1,6,5)})
>>> df
   data1  data2  key1  key2
0      5      2     a   one
1      5      4     a   two
2      3      5     b   one
3      4      3     b   two
4      1      2     a   one
>>> group = df.groupby('key1')              #按'key1'进行分组
>>> type(group)
<class 'pandas.core.groupby.DataFrameGroupBy'>
```

groupby 的返回值并不是 DataFrame 格式的数据，而是 groupby 类型的对象，此时，可通过调用 groupby 对象的 groups 属性来查看分组情况。

```
>>> group.groups
{'a': Int64Index([0, 1, 4], dtype='int64'), 'b': Int64Index([2, 3], dtype='int64')}
```

如上所示，每个分组都指明了它所包含的行。

```
>>> for x in group:                         #显示分组内容
    print(x)
```

```
('a',    data1  data2  key1  key2
0           5      2      a   one
1           5      4      a   two
4           1      2      a   one)
('b',    data1  data2  key1  key2
2           3      5      b   one
3           4      3      b   two)
```

既可依据单个列名'key1'进行分组,也可依据多个列名进行分组。

```
>>> group1=df.groupby(['key1','key2'])      #依据两个列名['key1','key2']进行分组
>>> for x in group1:                         #对数据进行迭代输出
    print(x)
(('a', 'one'),    data1  data2 key1 key2
0    5     2      a   one
4    1     2      a   one)
(('a', 'two'),    data1  data2 key1 key2
1    5     4      a   two)
(('b', 'one'),    data1  data2 key1 key2
2    3     5      b   one)
(('b', 'two'),    data1  data2 key1 key2
3    4     3      b   two)
```

### 2) 按字典进行分组

```
>>> people = pd.DataFrame(np.random.rand(5, 5),columns=['a', 'b', 'c', 'd', 'e'],
index=['Joe', 'Steve', 'Wes', 'Jim', 'Travis'])
>>> people
               a          b          c          d          e
Joe     0.848172   0.974520   0.273986   0.149582   0.896612
Steve   0.827622   0.050503   0.262741   0.936242   0.470282
Wes     0.118550   0.243571   0.419201   0.617766   0.717359
Jim     0.429525   0.579634   0.895218   0.072886   0.990689
Travis  0.552533   0.715262   0.116545   0.049255   0.547945
#对列名建立字典
>>> mapping = {'a': 'red', 'b': 'red', 'c': 'blue', 'd': 'blue', 'e': 'red'}
>>> by_columns=people.groupby(mapping,axis=1)    #依据 mapping 进行分组
>>> for x in by_columns:                          #显示分组内容
    print(x)
('blue',           c          d
Joe     0.273986   0.149582
Steve   0.262741   0.936242
Wes     0.419201   0.617766
Jim     0.895218   0.072886
Travis  0.116545   0.049255)
```

```
('red',          a          b          e
Joe       0.848172   0.974520   0.896612
Steve     0.827622   0.050503   0.470282
Wes       0.118550   0.243571   0.717359
Jim       0.429525   0.579634   0.990689
Travis    0.552533   0.715262   0.547945)
>>> by_columns.mean()                           #对每行的各个分组求平均值
              blue        red
Joe       0.211784   0.906435
Steve     0.599492   0.449469
Wes       0.518484   0.359827
Jim       0.484052   0.666616
Travis    0.082900   0.605247
```

### 3）将groupby分类结果转化成字典

```
>>> list(group1)
[(('a', 'one'),     data1  data2 key1 key2
0      5       2     a  one
4      1       2     a  one), (('a', 'two'),     data1  data2 key1 key2
1      5       4     a  two), (('b', 'one'),     data1  data2 key1 key2
2      3       5     b  one), (('b', 'two'),     data1  data2 key1 key2
3      4       3     b  two)]
>>> pieces=dict(list(group1))                   #将groupby分类结果转化成字典
>>> pieces
{('a', 'one'):     data1  data2 key1 key2
0      5       2     a  one
4      1       2     a  one, ('a', 'two'):     data1  data2 key1 key2
1      5       4     a  two, ('b', 'one'):     data1  data2 key1 key2
2      3       5     b  one, ('b', 'two'):     data1  data2 key1 key2
3      4       3     b  two}
>>> pieces[('a', 'one')]
   data1  data2 key1 key2
0      5       2     a  one
4      1       2     a  one
>>> pieces[('b', 'one')]
   data1  data2 key1 key2
2      3       5     b  one
```

### 4）按照列的数据类型进行分组

```
>>> df.dtypes
data1      int32
data2      int32
key1       object
key2       object
dtype: object
```

```
>>> group3=df.groupby(df.dtypes,axis=1)        #按照列的数据类型进行分组
>>> for x in group3:                            #显示分组内容
    print(x)
(dtype('int32'),    data1  data2
0       5       2
1       5       4
2       3       5
3       4       3
4       1       2)
(dtype('O'),    key1 key2
0    a    one
1    a    two
2    b    one
3    b    two
4    a    one)
```

### 5）通过函数进行分组

相较于字典，Python 函数在定义分组映射关系时可以更为抽象。任何被当作分组依据的函数都会在各个索引值上被调用一次，其返回值就会被用作分组名称。

具体点说，以下面的 DataFrame 对象 student 为例，其索引值为人的名字。假设要根据人名的长度进行分组，可通过向 groupby()函数传入 len 函数来实现。

```
>>> student = pd.DataFrame(np.arange(16).reshape((4,4)),columns=['a', 'b', 'c',
'd'],index=['LiHua', 'XiaoLi', 'Jack', 'LiMing'])
>>> student
        a   b   c   d
LiHua   0   1   2   3
XiaoLi  4   5   6   7
Jack    8   9   10  11
LiMing  12  13  14  15
>>> group4=student.groupby(len)
>>> for x in group4:                            #显示分组内容
    print(x)
(4,     a   b   c   d
Jack    8   9   10  11)
(5,     a   b   c   d
LiHua   0   1   2   3)
(6,     a   b   c   d
XiaoLi  4   5   6   7
LiMing  12  13  14  15)
```

### 6）按分组统计

在 df.groupby()所生成的分组上应用 size()、sum()、count()、mean()等统计函数，能分别统计分组数量、不同列的分组和、不同列的分组数量、分组不同列的平均值。

```
>>> group.size()                                #统计分组数量
```

```
key1
a    3
b    2
dtype: int64
>>> group.sum()                                    #求不同列的分组和
      data1  data2
key1
a        11      8
b         7      8
>>> group.count()                                  #求不同列的分组数量
      data1  data2  key2
key1
a        3      3     3
b        2      2     2
>>> group.mean()                                   #求分组不同列的平均值
        data1      data2
key1
a    3.666667  2.666667
b    3.500000  4.000000
#按 key1 进行分组,并计算 data1 列的平均值
>>> grouped = df['data1'].groupby(df['key1']).mean()
>>> print(grouped)
key1
a    3.666667
b    3.500000
Name: data1, dtype: float64
```

## 2. 数据聚合

对于聚合,一般指的是从数组产生标量值的数据转换过程,常见的聚合运算都有相关的统计函数快速实现,当然也可以自定义聚合运算。聚合操作主要通过 agg 函数来完成,agg 函数的语法格式如下。

```
DataFrame.agg(func, axis=0)
```

作用：通过 func 在指定的轴上进行聚合操作。

参数说明如下。

func：用来指定聚合操作的方式,其数据形式有函数、字符串、字典以及字符串或函数所构成的列表。

axis：axis＝0 表示在列上操作,axis＝1 表示在行上操作。

1) 在 DataFrame 对象的行或列上执行聚合操作

```
>>> df3 = pd.DataFrame([[1, 2, 3],[4, 5, 6],[7, 8, 9],[np.nan, np.nan, np.nan]],
columns=['A', 'B', 'C'])
>>> df3
     A    B    C
0  1.0  2.0  3.0
```

```
1   4.0   5.0   6.0
2   7.0   8.0   9.0
3   NaN   NaN   NaN
>>> df3.agg(['sum', 'min'])                    #在df的各列上执行'sum'和'min'聚合操作
          A      B      C
sum   12.0   15.0   18.0
min    1.0    2.0    3.0
#在不同列上执行不同的聚合操作
>>> df3.agg({'A':['sum', 'min'], 'B':['min', 'max']})
          A      B
max     NaN    8.0
min     1.0    2.0
sum    12.0    NaN
>>> df3.agg("mean", axis=1)                    #在行上执行"mean"操作
0     2.0
1     5.0
2     8.0
3     NaN
dtype: float64
```

2) 在 df.groupby()所生成的分组上应用 agg()

对于分组的某一列或者多个列,应用 agg(func)可以对分组后的数据应用 func 函数。例如,用 group['data1'].agg('key1')对分组后的'data1'列求均值。也可以推广到同时作用于多个列和使用多个函数。

```
>>> dict_data = {'key1':['a','b','c','d','a','b','c','d'], 'key2':['one','two',
'three','one','two','three','one','two'], 'data1':np.random.randint(1,10,8),'
data2':np.random.randint(1,10,8) }
>>> df4 = pd.DataFrame(dict_data)
>>> df4
   data1   data2   key1   key2
0      1       7      a    one
1      6       2      b    two
2      8       3      c   three
3      7       3      d    one
4      7       4      a    two
5      2       4      b   three
6      8       5      c    one
7      7       4      d    two
>>> df4.groupby('key2').agg(['mean','sum'])   #在每列上使用两个函数
            data1              data2
          mean   sum         mean   sum
key2
one    5.333333    16     5.000000    15
three  5.000000    10     3.500000     7
two    6.666667    20     3.333333    10
```

```
>>> group['data1','data2'].agg(['mean','sum']) #指定作用的列并用多个函数
        data1           data2
        mean   sum      mean      sum
key1
a     3.666667   11   2.666667     8
b     3.500000    7   4.000000     8
```

#自定义聚合函数,用来求每列的最大值与最小值的差

```
>>> def value_range(df):                   #定义求每列的最大值和最小值差的函数
       return df.max()-df.min()
>>> df4.groupby('key1')['data2','data1'].agg(value_range)
       data2   data1
key1
a        3       6
b        2       4
c        2       0
d        1       0
>>> df4.groupby('key1').agg(lambda df:df.max()-df.min())   #使用匿名函数
       data1   data2
key1
a        6       3
b        4       2
c        0       2
d        0       1
```

3）应用 apply()函数执行聚合操作

```
>>> df4.groupby('key2').apply(sum)
       data1   data2   key1        key2
key2
one      16      15    adc     oneoneone
three    10       7    cb     threethree
two      20      10    bad     twotwotwo
```

# 2.5　pandas 数据可视化

由于人对图像信息的解析效率比文字更高,可视化能使数据更为直观、更易了解,从而使决策变得高效,所以信息可视化对数据分析来说就显得尤为重要。

pandas 自带作图功能,令 df 是一个 DataFrame 对象,df 通过调用它的 plot()方法,可以快速地将 df 的数据绘制成各种类型的图,plot()方法的语法格式如下。

```
df.plot(x=None, y=None, kind='line', ax=None, subplots=False, sharex=None,
sharey=False, layout=None,figsize=None, use_index=True, title=None, grid=None,
legend=True, style=None, logx=False, logy=False, loglog=False, xticks=None,
yticks=None, xlim=None, ylim=None, rot=None, fontsize=None, alpha)
```

作用：将 DataFrame 对象的数据绘制成图。

参数说明如下。

x：设置 $x$ 轴标签或位置，默认情况下，plot 会将行索引作为 $x$ 轴标签。

y：设置 $y$ 轴标签或位置，默认情况下，plot 会将列索引作为 $y$ 轴标签。

kind：所要绘制的图类型。kind＝'line',绘制折线图；kind＝'bar',绘制条形图；kind＝ 'barh',绘制横向条形图；kind＝'hist',绘制直方图(柱状图)；kind＝'box',绘制箱线图；kind＝ 'kde',绘制 Kernel 的密度估计图,主要对柱状图添加 Kernel 概率密度线；kind＝'density',绘制的图与 kind＝'kde'的图相同；kind＝'area',绘制区域图；kind＝'pie',绘制饼图；kind＝ 'scatter',绘制散点图。

ax：要在其上进行绘制的 matplotlib subplot 对象。如果没有设置，则使用当前 matplotlib subplot。

subplots：判断图片中是否有子图。

sharex：如果有子图,子图共 $x$ 轴刻度,标签。

sharey：如果有子图,子图共 $y$ 轴刻度,标签。

layout：子图的行列布局,用(rows,columns)设置子图的行列布局。

figsize：图片尺寸大小。

use_index：默认用索引作为 $x$ 轴。

title：图片的标题。

grid：图片是否有网格。

legend：子图的图例。

style：对每列折线图设置线的类型。

logx：设置 $x$ 轴刻度是否取对数。

loglog：同时设置 $x$ 轴、$y$ 轴刻度是否取对数。

xticks：设置 $x$ 轴刻度值,序列形式(比如列表)。

yticks：设置 $y$ 轴刻度,序列形式(比如列表)。

xlim：设置 $x$ 坐标轴的范围,列表或元组形式。

ylim：设置 $y$ 坐标轴的范围,列表或元组形式。

rot：设置轴标签(轴刻度)的显示旋转度数。

fontsize：设置轴刻度的字体大小。

alpha：设置图表填充的不透明(0～1)度。

## 2.5.1　绘制折线图

```
>>> import pandas as pd
>>> import numpy as np
>>> import matplotlib.pyplot as plt
>>> list_l = [[1, 3, 3, 5, 4], [11, 7, 15, 13, 9], [4, 2, 7, 9, 3], [15, 11, 12, 6, 11]]
>>> date_range = pd.date_range(start='20180101',end='20180104')
>>> df = pd.DataFrame(list_l, index=date_range, columns=list("abcde"))
>>> df
```

```
              a    b    c    d    e
2018-01-01    1    3    3    5    4
2018-01-02   11    7   15   13    9
2018-01-03    4    2    7    9    3
2018-01-04   15   11   12    6   11
#title='fenbu'用来设置图片的标题,figsize=[5,5]用来设置图片尺寸大小
>>> df.plot(kind='line',figsize=[5,5],legend=True,title='fenbu')
<matplotlib.axes._subplots.AxesSubplot object at 0x000000000BFEECF8>
>>> plt.show()      #显示 df.plot()绘制的'line'图,如图 2-3 所示
```

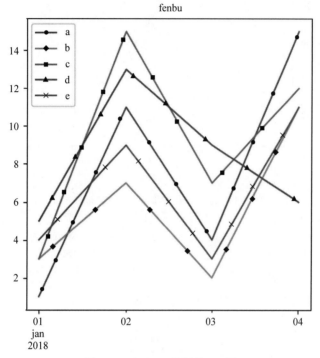

图 2-3　df.plot()绘制的'line'图

可以选择 df 中的部分列进行图像绘制,绘制 df 的'a'和'c'列的程序代码如下所示。

```
>>> df[['a','c']].plot(kind='line',figsize=[5,5],legend=True,title='fenbu')
<matplotlib.axes._subplots.AxesSubplot object at 0x00000000107E0438>
>>> plt.show()      #显示用 df 中的'a'和'c'列绘制的折线图,如图 2-4 所示
```

## 2.5.2　绘制条形图

```
import matplotlib.pyplot as plt
import pandas as pd
import numpy as np
df = pd.DataFrame(np.random.rand(6, 4),
            index=['one', 'two', 'three', 'four', 'five', 'six'],
            columns=pd.Index(['A', 'B', 'C', 'D'], name='classification'))
df.plot(kind='bar',figsize=(10, 6),fontsize=15,rot=45)
plt.xlabel('classification',fontsize=15)              #添加 x 轴标签并指定标签字体大小
```

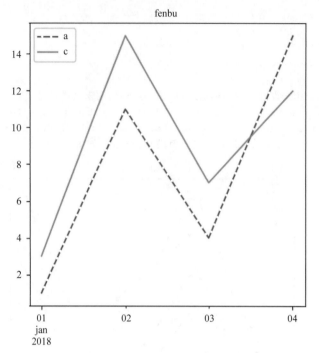

图 2-4　用 df 中的'a'和'c'列绘制的折线图

```
plt.ylabel('sizes of the numbers', fontsize=15)     #添加 y 轴标签
plt.title('Bar', fontsize=15)                       #指定条形图的标题
plt.show()                                           #显示绘制的垂直条形图
```

运行上述代码得到的垂直条形图如图 2-5 所示。

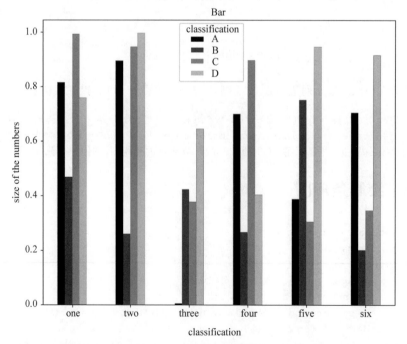

图 2-5　绘制的垂直条形图

通过在 df.plot()方法中添加 stacked 参数并将其值置为 True,可绘制堆积条形图,如图 2-6 所示。

```
df.plot(kind='bar',stacked=True,figsize=(10, 6),fontsize=15,rot=45)
```

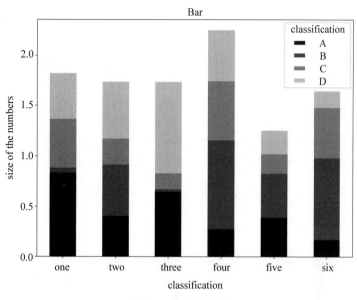

图 2-6　堆积条形图

# 2.6  pandas 读写数据

从外部文件读写数据是数据分析处理的前提,是数据处理必不可少的部分。在读写数据时可以对数据进行一定的处理,为接下来对数据做进一步分析打好基础。pandas 常用的读写不同格式文件的函数如表 2-7 所示。

表 2-7　pandas 常用的读写不同格式文件的函数

| 读 取 函 数 | 写 入 函 数 | 描　　　述 |
|---|---|---|
| read_csv() | to_csv() | 读写 csv 格式的数据 |
| read_table() | | 读取普通分隔符分隔的数据 |
| read_excel() | to_excel() | 读写 excel 格式的数据 |
| read_json() | to_json() | 读写 json 格式的数据 |
| read_html() | to_html() | 读写 html 格式的数据 |
| read_sql() | to_sql() | 读写数据库中的数据 |

注:表 2-7 中空格表示此行只有读取函数,没有写入函数。

下面主要讲解常见的 csv 文件的读写、txt 文本文件的读取、Excel 文件的读写。

## 2.6.1　读写 csv 文件

### 1. 读取 csv 文件中的数据

在讲解读写 csv 格式的文件之前,先在 Python 的工作目录下创建一个短小的 csv 文件,将其保存为 student.csv,文件内容如下。

```
Name,Math,Physics,Chemistry
WangLi,93,88,90
ZhangHua,97,86,92
LiMing,84,72,77
ZhouBin,97,94,80
```

这个文件以逗号作为分隔符,可使用 pandas 的 read_csv()函数读取它的内容,返回 DataFrame 格式的文件。

```
>>>csvframe =pd.read_csv('student.csv')          #从 csv 中读取数据
>>> type(csvframe)
<class 'pandas.core.frame.DataFrame'>
>>> csvframe
       Name   Math  Physics  Chemistry
0     WangLi    93       88         90
1   ZhangHua    97       86         92
2     LiMing    84       72         77
3    ZhouBin    97       94         80
```

csv 文件中的数据为列表数据,位于不同列的元素用逗号隔开,csv 文件被视作文本文件,也可以使用 pandas 的 read_table()函数读取,但需要指定分隔符。

```
>>> pd.read_table('student.csv',sep=',')
       Name   Math  Physics  Chemistry
0     WangLi    93       88         90
1   ZhangHua    97       86         92
2     LiMing    84       72         77
3    ZhouBin    97       94         80
```

pd.read_csv()函数的语法格式如下。

```
pd.read_csv(filepath_or_buffer, sep=',', header='infer', names=None, index_col
=None, usecols=None)
```

作用:读取 csv(逗号分隔)文件到 DataFrame 对象。

参数说明如下。

filepath_or_buffer:拟要读取的文件的路径,可以是本地文件,也可以是 http、ftp、s3 文件。

sep:其类型是 str,默认为',',用来指定分隔符。如果不指定 sep 参数,则会尝试使用逗号分隔。csv 文件中的分隔符一般为逗号分隔符。

header:其值可以是列表或整数,指定哪些行作为列名,默认为 0(第 1 行),其取值可以是行索引值构成的列表或一个行索引值。如果第 1 行不是列名,是内容,设置 header＝None,以便不把第 1 行当作列名。header＝[0,1,3],表示将列表中列出这些行作为列名(意味着每列有多个列名),介于中间的行将被忽略掉(本例中的第 1、2、4 行将被作为多级列名出现,第 3 行数据将被丢弃,所得到的 DataFrame 对象的数据从第 5 行开始)。

names:用于结果的列名列表,对各列重命名,即添加表头。如果数据有表头,但想用新的表头,可以设置 header＝0、names＝['a','b']实现新表头的定制。

index_col:其取值可以是整数或序列对象,指定用作行索引的列编号或者列名,如果给定一个序列则有多个行索引。index_col＝[0, 1]表示将第 1 和 2 列为行索引。

usecols:其取值可以是一个列索引列表或列名列表。返回一个数据子集,即选取某几列,不读取整个文件的内容,如 usecols＝[1,2]表示读取文件的第 2、第 3 列。

```
#指定 csv 文件中的行号为 0、2 的行为列标题
>>> csvframe = pd.read_csv('student.csv',header=[0,2])
>>> csvframe
          Name   Math   Physics   Chemistry
     ZhangHua    97       86         92
0     LiMing     84       72         77
1    ZhouBin     97       94         80
>>> pd.read_csv('student.csv',usecols=[1,2])        #读取第 2 列和第 3 列
     Math   Physics
0     93       88
1     97       86
2     84       72
3     97       94
#设置 header=0, names=['name','maths','physical','chemistry']实现表头定制
>>> pd.read_csv('student.csv',header=0,names=['name','maths','physical',
'chemistry'])
          name    maths   physical   chemistry
0     WangLi      93        88          90
1    ZhangHua     97        86          92
2     LiMing      84        72          77
3    ZhouBin      97        94          80
>>> pd.read_csv('student.csv',index_col=[0,1])       #指定前两列作为行索引
Name       Math   Physics   Chemistry
WangLi      93       88         90
ZhangHua    97       86         92
LiMing      84       72         77
ZhouBin     97       94         80
```

### 2. 往 csv 文件写入数据

把 DataFrame 对象中的数据写入 csv 文件,要用到 to_csv()函数,其语法格式如下。

```
DataFrame.to_csv(path_or_buf=None, sep=',', na_rep='',columns=None, header=
True, index=True)
```

作用：以逗号作为分隔符将 DataFrame 对象中的数据写入 csv 文件中。

参数说明如下。

filepath_or_buffer：拟要写入的文件的路径或对象。

sep：默认字符为','，用来指定输出文件的字段分隔符。

na_rep：字符串，默认为''，缺失数据表示，即把空字段替换为 na_rep 所指定的值。

columns：指定要写入文件的列。

header：是否保存列名，默认为 True，即保存。如果给定字符串列表，则将其作为列名的别名。

index：是否保存行索引，默认为 True，即保存。

```
>>> import pandas as pd
>>> date_range = pd.date_range(start="20180801", periods=4)
>>> df=pd.DataFrame({'book':[12,13,15,22],'box':[3,8,13,18],'pen':[5,7,12,
15]},index=date_range)
>>> df
            book  box  pen
2018-08-01   12    3    5
2018-08-02   13    8    7
2018-08-03   15   13   12
2018-08-04   22   18   15
>>> df.to_csv('bbp.csv')              #把 df 中的数据写入默认工作目录下的 bbp.csv 文件
```

生成的 bbp.csv 文件的内容如下。

```
,book,box,pen
2018-08-01,12,3,5
2018-08-02,13,8,7
2018-08-03,15,13,12
2018-08-04,22,18,15
```

由上述例子可知，把 df 中的数据写入文件时，行索引和列名称连同数据一起写入，使用 index 和 header 选项，把它们的值设置为 False，可取消这一默认行为。

```
>>> df.to_csv('bbp1.csv',index=False,header=False)
```

生成的 bbp1.csv 文件的内容如下。

```
12,3,5
13,8,7
15,13,12
22,18,15
#写入时,为行索引指定列标签名
>>> df.to_csv("bbp2.csv",index_label="index_label")
```

bbp2.csv 文件内容如下。

```
index_label,book,box,pen
2018-08-01,12,3,5
```

```
2018-08-02,13,8,7
2018-08-03,15,13,12
2018-08-04,22,18,15
```

## 2.6.2　读取 txt 文件

txt 文件是一种常见的文本文件,可以把一些数据保存在 txt 文件里面,用时再读取出来。pandas 的函数 read_table()可读取 txt 文件。

pd.read_table 函数的语法格式如下。

```
pandas.read_table(filepath_or_buffer, sep='\t', header='infer', names=None,
index_col=None, skiprows=None, nrows=None, delim_whitespace=False)
```

作用:读取以'\t'分隔的文件,返回 DataFrame 对象。

参数说明如下。

sep:其类型是 str,用来指定分隔符,默认为制表符,可以是正则表达式。

index_col:指定行索引。

skiprows:用来指定读取时要排除的行。

nrows:从文件中要读取的行数。

delim_whitespace:delim_whitespace=True 表示用空格来分隔每行。

首先在工作目录下创建名为 1.txt 的文本文件,其内容如下。

```
C  Python Java
1  4      5
3  3      4
4  2      3
2  1      1
>>> pd.read_table('1.txt')          #读取 1.txt 文本文件中的内容
   C  Python Java
0  1  4      5
1  3  3      4
2  4  2      3
3  2  1      1
```

从上面的读取结果可以看出,文件读取后所显示的数据不整齐。读取文本文件时可以通过用 sep 参数指定正则表达式来匹配空格或制表符,即用通配符"\s＊",其中"\s"匹配空格或制表符,＊表示这些字符可能有多个。

```
>>> pd.read_table('1.txt',sep='\s＊')
   C  Python  Java
0  1      4     5
1  3      3     4
2  4      2     3
3  2      1     1
```

如上所示,我们得到了整齐的 DataFrame 对象,所有元素均处在和列索引对应的位置上。

当文件较大时,可以一次读取文件的一部分,这时要明确指明要读取的行号,要用到 nrows 和 skiprows 参数选项,skiprows 指定读取时要排除的行,nrows 指定从起始行开始向后读取多少行。

```
>>> pd.read_table('1.txt',sep='\s * ',skiprows=[1],nrows=2)
   C  Python  Java
0  3     3      4
1  4     2      3
```

在接下来这个例子中,2.txt 文件中数字和字母杂糅在一起,需要从中抽取数字部分,2.txt 文件的内容如下。

```
0BEGIN11NEXT22A32
1BEGIN12NEXT23A33
2BEGIN13NEXT23A34
```

txt 文件显然没有表头,用 read_table 读取时需要将 header 选项设置为 None。

```
>>> pd.read_table('2.txt',sep='\D * ',header=None)
   0   1   2   3
0  0  11  22  32
1  1  12  23  33
2  2  13  23  34
```

## 2.6.3　读写 Excel 文件

在数据分析处理中,用 Excel 表格文件存放列表形式的数据也非常常见,为此 pandas 提供了 read_excel()函数来读取 Excel 文件,用 to_excel()函数往 Excel 文件写入数据。

### 1. 读取 Excel 文件中的数据

pandas.read_excel()函数的语法格式如下。

```
pandas.read_excel(io,sheet_name=0,header=0,names=None,index_col=None, usecols
=None,skiprows=None,skip_footer=0)
```

作用:读取 Excel 文件中的数据,返回一个 DataFrame 对象。

参数说明如下。

io:Excel 文件的路径,是一个字符串。

sheet_name:返回指定的 sheet(表),如果将 sheet_name 指定为 None,则返回全表;如果需要返回多个表,可以将 sheet_name 指定为一个列表,例如['sheet1', 'sheet2'];可以根据 sheet 的名字字符串或索引值来指定所要选取的 sheet,例如[0,1, 'Sheet5']将返回第 1、第 2 和第 5 个表;默认返回第 1 个表。

header:指定作为列名的行,默认为 0,即取第 1 行,数据为列名行以下的数据;若数据不含列名,则设定 header = None。

names:指定所生成的 DataFrame 对象的列的名字,传入一个 list 数据。

index_col:指定某列为行索引。

usecols：通过名字或索引值读取指定的列。

skiprows：省略指定行数的数据。

skip_footer：int,默认值为 0,读取数据时省略最后的 skip_footer 行。

首先在工作目录下创建名为 chengji.xlsx 的 Excel 文件,Sheet1 的内容如图 2-7 所示。

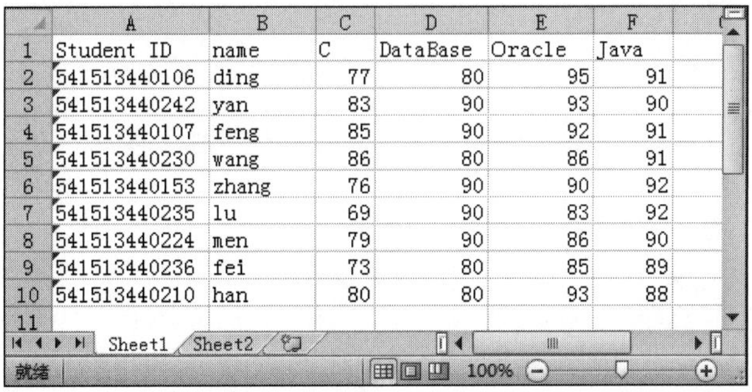

| | A | B | C | D | E | F |
|---|---|---|---|---|---|---|
| 1 | Student ID | name | C | DataBase | Oracle | Java |
| 2 | 541513440106 | ding | 77 | 80 | 95 | 91 |
| 3 | 541513440242 | yan | 83 | 90 | 93 | 90 |
| 4 | 541513440107 | feng | 85 | 90 | 92 | 91 |
| 5 | 541513440230 | wang | 86 | 80 | 86 | 91 |
| 6 | 541513440153 | zhang | 76 | 90 | 90 | 92 |
| 7 | 541513440235 | lu | 69 | 90 | 83 | 92 |
| 8 | 541513440224 | men | 79 | 90 | 86 | 90 |
| 9 | 541513440236 | fei | 73 | 80 | 85 | 89 |
| 10 | 541513440210 | han | 80 | 80 | 93 | 88 |
| 11 | | | | | | |



图 2-7 Sheet1 的内容

Sheet2 的内容如图 2-8 所示。

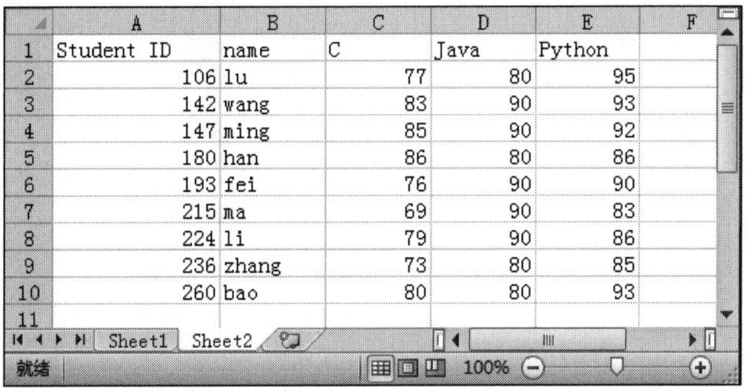

| | A | B | C | D | E | F |
|---|---|---|---|---|---|---|
| 1 | Student ID | name | C | Java | Python | |
| 2 | 106 | lu | 77 | 80 | 95 | |
| 3 | 142 | wang | 83 | 90 | 93 | |
| 4 | 147 | ming | 85 | 90 | 92 | |
| 5 | 180 | han | 86 | 80 | 86 | |
| 6 | 193 | fei | 76 | 90 | 90 | |
| 7 | 215 | ma | 69 | 90 | 83 | |
| 8 | 224 | li | 79 | 90 | 86 | |
| 9 | 236 | zhang | 73 | 80 | 85 | |
| 10 | 260 | bao | 80 | 80 | 93 | |
| 11 | | | | | | |



图 2-8 Sheet2 的内容

接下来通过 pandas 的 read_excel()方法来读取 chengji.xlsx 文件。

```
>>> pd.read_excel('chengji.xlsx')
      Student ID    name   C  DataBase  Oracle  Java
0   541513440106    ding  77        80      95    91
1   541513440242     yan  83        90      93    90
2   541513440107    feng  85        90      92    91
3   541513440230    wang  86        80      86    91
4   541513440153   zhang  76        90      90    92
5   541513440235      lu  69        90      83    92
6   541513440224     men  79        90      86    90
7   541513440236     fei  73        80      85    89
8   541513440210     han  80        80      93    88
#将 chengji.xlsx 的列名作为所生成的 DataFrame 对象的第一行数据,并重新生成索引
>>> pd.read_excel('chengji.xlsx',header=None)
```

```
               0        1     2         3       4       5
0      Student ID     name     C   DataBase  Oracle    Java
1   541513440106     ding    77        80      95      91
2   541513440242      yan    83        90      93      90
3   541513440107     feng    85        90      92      91
4   541513440230     wang    86        80      86      91
5   541513440153    zhang    76        90      90      92
6   541513440235       lu    69        90      83      92
7   541513440224      men    79        90      86      90
8   541513440236      fei    73        80      85      89
9   541513440210      han    80        80      93      88
```

# skiprows 指定读取数据时要忽略的行,这里忽略第 1~3 行

```
>>> pd.read_excel('chengji.xlsx',skiprows = [1,2,3])
       Student ID     name     C   DataBase  Oracle    Java
0    541513440230     wang    86        80      86      91
1    541513440153    zhang    76        90      90      92
2    541513440235       lu    69        90      83      92
3    541513440224      men    79        90      86      90
4    541513440236      fei    73        80      85      89
5    541513440210      han    80        80      93      88
```

# skip_footer=4,表示读取数据时忽略最后 4 行

```
>>> pd.read_excel('chengji.xlsx',skip_footer=4)
       Student ID     name     C   DataBase  Oracle    Java
0    541513440106     ding    77        80      95      91
1    541513440242      yan    83        90      93      90
2    541513440107     feng    85        90      92      91
3    541513440230     wang    86        80      86      91
4    541513440153    zhang    76        90      90      92
```

# index_col="Student ID"表示指定 Student ID 为行索引

```
>>> pd.read_excel('chengji.xlsx',skip_footer=4,index_col="Student ID")
                 name     C   DataBase  Oracle    Java
Student ID
541513440106     ding    77        80      95      91
541513440242      yan    83        90      93      90
541513440107     feng    85        90      92      91
541513440230     wang    86        80      86      91
541513440153    zhang    76        90      90      92
```

# names 参数用来重新命名列名称

```
>>> pd.read_excel('chengji.xlsx',skip_footer=5,names=["a","b","c","d","e",
"f"])
               a       b    c    d    e    f
0   541513440106     ding   77   80   95   91
1   541513440242      yan   83   90   93   90
2   541513440107     feng   85   90   92   91
3   541513440230     wang   86   80   86   91
```

```
#sheet_name=[0,1]表示同时读取 Sheet1 和 Sheet2
>>> pd.read_excel('chengji.xlsx',skip_footer=5,sheet_name=[0,1])
OrderedDict([(0,    Student ID  name   C  DataBase  Oracle  Java
          0  541513440106  ding  77        80      95     91
          1  541513440242   yan  83        90      93     90
          2  541513440107  feng  85        90      92     91
          3  541513440230  wang  86        80      86     91),
          (1,    Student ID  name   C      Java  Python
          0           106    lu  77        80      95
          1           142  wang  83        90      93
          2           147  ming  85        90      92
          3           180   han  86        80      86)])
```

### 2. 往 Excel 文件写入数据

把 DataFrame 对象 df 中的数据写入 Excel 文件的函数为 df.to_excel()。

df.to_excel()的语法格式如下。

```
df.to_excel()(excel_writer, sheet_name='Sheet1', na_rep='', columns=None,
header=True, index=True, index_label=None,startrow=0, startcol=0, engine=None)
```

作用：将 df 对象中的数据写入 Excel 文件。

参数说明如下。

excel_writer：输出路径。

sheet_name：将数据存储在 Excel 的哪个 Sheet 页面，如 Sheet1 页面。

na_rep：缺失值填充。

colums：选择输出的列。

header：指定列名，布尔或字符串列表，默认为 Ture。如果给定字符串列表，则假定它是列名称的别名。header = False 则不输出题头。

index：布尔型，默认为 True，显示行索引（名字）。当 index＝False 时，则不显示行索引（名字）。

**注意**：使用 to_excel()函数之前，需要先通过"pip install openpyxl"安装 openpyxl 模块。

```
>>> df=pd.DataFrame({'course':['C','Java','Python','Hadoop'],'scores':[82,96,
92,88], 'grade':['B','A','A','B']})
>>> df
   course grade  scores
0       C     B      82
1    Java     A      96
2  Python     A      92
3  Hadoop     B      88
'''sheet_name="sheet2"表示将 df 存储在 Excel 的 sheet2 页面, columns =["course",
"grade"]表示选择"course"和"grade"两列进行输出'''
>>> df.to_excel(excel_writer='cgs.xlsx',sheet_name="sheet2",columns=["course",
"grade"])
```

生成的 cgs.xlsx 文件表,其内容如图 2-9 所示。

图 2-9　生成的 cgs.xlsx 文件的内容

## 2.7　本章小结

本章主要讲解 pandas 数据处理库。先对 pandas 的两种数据结构,即一维数组型的 Series 对象和二维表格型的 DataFrame 对象进行讲解。然后讲解了 DataFrame 对象的基本运算,具体包括数据筛选、数据预处理、数据运算与排序、数学统计、数据分组与聚合。接着,讲解了 pandas 数据可视化。最后,讲解了 pandas 读写 csv 文件、读取 txt 文件、读写 Excel 文件。

# 第 3 章

# 认 识 数 据

数据挖掘,先有数据,然后有挖掘,认识数据是数据挖掘的前提。在现实世界中,数据一般都是有缺失的、异构的、有量纲的。认识数据,不仅要了解数据的属性(维)、类型和量纲,还要了解数据的分布特性。洞察数据的特征,检验数据的质量,有助于后续的挖掘工作,否则,没有高质量的数据,数据挖掘的结果将是空中楼阁。

## 3.1 数据类型

### 3.1.1 属性类型

数据集是数据对象的集合,一个数据对象代表一个实体。例如,在销售数据集中,数据对象可以是购买商品的顾客、销售的一个个商品或一次交易记录。在医疗数据集中,数据对象可以是医生、患者或药品。通常,数据对象用属性来描述,属性用来表示数据对象的一个特征。数据对象又称为样本、实例或数据点。在数据库中,一个数据对象对应数据库的一行,即一条记录、一个数据元组,是字段的集合。

通常,属性、字段、维、特征和变量可以互换使用。在不同的应用场景中,对属性有不同的称呼,如在数据仓库中,称为维;在机器学习中,称为特征;在统计学中,称为变量。在数据挖掘中,更偏向于使用属性来描述一个对象。例如,描述学生对象的属性可能包括姓名、性别、年龄和家庭地址。用来描述一个给定对象的属性组(集合)称为属性向量(特征向量)。一个属性的类型由该属性可能具有的值的集合决定,属性可分为标称属性、二元属性、序数属性、数值属性、离散属性与连续属性。图 3-1 为是否打羽毛球的样本数据集。

属性

| 序号 | 天气状况 | 气温 | 湿度 | 风力 | 是否玩 |
|------|----------|------|------|------|--------|
| 1 | 晴天 | 热 | 高 | 低 | 否 |
| 2 | 晴天 | 热 | 高 | 高 | 否 |
| 3 | 阴天 | 热 | 高 | 低 | 是 |
| 4 | 下雨 | 适宜 | 高 | 低 | 是 |
| 5 | 下雨 | 冷 | 正常 | 低 | 是 |

对象

图 3-1 是否打羽毛球的样本数据集

下面给出数据对象属性的常见类型。

**1. 标称属性**

标称属性的值是事物的标号或事物的名称,每个值表示类别、编码、状态,因此标称属性又被称为分类。标称属性的值没有次序信息,在计算机领域,也可以称为枚举型。假设头发颜色是描述人的一个属性,在现实生活中头发颜色的可能取值为黑色、棕色、淡黄色、红色、灰色、白色等类别。头发颜色就是一个标称属性。

尽管我们说标称属性的值是一些符号或"事物的名称",但是可以用数字表示这些符号或名称。例如对于头发颜色,可以指定数字 0 表示黑色、1 表示棕色、2 表示灰色,等等。与一个商品的价格减去另一个商品的价格(得到两个商品的差价)不同,用表示灰色的数字 2 减去表示棕色的 1 是毫无意义的。

尽管一个标称属性可以取整数值,但标称属性值并不具有有意义的序,获取这种属性的均值(平均值)或中位数(中值)没有任何意义。

**2. 二元属性**

二元属性是一种标称属性,只有两个类别或状态:0 或 1,其中 0 通常表示该属性不出现,而 1 表示该属性出现。出现、不出现发生的概率可能相同,也可能不相同,因而二元属性分为对称二元属性和非对称二元属性。

一个二元属性是对称的,如果它的两种状态具有同等价值并且携带相同的权重;关于哪个结果应该用 0 或 1 编码并无偏好。这样的例子如抛硬币数字是否向上的属性。

一个二元属性是非对称的,如果其状态的结果不是同样重要的,即出现、不出现发生概率不相同,如卫星发射的成功和不成功结果。

**3. 序数属性**

序数属性对应的可能的值之间具有有意义的序(也就是对应的值有先后次序),但是相继值之间的差是未知的。

通常是通过把数值量的值域离散化成有限个有序类别的方式得到序数属性,如服务满意度问卷调查中,顾客的满意度可以是:0 代表非常不满意,1 代表不满意,2 代表中性,3 代表满意,4 代表很满意。序数属性被用来衡量无法客观度量的属性。

**4. 数值属性**

数值属性是定量的,是可测量的数值,为整数或实数,如一个人的身高、体重、收入等属性就是数值属性。

**5. 离散属性与连续属性**

离散属性具有有限个数的取值或无限可数的取值,如描述人的年龄、工号属性就是两个离散属性,二元属性可看作是一种特殊的离散属性。

如果属性不是离散的,则它是连续的。连续属性为取值为实数的属性,如描述人的温度、重量和高度的属性就是三个连续属性。

### 3.1.2　数据集的类型

数据集的类型是从集合整体上分析数据对象的类型。本书从数据对象之间的结构关系角度进行分类,比较常见的有记录数据、有序数据和图形数据。

### 1. 记录数据

许多数据挖掘任务都是假定数据集是记录(数据对象)的汇集,每个记录包含固定的数据字段(属性)集。记录数据最常见的类型是事务数据(transaction data)。

事务数据是一种特殊类型的记录数据,其中每个记录(数据)涉及一系列的项。考虑顾客一次购物所买的商品集合构成一个事务,而所有购买的商品作为项。

### 2. 有序数据

数据对象之间存在时间或空间上的顺序关系,称为有序数据。

#### 1) 时序数据

时序数据也称时间数据,可以看作记录数据的扩充,其中每一个记录包含一个与之相关联的时间。时间也可以与每个属性相关,如每个记录可以是一位顾客的购物历史,包含不同时间购买的商品列表。使用这些信息,可能发现:买了苹果手机的人,是不会再关注那些低端的 Android 手机的。

时序数据一般是由硬件设备或系统监控软件连续采集形成的数据。例如股票价格波动信息,医疗仪器监视病人的心跳、血压、呼吸数值,环境传感器连续记录的温度、湿度数值等。

#### 2) 序列数据

序列数据是一个数据集合,如词或字母的序列、基因组序列等。

#### 3) 时间序列数据

时间序列数据是一种特殊的时序数据,其中每个记录都是一个时间序列,即一段时间以来的测量序列。需要注意的是:在分析时间序列数据时,需要考虑时间自相关,即如果两个测量的时间很近,则这些测量的值通常非常相似。

#### 4) 空间有序数据

某些数据也许还会拥有空间属性,如位置或区域。空间有序数据的例子有很多,例如从不同地方收集气象数据。空间有序数据的一个重要的特点就是空间自相关性,即物理上靠近的对象趋向于其他方面也相似。

### 3. 图形数据

如果数据对象之间有一定的依赖关系,这些依赖关系构成图形或网状结构,把这种数据集称为图形数据。

考虑互联网中相互链接的网页,可以把网页看作图中的结点,把它们之间的连接看作成图中的边,搜索引擎就是不断沿着网页中的超链接进行搜索的。类似的还有社交网络图形数据,社交用户可以看作结点,用户之间的联系看作边。

## 3.2 数据质量分析

数据质量分析是数据挖掘中数据准备过程的重要环节,是数据挖掘(也称数据分析,本书将两个概念等同)结论有效性和准确性的基础,没有高质量数据,数据挖掘构建的模型将是空中楼阁。数据质量通常是指数据值的质量,包括准确性、完整性和一致性。数据的准确性是指数据不包含错误或异常值,数据的完整性是指数据不包含缺失值,数据的一致性是数据在各个数据源中都是相同的。

数据质量分析的主要任务是检查原始数据中是否存在脏数据,脏数据会降低数据的质量,影响数据挖掘的结果。脏数据一般是指不符合要求,以及不能直接进行数据挖掘的数据,具体包括缺失值、异常值、不一致的值、重复数据及含有特殊符号(如♯、¥、＊)的数据。在进行数据挖掘之前,需要对脏数据进行处理,以提高数据的质量。

## 3.2.1 缺失值分析

数据的缺失主要包括记录的缺失和记录中某个字段信息的缺失,两者都会造成分析结果的不准确。造成数据缺失的原因是多方面的,主要有以下几种。

(1) 有些信息暂时无法获取。例如在医疗数据库中,并非所有病人的所有临床检验结果都能在给定的时间内得到,就致使一部分属性值空缺出来。

(2) 有些信息是被遗漏的。可能是因为输入时认为不重要、忘记填写了或对数据理解错误而遗漏,也可能是由于数据采集设备的故障、存储介质的故障、传输介质的故障、一些人为因素等原因而丢失了。

(3) 有些对象的某个或某些属性是不可用的。例如未婚者的配偶姓名、儿童的固定收入状况等。

(4) 有些信息(被认为)是不重要的,如数据库的设计者并不在乎某个属性的取值。

(5) 获取这些信息的代价太大。

缺失值的存在,对数据挖掘主要造成了三方面的影响:数据挖掘建模将丢失大量的有用信息;数据挖掘模型所表现出的不确定性更加显著,模型中蕴涵的规律更难把握;包含空值的数据会使数据挖掘建模过程陷入混乱,导致不可靠的输出。对缺失值的处理,要具体问题具体分析,因为属性缺失有时并不意味着数据缺失,缺失本身是包含信息的,所以需要根据不同应用场景下缺失值可能包含的信息,对缺失值进行合理处置。

缺失值分析包括查看含有缺失值的记录和属性,以及包含缺失值的观测总数和缺失率。

```
>>> import numpy as np
>>> import pandas as pd
>>> df = pd.DataFrame([[89, 78, 92, np.nan],[70, 86, 97, np.nan],[80, 90, 85, np.
nan],[92,95,89,np.nan],[np.nan,np.nan,np.nan,np.nan]],columns=list('ABCD'))
>>> df
      A     B     C     D
0  89.0  78.0  92.0   NaN
1  70.0  86.0  97.0   NaN
2  80.0  90.0  85.0   NaN
3  92.0  95.0  89.0   NaN
4   NaN   NaN   NaN   NaN
>>> df.isnull().sum()              #统计空值情况,可以看出每列都存在缺失值
A    1
B    1
C    1
D    5
dtype: int64
>>> df.isnull().any()              #查找存在缺失值的列,可以看出每列中都存在缺失值
A    True
```

```
B    True
C    True
D    True
dtype: bool
>>> df.isnull().all()                        #查找均为缺失值的列,发现 D 列全为空
A    False
B    False
C    False
D    True
dtype: bool
>>> nan_lines = df.isnull().any(1)   #查找存在缺失值的行
>>> nan_lines.sum()                          #统计有多少行存在缺失值
5
>>> df[nan_lines]                            #查看有缺失值的行信息
      A     B     C     D
0  89.0  78.0  92.0   NaN
1  70.0  86.0  97.0   NaN
2  80.0  90.0  85.0   NaN
3  92.0  95.0  89.0   NaN
4   NaN   NaN   NaN   NaN
```

## 3.2.2 异常值分析

异常值分析

异常值分析是检验数据是否有录入错误以及含有不合常理的数据。异常值是指样本中的明显偏离其余观测值的个别值,异常值也称为离群点。忽视异常值的存在是十分危险的,不加剔除地把异常值包括进数据的计算分析过程中,对结果会产生不良影响。重视异常值的出现,分析其产生的原因,常常成为发现问题进而改进决策的契机。异常值的分析也称为离群点分析。

从使用的主要技术路线的不同,可将异常值检测方法分为:基于统计的方法、基于距离的方法、基于偏差的方法、基于箱形图分析的方法、基于密度的方法、基于聚类的方法等。下面介绍基于统计的方法、基于偏差的方法和基于箱形图分析的方法。

**1.基于统计的方法**

基于统计的方法是通过为数据创建一个模型,根据数据拟合模型的情况来评估它们,查看哪些数据是不合理的。最常用的统计模型是最大值和最小值模型,用来判断数据集的最大值的最小值的取值是否超出了合理的范围。如人的身高的最大值为 3.3m,则该变量的取值存在异常。再如客户年龄的最大值为 199 岁,则该变量的取值存在异常。

**2.基于偏差的方法**

基于偏差的方法的基本思想是通过检查一组数据的主要特性来确定数据是否异常,如果一个数据的特性与给定的描述过分地偏离,则该数据被认为是异常数据。基于偏差的异常值检测方法最常采用的技术是序列异常技术。序列异常技术的核心是要构建一个相异度函数,如果样本数据间的相似度较高,相异度函数的值就比较小;反之,如果样本数据间的相异度越大,相异度函数的值就越大(例如方差就是满足这种要求的函数)。这种方法,多是该

数据服从正态分布,异常值被定义为一组测定值中与平均值的偏差超过三倍标准差的值。在正态分布下,距离平均值 $3\sigma$ 之外的值出现的概率为 $P(|x-\mu|>3\sigma)\leqslant0.003$,属于极个别的小概率事件。如果数据不服从正态分布,也可以用远离平均值的多少倍标准差来描述。

### 3. 基于箱形图分析的方法

箱形图,又称为盒式图、盒状图或箱线图,是一种用作显示一组数据分散情况的统计图,因形状如箱子而得名。一个箱形图举例如图 3-2 所示,其中应用到了分位数的概念。箱形图的绘制方法是:先找出一组数据的中位数、上四分位数、下四分位数、上限、下限;然后,连接两个四分位数画出箱子;中位数在箱子中间。

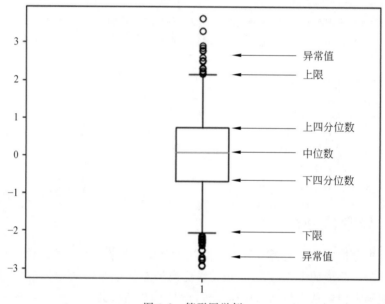

图 3-2 箱形图举例

箱形图提供了识别异常值的一个标准:异常值通常被定义为小于 QL−1.5IQR 或大于 QU+1.5IQR 的值。QL 称为下四分位数,表示全部观察值中有四分之一的数据取值比它小;QU 称为上四分位数,表示全部观察值中有四分之一的数据取值比它大;IQR 称为四分位数间距,是上四分位数 QU 与下四分位数 QL 之差,其间包含了全部观察值的一半。上限是非异常范围内的最大值(如定义为 QU+1.5IQR),下限是非异常范围内的最小值(如定义为 QL−1.5IQR)。中位数,即二分之一分位数,计算的方法就是将一组数据按从小到大的顺序,取中间这个数,中位数在箱子中间。

箱形图依据实际数据绘制,没有对数据作任何限制性要求(如服从某种特定的分布形式),它只是真实直观地表现数据分布的本来面貌;另一方面,箱形图判断异常值的标准以四分位数和四分位距为基础,四分位数具有一定的鲁棒性,多达 25% 的数据可以变得任意远而不会很大地扰动四分位数,所以异常值不会影响箱形图的数据形状。由此可见,箱形图识别异常值的结果比较客观,在识别异常值方面有一定的优越性。

```
>>> import numpy as np
>>> import matplotlib.pyplot as plt
'''生成一组正态分布的随机数,数量为 1000,loc 为概率分布的均值,对应着整个分布的中心
```

centre;scale 为概率分布的标准差,对应于分布的宽度,scale 越大,分布曲线越矮胖,scale 越小,分布曲线越瘦高;size 为生成的随机数的数量'''

```
>>> data = np.random.normal(size = (1000, ), loc = 0, scale = 1)
```

'''whis 默认是 1.5,通过调整它的数值来设置异常值显示的数量,如果想显示尽可能多的异常值,whis 设置为较小的值,否则设置为较大的值'''

```
>>> plt.boxplot(data, sym ="o", whis = 1)    #绘制箱形图,sym 设置异常值点的形状
>>> plt.show()                               #显示绘制的箱形图,如图 3-3 所示
```

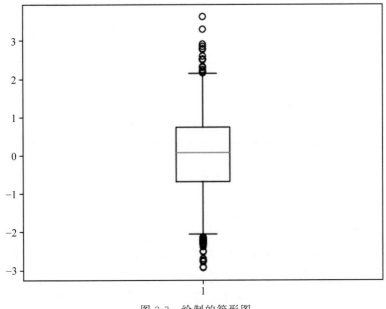

图 3-3 绘制的箱形图

在餐饮系统中的销量额数据可能出现缺失值和异常值,如果数据记录和属性较多,就需要编写程序来检测出缺失值和异常值。在 pandas 中,只需要读入数据,然后使用 describe()函数就可以查看数据的基本情况。

```
>>> import pandas as pd
>>> import matplotlib.pyplot as plt
>>> import matplotlib
>>> matplotlib.rcParams['font.family'] = 'FangSong'        #FangSong 是中文仿宋
>>> matplotlib.rcParams['font.size'] = 15                  #设置字体的大小
#读取数据,指定"日期"列为索引列
>>> data = pd.read_excel('catering_sale.xls',index_col='日期')   #读取餐饮数据
>>> data
日期          销量
2018-03-01    51.0
2018-02-28  2618.2
...           ...
2017-08-31  3494.7
2017-08-30  3691.9
>>> data.boxplot()
```

```
<matplotlib.axes._subplots.AxesSubplot object at 0x000000000E561A58>
>>> plt.show()    #餐饮数据的箱形图,如图 3-4 所示
```

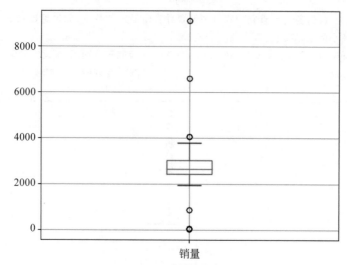

图 3-4    餐饮数据的箱形图

### 3.2.3    一致性分析

数据不一致性是指数据的矛盾性、不相容性。直接对不一致的数据进行挖掘,可能会产生与实际相违背的挖掘结果。

在数据有多份副本的情况下,如果网络、服务器或者软件出现故障,会导致部分副本写入成功,部分副本写入失败。这就造成各个副本之间的数据不一致,数据内容冲突。在数据挖掘过程中,数据不一致主要发生在数据集成的过程中,可能是由于数据来自于不同的数据源、对于重复存放的数据未能进行一致性更新造成的。在关系数据库中,不一致性可能存在于单个元组中、同一关系(表)的不同元组之间、不同关系(表)的元组之间。

例如,两张表中都存储了用户的家庭地址,但在用户的家庭地址发生改变时只更新了一张表中的数据,那么这两张表中就有了不一致的数据。

## 3.3    数据特征分析

对数据进行质量分析以后,接下来可通过绘制图表、计算某些特征量等手段进行数据的特征分析。主要从分布分析、统计量分析、周期性分析、相关性分析等角度进行数据的特征分析。

### 3.3.1    分布特征

分布分析用来揭示数据的分布特征和分布类型,显示其分布情况。分布分析主要分为两种:对定量数据的分布分析和对定性数据的分布分析。

**1. 定量数据的分布分析**

面对大量的数据,人们通常希望知道数据的大致分布情况,这里可使用直方图图像来描

述数据的分布情况。直方图图像由一批长方形构成,通过长方形的面积或高度来代表对应组的数据所占的比例。

直方图有两种类型:当用长方形的面积代表对应组的频数与组距的比时,称为频率分布直方图;当用长方形的高代表对应组的频数时,则称为频数分布直方图。

绘制定量数据的直方图进行分布分析通常按照以下步骤执行。

(1) 求极差。

(2) 决定组距与组数。

(3) 决定分点。

(4) 得到频率分布表。

(5) 绘制频率分布直方图。

绘制定量数据的直方图应遵循的原则有 3 个。

(1) 所有分组必须将所有数据包含在内。

(2) 各组的组宽最好相等。

(3) 各组相斥。

**2. 定性数据的分布分析**

对于定性数据,通常根据数据的分类类型来分组,可以采用饼图和条形图来描述定性数据的分布。

## 3.3.2　统计量特征

基本统计量可以用来识别数据的性质,凸显哪些数据应该视为噪声或离群点。基本统计量包括描述数据集中趋势的统计值(平均数、中位数和众数)、描述数据离散程度的统计量(极差、四分位数、平均差、方差、标准差和离散系数)和描述数据分布状况的统计量(偏态系数)。有了这些基本统计量,数据挖掘人员就掌握了数据的基本特征。通过这些基本统计量对数据进行统计分析后,可以基本确定对数据做进一步挖掘的方向。

**1. 数据集中趋势的统计值**

1) 平均数

平均数又称均值,能反映一组数据的集中趋势,可作为数据代表与另一组数据相比较,以明确两组数据之间的差异状况。平均数的类型包括:算数平均数、加权平均数、几何平均数、调和平均数。统计分析中,算数平均数应用最普遍。

(1) 算术平均数。

全部数据的总和除以数据总个数所得的商称为算术平均数,简称均数(mean)。

利用下式可直接计算算术平均数:

$$\bar{x} = \frac{x_1 + x_2 + \cdots + x_n}{n} = \frac{1}{n}\sum_{i=1}^{n} x_i$$

上式适用于不分组的小样本数据。下面给出利用 Python 求算术平均数的具体过程。

```
>>> import numpy as np          #如不特别说明,全文中的 np 均是这个含义
>>> scores = [91, 95, 97, 99, 92, 93, 96, 98]
>>> np.mean(scores)             #求 scores 的均值
95.125
```

可利用频数分布表计算法求算术平均值的近似值：

$$\bar{x} = \frac{f_1 X_1 + f_2 X_2 + \cdots + f_k X_k}{f_1 + f_2 + \cdots + f_k} = \frac{1}{N}\sum fX$$

其中，$f$ 表示各组频数，$X$ 表示各组组中值，$k$ 表示组数，$N$ 表示总频数。

上式适用于已经编制成频数分布表的分组数据。

（2）加权平均数。

加权平均数是指具有不同权重数据的平均数。

① 已知权重的加权平均数计算公式。

$$\bar{X}_w = \frac{W_1 X_1 + W_2 X_2 + \cdots + W_N X_N}{W_1 + W_2 + \cdots + W_N} = \frac{\sum WX}{\sum W}$$

其中 $W_N$ 表示各观察值的权重，$X_N$ 表示具有不同权重的观察值。

已知权重的加权平均数计算公式举例：学生期末成绩，其中期中考试占 $30\%$、期末考试占 $50\%$、作业占 $20\%$，假如某人期中考试得了 $80$、期末 $90$、作业分 $94$，如果是算数平均，那么就是：

$$\frac{80 + 90 + 94}{3} = 88$$

加权平均数就是：

$$\frac{80 \times 30 + 90 \times 50 + 94 \times 20}{30 + 50 + 20} = 87.8$$

② 未知权重的加权平均数计算公式。

$$\bar{X}_t = \frac{N_1 \bar{X}_1 + N_2 \bar{X}_2 + \cdots + N_K \bar{X}_K}{N_1 + N_2 + \cdots + N_K} = \frac{\sum N\bar{X}}{\sum N}$$

其中 $N_K$ 表示各组数据的频数，$\bar{X}_K$ 表示各组数据的平均值。

未知权重的加权平均数计算公式举例如下。

学校期末考试的两个班的"数据挖掘"课程考试情况：一班 $50$ 人，平均 $83$；二班 $60$ 人，平均 $85$，加权平均数就是：

$$\frac{50 \times 83 + 60 \times 85}{50 + 60} = 84.1$$

（3）几何平均数。

几何平均数是指 $N$ 个数据连乘积的 $N$ 次方根，符号为 $\bar{X}_g$。

$$\bar{X}_g = \sqrt[N]{X_1 \times X_2 \times \cdots \times X_N} = \sqrt[N]{\prod_{i=1}^{N} X_i}$$

几何平均数可用于计算入学人数增加率、学校经费增加率、阅读能力提高率等。

（4）调和平均数。

调和平均数是指一组数据中每个数据的倒数的算数平均数的倒数，符号为 $\bar{X}_H$。

$$\bar{X}_H = \frac{1}{\frac{1}{N}\left(\frac{1}{X_1} + \frac{1}{X_2} + \cdots + \frac{1}{X_N}\right)} = \frac{N}{\sum_{i=1}^{N}\left(\frac{1}{X_i}\right)}$$

调和平均数可用于计算平均学习速度,如阅读速度、解题速度、识字速度等。

2) 中位数

中位数(又称中值,median)代表一个样本、种群或概率分布中的一个数值,其可将数值集合划分为相等的上下两部分。对于有限的数集,可以通过把所有观察值按从高到低排序后找出正中间的一个作为中位数。如果观察值有偶数个,则中位数不唯一,通常取最中间的两个数值的平均数作为中位数。

```
>>> np.median(scores)                    #求 scores 的中位数
95.5
>>> np.median([1,3,4])                    #求 1,3,4 的中位数
3.0
```

3) 众数

众数是一组数据中出现次数最多的数值,如数据 1、2、3、3、4 的众数是 3。有时众数在一组数中有好几个,如数据 2、3、-1、2、1、3 中,2、3 都出现了两次,它们都是这组数据中的众数。

用 NumPy 中建立元素出现次数的索引的方法求众数。

```
>>> c=np.bincount([2,3,2,5,1,3,1,1,9])
>>> np.argmax(c)
1
```

**2. 数据离散程度的统计量**

数据的离散程度即衡量一组数据的分散程度如何,其衡量的标准和方式有很多,包括极差、分位数、四分位数、百分位数和四分位差。五种度量值可以用箱形图统一表示,它对于识别离群点是有用的。方差和标准差也可以标识数据分布的散布程度。此外,离散系数(变异系数)也用来衡量数据离散程度。而具体选择哪一种方式则需要依据实际的数据要求进行选择。

1) 极差

极差为数据样本中的最大值与最小值的差值,反映了数据样本的数值范围,是最基本的衡量数据离散程度的方式。如在数学考试中,一个班学生得分的极差为 50,反映了学习最好的学生与学习最差的学生得分差距为 50。

```
>>> import numpy as np
>>> scores1 = [42,45,67,75,38,87,78,89,76, 67,82,89,95,67,92]
>>> print('极差:',np.max(scores1)-np.min(scores1))
极差: 57
```

2) 四分位数

把所有数据由小到大排列并分成四等份,处于三个分割点位置的数值就是四分位数。

处于第一个分割点位置的数据称为第一四分位数($Q_1$),又称"下四分位数"。

处于第二个分割点位置的数据称为第二四分位数($Q_2$),又称"中位数"。

处于第三个分割点位置的数据称为第三四分位数($Q_3$),又称"上四分位数"。

四分位差(QD)$= Q_3 - Q_1$,即数据样本的上四分位数和下四分位数的差值,四分位差反

映了数据中间部分(占总数据的 50%)数据的离散程度,其数值越小,说明中间的数据越集中;其数值越大,说明中间的数据越分散。四分位差的大小在一定程度上可反映中位数对一组数据的代表程度。下面给出用 Python 扩展库 stats 来实现四分位差的求解。

```
>>> import stats as sts
>>> print('下四分位数:',sts.quantile(scores1,p=0.25))          #求下四分位数
下四分位数: 67
>>> print('上四分位数:',sts.quantile(scores1,p=0.75))          #求上四分位数
上四分位数: 89
>>> sts.quantile(scores1,p=0.75)-sts.quantile(scores1,p=0.25)   #求四分位差
22
```

3) 平均差

平均差是样本所有数据与其算术平均数的差绝对值的算术平均数。平均差反映各个数据与算术平均数之间的平均差异。平均差越大,表明各个数据与算术平均数的差异程度越大,该算术平均数的代表性就越小;平均差越小,表明各个数据与算术平均数的差异程度越小,该算术平均数的代表性就越大。

平均差的计算公式为:

$$\mathrm{MD}=\frac{1}{N}\sum_{i=1}^{N}\mid X_i-\overline{X}\mid$$

其中,$X_i$ 为变量,$\overline{X}$ 为算术平均数,$N$ 为变量值的个数。

4) 方差(variance)与标准差(standard deviation)

方差与标准差都是数据散布度量,它们指出数据分布的散布程度。标准差是方差的算术平方根,低标准差意味数据观测趋向于非常靠近均值,而高标准差表示数据散布在一个大的值域中。平均数相同的两组数据,标准差未必相同。

数值属性 $X$ 的 $N$ 个观测值 $x_1,x_2,\cdots,x_N$ 的方差(variance)是:

$$\sigma^2=\frac{\sum_{i=1}^{N}(X_i-\overline{X})^2}{N}$$

其中,$\sigma^2$ 为方差,$X_i$ 为变量,$\overline{X}$ 为总体均值,$N$ 为样本总数。

统计中的方差是每个样本值与全体样本值的平均数之差的平方值的平均数。在统计描述中,方差用来计算每一个变量与总体平均数之间的差异,统计中的方差计算公式为:

$$\sigma^2=\frac{\sum_{i=1}^{N}(X_i-\overline{X})^2}{N}$$

其中,$\sigma^2$ 为统计方差,$X_i$ 为变量,$\overline{X}$ 为总体均值,$N$ 为样本总数。

```
>>> print('方差:',np.var(scores1))
方差: 316.5066666666667
>>> print('标准差:',np.std(scores1))
标准差: 17.79063424014632
```

5) 离散系数(coefficient of variation)

针对不同数据样本的标准差和方差,因数据衡量单位不同其结果自然无法直接进行对比,为出具一个相同的衡量指标,则进行了离散系数的计算。离散系数为一组数据的标准差与平均数之比:

$$cv = \frac{\sigma}{\overline{X}}$$

离散系数的用途有:比较单位不同的数据的差异程度;比较单位相同但平均数差异很大的两组数据的差异程度;判断特殊差异情况,cv 值通常为 5%~35%,如果 cv 值大于 35%,可怀疑所求平均数是否失去意义;如果 cv 值小于 5%,可怀疑平均数与标准差是否计算错误。

```
>>> print('离散系数:',np.std(scores1)/np.mean(scores1))
离散系数: 0.2450500584042193
```

### 3. 数据分布状况的统计量

可以使用 pandas 库的 describe()方法来生成数据集的多个汇总统计。

```
>>> import pandas as pd
>>> data={'score':[86,88,92,94,84], 'name':['WangLi','LiHua','LiuTao','WangFei',
'LiMing']}
>>> df=pd.DataFrame(data, columns=['name','score'], index=['101','102','103',
'104', '105'])
>>> df
        name   score
101   WangLi      86
102    LiHua      88
103   LiuTao      92
104  WangFei      94
105   LiMing      84
>>> df.describe()                          #一次性产生多个汇总统计
          score
count   5.000000
mean   88.800000
std     4.147288
min    84.000000
25%    86.000000
50%    88.000000
75%    92.000000
max    94.000000
```

describe()函数的返回结果包括 count、mean、std、min、max 以及百分位数。默认情况下,百分位数分三档:25%、50%、75%,其中 50%就是中位数。

数据分布的不对称性称作偏态。偏态系数(Cs)以平均值与中位数之差对标准差之比率来衡量偏斜的程度。

偏态系数的取值为 0 时,表示数据为完全的对称分布。

偏态系数的取值为正数时,表示数据为正偏态或右偏态。

偏态系数的取值为负数时,表示数据为负偏态或左偏态。

Java 考试成绩如图 3-5 所示。

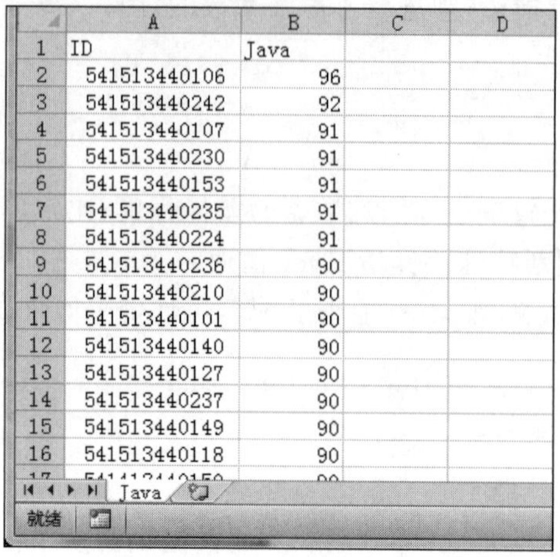

| | A | B | C | D |
|---|---|---|---|---|
| 1 | ID | Java | | |
| 2 | 541513440106 | 96 | | |
| 3 | 541513440242 | 92 | | |
| 4 | 541513440107 | 91 | | |
| 5 | 541513440230 | 91 | | |
| 6 | 541513440153 | 91 | | |
| 7 | 541513440235 | 91 | | |
| 8 | 541513440224 | 91 | | |
| 9 | 541513440236 | 90 | | |
| 10 | 541513440210 | 90 | | |
| 11 | 541513440101 | 90 | | |
| 12 | 541513440140 | 90 | | |
| 13 | 541513440127 | 90 | | |
| 14 | 541513440237 | 90 | | |
| 15 | 541513440149 | 90 | | |
| 16 | 541513440118 | 90 | | |

图 3-5　Java 考试成绩

```
import pandas as pd
df = pd.read_csv('Java.csv')
data=df['Java']
statistics = data.describe()                              #保存基本统计量
statistics['range']=statistics['max']-statistics['min']   #增加极差
statistics['cv']=statistics['std']/statistics['mean']     #增加变异系数
statistics['QD']=statistics['75%']-statistics['25%']      #增加四分位差
#统计结果中增加偏态系数'Cs'
statistics['Cs']=(statistics['mean']-data.median())/statistics['std']
print(statistics)
```

运行上面的程序,可以得到下面的结果,此结果为 Java 考试成绩的统计量情况。

```
count  105.000000
mean    80.780952
std      7.617012
min     61.000000
25%     76.000000
50%     81.000000
75%     87.000000
max     96.000000
range   35.000000
cv       0.094292
QD      11.000000
Cs      -0.028758
```

### 3.3.3　周期性特征

周期性分析是探索某个变量是否随着时间变化而呈现出某种周期变化趋势。根据周期时间的长短不同分为年度周期性趋势、季节性周期趋势、月度周期性趋势、周周期性趋势、天周期性趋势、小时周期性趋势等。

例如,要对航空旅客数量进行预测,可以先分析旅客数量的时序图来直观地估计旅客数量的变化趋势。

图 3-6 是 1949 年 1 月至 1960 年 12 月某航空公司运载的旅客数量的时序图,总体来看,每年内运送的旅客数量呈周期性变化,各年运送的总旅客数量呈递增趋势。

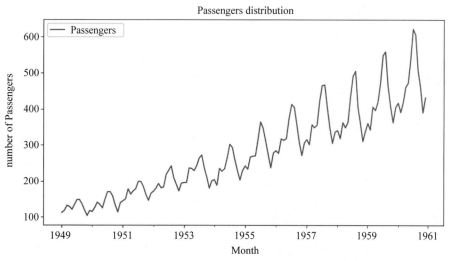

图 3-6 1949 年 1 月至 1960 年 12 月某航空公司运载的旅客数量的时序图

图 3-6 的实现代码如下:

```
>>> import pandas as pd
>>> import matplotlib.pylab as plt
>>>                                      #导入航空旅客数据
>>> data = pd.read_csv("D:\\mypython\\AirPassengers.csv")
>>> data.head(3)                         #显示前 3 条记录
    Month   Passengers
0  1949-01        112
1  1949-02        118
2  1949-03        132
#将 Month 的数据格式转为'%Y-%m-%d'格式
>>> data['Month'] = pd.to_datetime(data['Month'],format='%Y-%m-%d')
>>> df = data.set_index(['Month'])        #将 data 中的列 Month 设置成索引 index
>>> df.head(3)
Month       Passengers
1949-01-01        112
1949-02-01        118
1949-03-01        132
>>> df['Passengers'].plot(kind='line',figsize=[10,5],legend=True,
title='Passengers distribution')          #绘制线型图
>>> plt.ylabel('number of Passengers')     #为 y 轴添加标签
```

```
>>> plt.show()                                    # 显示绘制的图形
```

相关性特征

### 3.3.4　相关性特征

相关分析是研究两个或两个以上的变量间的相关关系的统计分析方法。例如,人的身高和体重之间、空气中的相对湿度与降雨量之间的相关关系。在一段时期内商品房价格随经济水平上升而上升,这说明两指标间是正相关关系;而在另一时期,随着经济水平的进一步发展,出现商品房价格下降的现象,两指标间就是负相关关系。

为了确定相关变量之间的关系,首先应该收集一些数据,这些数据应该是成对的。例如,每人的身高和体重。然后在直角坐标系上描述这些点,这一组点集称为"散点图"。如果这些数据在二维坐标轴中构成的数据点分布在一条直线的周围,那么就说明变量间存在线性相关关系。

相关系数是变量间关联程度的最基本测度之一,如果我们想知道两个变量之间的相关性,那么就可以计算相关系数来进行判定。相关系数 $r$ 的取值为 $-1\sim1$。正相关时,$r$ 值为 $0\sim1$,散点图是斜向上的,这时一个变量增加,另一个变量也增加;负相关时,$r$ 值为 $-1\sim0$,散点图是斜向下的,此时一个变量增加,另一个变量将减少。$r$ 的绝对值越接近1,两变量的关联程度越强;$r$ 的绝对值越接近0,两变量的关联程度越弱。

相关系数的值则是由协方差除以两个变量的标准差而得,相关系数的取值为 $-1\sim1$,$-1$ 表示完全负相关,1 表示完全相关。相关系数 $r$ 的计算公式表示如下:

$$r = \frac{\text{cov}(X,Y)}{\sqrt{\text{var}(X)\text{var}(Y)}} = \frac{E\{[X - E(X)][Y - E(Y)]\}}{\sigma_x \sigma_y}$$

其中,$\text{cov}(X,Y)$ 为 $X$ 与 $Y$ 的协方差,$\text{var}(X)$ 为 $X$ 的方差,$\text{var}(Y)$ 为 $Y$ 的方差。

一家软件公司在全国有许多代理商,为研究它的财务软件产品的广告投入与销售额的关系,统计人员随机选择 10 家代理商进行观察,搜集到年广告费投入与月均销售额的数据,并编制成相关表,如表 3-1 所示。

表 3-1　年广告费投入与月均销售额

| 年广告费投入/万元 | 月均销售额/万元 |
| --- | --- |
| 12.5 | 21.2 |
| 15.3 | 23.9 |
| 23.2 | 32.9 |
| 26.4 | 34.1 |
| 33.5 | 42.5 |
| 34.4 | 43.2 |
| 39.4 | 49.0 |
| 45.2 | 52.8 |
| 55.4 | 59.4 |
| 60.9 | 63.5 |

```
>>> import pandas as pd
>>> import matplotlib.pylab as plt
>>> import matplotlib
>>> matplotlib.rcParams['font.family'] = 'FangSong'    #设置字体显示格式
>>> matplotlib.rcParams['font.size'] = '15'            #设置字体大小
>>> data = pd.read_csv("D:\\mypython\\ad-sales.csv")    #读取代理商数据
>>> print(data.corr())                                 #输出相关系数矩阵
              年广告费投入    月均销售额
年广告费投入      1.000000    0.994198
月均销售额        0.994198    1.000000
#绘制代理商数据的散点图
>>> data.plot(kind='scatter', x='年广告费投入', y='月均销售额', figsize=[5,5],
title='相关性分析')
<matplotlib.axes._subplots.AxesSubplot object at 0x0000000010BB69E8>
>>> plt.show()    #显示散点图,如图 3-7 所示
```

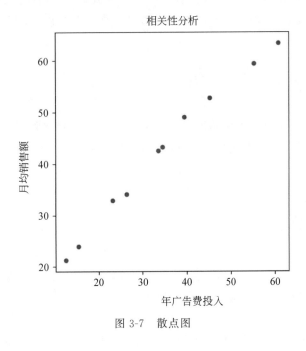

图 3-7　散点图

　　年广告费投入与月均销售额的相关系数为 0.994198,说明年广告费投入与月均销售额之间有高度的线性正相关关系。

# 3.4　本章小结

　　本章主要讲解数据的认识。先讲解了数据类型,具体包括属性类型和数据对象的类型。然后讲解了数据质量分析,具体包括缺失值分析、异常值分析、一致性分析。最后,讲解了数据特征分析,具体包括分布特征、统计量特征、周期性特征和相关性特征。

# 第 4 章

# 数据预处理

数据挖掘工作始终是以数据为中心开展的,分类、聚类、回归、关联分析以及可视化等工作的顺利进行完全建立在良好的输入数据的基础之上。采集到的原始数据通常来自多个异构数据源,数据在准确性、完整性和一致性等方面存着多种多样的问题。在数据挖掘之前,首先要做的就是对数据进行预处理,处理数据中的"脏数据",从而提高数据分析的准确性和有效性。数据预处理通常包括数据清洗、数据集成、数据规范化、数据离散化、数据归约等过程。

## 4.1 数据清洗

人工输入错误、仪器设备测量精度以及数据收集过程机制缺陷等都会影响采集的数据质量,具体包括测量误差、数据收集错误、噪声、离群点、缺失值、不一致值、重复数据等。数据清洗阶段的主要任务就是填写缺失值、光滑噪声数据、删除离群点和解决属性的不一致性。

### 4.1.1 处理缺失值

处理缺失值

数据的收集过程很难做到数据全部完整,如数据库表格中的列值不会全部强制性不为空、问卷调查对象不想回答某些选项、数据采集设备异常、数据录入遗漏等。处理缺失值的方法主要有三类:删除元组、数据补齐和不处理。

**1. 删除元组**

删除元组就是将存在遗漏属性值的对象(也称元组、记录)删除,从而得到一个完备的信息表。这种方法简单易行,在对象有多个属性缺失值、被删除的含缺失值的对象与信息表中的数据量相比非常小的情况下是非常有效的。然而,这种方法有很大的局限性,它是以减少历史数据来换取信息的完备,会造成数据资源的浪费,丢弃了大量隐藏在这些对象中的信息。在信息表中本来包含的对象很少的情况下,删除少量对象就足以严重影响信息表信息的客观性和结果的正确性。因此,当遗漏数据所占比例较大,特别当遗漏数据非随机分布时,这种方法可能导致数据发生偏离,从而得出错误的结论。

**2. 数据补齐**

数据补齐是使用一定的值对缺失属性值进行填充补齐,从而使信息表完备化。在数据挖掘中,面对的通常是大型的数据库,它的属性有几十个甚至上百个,因为一个属性值的缺失而放弃大量的其他属性值,这种删除是对信息的极大浪费,因此产生了以可能值对缺失值进行补齐的思想与方法,常用的有如下几种方法。

1)均值补齐

数据的属性分为数值型和非数值型。如果缺失值是数值型的,就以该属性存在值的平均值来补齐缺失的值;如果缺失值是非数值型的,就根据统计学中的众数原理,用该属性的众数(即出现频率最高的值)来补齐缺失的值。

2)利用同类均值补齐

同类均值补齐首先利用聚类方法预测缺失记录所属种类,然后使用与存在缺失值的记录属于同一类的其他记录的平均值来填充空缺值。

3)就近补齐

对于一个包含空值的对象,就近补齐法是在完整数据中找到一个与它最相似的对象,然后用这个相似对象的值来进行填充。不同的问题可能会选用不同的标准来对相似进行判定。该方法的缺点在于难以定义相似标准,主观因素较多。

4)拟合补齐

基于完整的数据集,建立拟合曲线。对于包含空值的对象,将已知属性值代入拟合曲线来估计未知属性值,以此估计值来进行填充。

(1)多项式曲线拟合。

曲线拟合是指用连续曲线近似地刻画或比拟平面上一组离散点所表示的坐标之间的函数关系,是一种用解析表达式逼近离散数据的方法。数据分析中经常会遇到某些记录的个别字段出现缺失值的情况,若能根据记录数据集在该字段的已经存在的值找到一个连续的函数(也就是曲线),使得该字段的已经存在的这些值与曲线能够在最大程度上近似吻合,然后就可以根据拟合曲线函数估算缺失值。

polyfit()函数是 NumPy 中用于最小二乘多项式拟合的一个函数。最小二乘多项式拟合的主要思想是:假设有一组实验数据$(x_i, y_i)$,事先知道它们之间应该满足某函数关系$y_i = f(x_i)$,通过这些已知信息来确定函数 $f$ 的一些参数。例如,如果函数 $f$ 是线性函数$f(x) = kx + b$,那么参数 $k$ 和 $b$ 就是需要确定的值。如果用 $p$ 表示函数中需要确定的参数,那么目标就是找到一组 $p$,使得下面关于 $p$ 的 $s$ 函数的函数值最小:

$$s(p) = \sum_{i=1}^{m} [y_i - f(x_i, p)]^2$$

numpy.polyfit()函数的语法格式如下:

```
numpy.polyfit(x, y, deg)
```

作用:numpy.polyfit()使用拟合度为 deg 的多项式 $p(x) = p[0] * x**deg + \cdots + p[deg]$拟合一组离散点$(x, y)$,返回具有最小平方误差的拟合函数 $p(x)$ 的系数向量(含有 deg+1 个数),第一个数是最高次幂的系数。实际上是根据已知点的坐标确定拟合度为 deg 的多项式的系数。

参数说明如下。

$x$:数据点对应的横坐标,可为行向量、矩阵。

$y$:数据点对应的纵坐标,可为行向量、矩阵。

　　deg：要拟合的多项式的阶数，一阶为直线拟合，二阶为抛物线拟合，并非阶数越高越好，看拟合情况而定。一般而言，拟合阶数越大，误差越小，但往往会增大表达式的复杂程度，还有可能出现过拟合，所以要在误差和表达式简洁程度方面综合考虑，确定最佳阶数，一般为 3～5 最佳。

　　numpy.polyval(p, x)函数用来计算 p 所对应的多项式在 x 处的函数值。

　　若 $p$ 是长度为 $N$ 的向量，numpy.polyval($p$, $x$)函数返回的值是：

$$p[0] * x**(N-1) + p[1] * x**(N-2) + \cdots + p[N-2] * x + p[N-1]$$

下面给出进行 3 阶多项式拟合的程序代码。

```
>>> import matplotlib.pyplot as plt
>>> import numpy as np
>>> x = np.linspace(100,200,30)              #返回 30 个[100,200]上均匀间隔的数字序列
#random_integers(5,20,30)生成[5,20]上离散均匀分布的 30 个整数值
>>> y = x + np.random.random_integers(5,20,30)
>>> p2 = np.polyfit(x,y,deg=3)               #3 阶多项式拟合
>>> q2 = np.polyval(p2, x)                   #计算 p2 所指定的三次多项式在 x 处的函数值
>>> plt.plot(x, y, 'o')
[<matplotlib.lines.Line2D object at 0x000000000EFE1B38>]
>>> plt.plot(x, q2,'k')
[<matplotlib.lines.Line2D object at 0x000000000E8C9B00>]
>>> plt.show()    #显示 3 阶多项式拟合的绘图结果,如图 4-1 所示
```

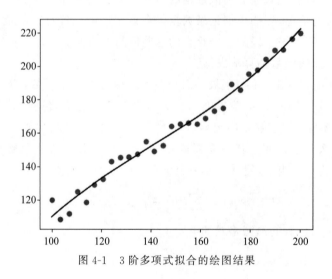

图 4-1　3 阶多项式拟合的绘图结果

　　(2) 各种函数的拟合。

　　scipy 的 optimize 模块提供了函数最小值(标量或多维)、曲线拟合和寻找等式的根的函数。optimize 模块的 curve_fit()函数用来将设定的函数 f 拟合已知的数据集。curve_fit()函数的语法格式如下：

```
scipy.optimize.curve_fit(f, xdata, ydata)
```

　　作用：使用非线性最小二乘法将函数 f 拟合到数据。

参数说明如下。

f：用来拟合数据的函数，它必须将自变量作为函数 f 第一个参数，函数待确定的系数作为独立的剩余参数。

xdata：自变量。

ydata：xdata 自变量对应的函数值。

下面给出 $a * e^{**}(b/x) + c$ 的拟合代码。

```
>>> import numpy as np
>>> import matplotlib.pyplot as plt
>>> from scipy.optimize import curve_fit
>>> def func(x, a, b, c):
    return a * np.exp(-b * x) + c
>>> x = np.linspace(0, 4, 50)
>>> y = func(x, 2.5, 1.3, 0.5)
>>> y1 = y + 0.2 * np.random.normal(size=len(x))    #为数据加入噪声
>>> plt.plot(x, y1, 'o', label='original values')
[<matplotlib.lines.Line2D object at 0x0000000013B9E710>]
>>> popt, pcov = curve_fit(func, x, y1)
>>> plt.plot(x, func(x, * popt), 'k--', label='fit')
[<matplotlib.lines.Line2D object at 0x000000000ED56B70>]
>>> plt.xlabel('x')
Text(0.5,0,'x')
>>> plt.ylabel('y')
Text(0,0.5,'y')
>>> plt.legend()
<matplotlib.legend.Legend object at 0x0000000013B9EDD8>
>>> plt.show()    #显示 a * e**(b/x)+c 的拟合的绘图结果，如图 4-2 所示
```

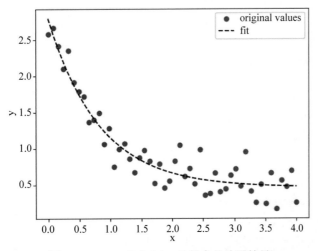

图 4-2 $a * e^{**}(b/x) + c$ 的拟合的绘图结果

5) 插值补齐

插值法是函数逼近的重要方法之一,插值法就是用给定的函数 $f(x)$($f(x)$函数可以未知,只需要已知若干点上的值)的若干点上的函数值来构造 $f(x)$ 的近似函数 $\varphi(x)$,要求 $\varphi(x)$ 与 $f(x)$ 在给定点的函数值相等,这里的 $\varphi(x)$ 称为 $f(x)$ 的插值函数。插值法有多种,以拉格朗日插值和牛顿插值为代表的多项式插值法最有特点,即插值函数是多项式。

(1) 拉格朗日插值法。

设 $y=f(x)$ 是定义在 $[a,b]$ 上的函数,在互异点 $x_0,x_1,\cdots,x_n$ 处的函数值分别为 $f(x_0),f(x_1),\cdots,f(x_n)$,构造 $n$ 次多项式 $p_n(x)$ 使得

$$p_n(x_i)=f(x_i), \quad i=0,1,2,\cdots,n$$

函数 $p_n(x)$ 为 $f(x)$ 的插值函数,称 $x_0$、$x_1$、$\cdots$、$x_n$ 为插值结点,$p_n(x_i)=f(x_i)$ 称为插值条件。构造的 $n$ 次多项式可表示为

$$p_n(x)=a_0+a_1x+a_2x^2+\cdots+a_nx^n$$

构造出 $p_n(x)$,对 $f(x)$ 在 $[a,b]$ 上函数值的计算,就转化为 $p_n(x)$ 在对应点上的计算。

首先来看线性插值,即给定两个点 $(x_0,y_0)$,$(x_1,y_1)$,$x_0\neq x_1$,确定一个一次多项式插值函数,简称线性插值。可使用待定系数法求出该一次多项式插值函数,设一次多项式插值函数 $L_1(x)=a_0+a_1x$,将插值点代入 $L_1(x)$,得到

$$\begin{cases} a_0+a_1x_0=y_0 \\ a_0+a_1x_1=y_1 \end{cases}$$

当 $x_0\neq x_1$ 时,方程组的解存在且唯一,解之得

$$a_0=\frac{x_0y_1-x_1y_0}{x_0-x_1}, \quad a_1=\frac{y_0-y_1}{x_0-x_1}$$

因此,

$$L_1(x)=\frac{x_0y_1-x_1y_0}{x_0-x_1}+\frac{y_0-y_1}{x_0-x_1}x=\frac{x-x_1}{x_0-x_1}y_0+\frac{x-x_0}{x_1-x_0}y_1$$

推广到一般的 $n$ 次情况,拉格朗日插值函数为:$L_n(x)=\sum_{i=0}^{n}y_il_i(x)$,其中,

$$l_i(x)=\frac{(x-x_0)\cdots(x-x_{i-1})(x-x_{i+1})\cdots(x-x_n)}{(x_i-x_0)\cdots(x_i-x_{i-1})(x_i-x_{i+1})\cdots(x_i-x_n)}$$

下面是拉格朗日插值法的使用举例。

```
>>> x = [-2,0,1,2]                      #生成已知点的 x 坐标
>>> y = [17,1,2,17]                     #生成已知点的 y 坐标
>>> def Larange(x,y,a):
    t = 0.0
    for i in range(len(y)):
        c = y[i]
        for j in range(len(y)):
            if j !=i:
                c *= (a-x[j])/(x[i]-x[j])
        t += c
    return t
>>> y2 = Larange(x,y,0.6)               #求插值函数在 0.6 处的函数值
```

```
>>> print(y2)
0.256
```

Python 的 scipy 库提供了拉格朗日插值函数，因此可通过直接调用拉格朗日插值函数来实现插值计算。

```
from scipy.interplotate import lagrange
a=lagrange(x,y)
```

直接调用 lagrange(x,y) 这个函数即可，返回一个对象。参数 x、y 分别是对应各个点的 x 值和 y 值。直接输出 a 对象，就能看到插值函数。a.order 得到插值函数的阶，a[] 得到插值函数的系数，a(b) 得到插值函数在 b 处的值。

```
from scipy.interpolate import lagrange
x = [-2,0,1,2]                              #生成已知点的 x 坐标
y = [17,1,2,17]                             #生成已知点的 y 坐标
a=lagrange(x,y)                             #4 个点返回 3 阶拉格朗日插值多项式
print('插值函数的阶:'+str(a.order))
print('插值函数的系数:'+str(a[3])+':'+str(a[2])+':'+str(a[1])+':'+str(a[0]))
print(a)
print(a(0.6))                              #插值函数在 0.6 处的值
```

执行上述代码得到的输出如下。

```
插值函数的阶:3
插值函数的系数:1.0:4.0:-4.0:1.0
   3     2
1 x + 4 x - 4 x + 1
0.2559999999999999
```

拉格朗日插值公式紧凑，但在插值结点增减时，插值多项式就会随之变化，这在实际计算中是很不方便的，为了克服这一缺点，人们提出了牛顿插值法。

（2）牛顿插值法。

牛顿插值法求解过程主要包括三个步骤。

步骤 1：求已知点对的所有阶差商。

一阶差商：$f(x)$ 关于点 $x_0$、$x_1$ 的一阶差商记为 $f[x_0,x_1]$，即

$$f[x_0,x_1]=\frac{f(x_0)-f(x_1)}{x_0-x_1}$$

$f(x)$ 关于点 $x_0$、$x_1$、$x_2$ 的二阶差商记为 $f[x_0,x_1,x_2]$，即

$$f[x_0,x_1,x_2]=\frac{f[x_0,x_1]-f[x_1,x_2]}{x_0-x_2}$$

$n$ 阶差商 $f[x_0,x_1,\cdots,x_{n-1},x_n]$ 定义为：

$$f[x_0,x_1,\cdots,x_{n-1},x_n]=\frac{f[x_0,x_1,\cdots,x_{n-1}]-f[x_1,x_2,\cdots,x_n]}{x_0-x_n}$$

步骤 2：根据差商建立插值多项式。

线性插值：给定两个插值点 $(x_0,f(x_0))$，$(x_1,f(x_1))$，$x_0\neq x_1$，设

$$N_1(x) = a_0 + a_1(x - x_0)$$

代入插值点得：

$$a_0 = f(x_0), \quad a_1 = \frac{f(x_0) - f(x_1)}{x_0 - x_1} = f[x_0, x_1]$$

于是得线性牛顿插值公式：

$$N_1(x) = f(x_0) + f[x_0, x_1](x - x_0)$$

同理，给定三个互异插值点$(x_0, f(x_0))$,$(x_1, f(x_1))$,$(x_2, f(x_2))$,可得二次牛顿插值公式：

$$N_2(x) = f(x_0) + f[x_0, x_1](x - x_0) + f[x_0, x_1, x_2](x - x_0)(x - x_1)$$

更一般的 $n$ 次牛顿插值公式为

$$N_n(x) = f(x_0) + (x - x_0)f[x_0, x_1] + (x - x_0)(x - x_1)f[x_0, x_1, x_2] + \cdots$$
$$+ (x - x_0)(x - x_1)\cdots(x - x_{n-1})f[x_0, x_1, \cdots, x_n]$$

步骤 3：将缺失的函数值对应的点 $x$ 代入插值多项式得到缺失值的近似值。

牛顿插值法也是多项式插值，但采用了另一种构造插值多项式的方法，从本质上说，两者给出的结果是一样的(相同次数、相同系数的多项式)，只是表示的形式不同而已。

6）多重填补补齐

多重填补的思想来源于贝叶斯估计，它认为待填补的值是随机的，它的值来自于已观测到的值。实际操作时，通常是估计出待插补的值，然后再加上不同的噪声，形成多组可选填补值。根据某种选择依据，选取最合适的填补值。多重填补方法分为三个步骤。

(1) 为每个空值产生一套可能的填补值，这些值反映了无响应模型的不确定性；每个值都可以被用来填补数据集中的缺失值，产生若干个完整数据集合。

(2) 每个填补数据集合都用针对完整数据集的统计方法进行统计分析。

(3) 对来自各个填补数据集的结果，根据评分函数进行选择，产生最终的填补值。

7）使用所有可能的值填充补齐

用空缺属性值的所有可能的属性取值来填充，能够得到较好的补齐效果。但是，当数据量很大或者遗漏的属性值较多时，其计算的代价很大，可能的测试方案很多。

8）特殊值填充补齐

将空值作为一种特殊的属性值来处理，它不同于其他的任何属性值。如果所有的空值都用 unknown 填充，可能导致严重的数据偏离，一般不推荐使用。例如，对于数据表中"驾龄"属性值的缺失，没有填写这一项的用户可能是没有车，为它填充为 0 较为合理。再如"本科毕业时间"属性值的缺失，没有填写这一项的用户可能是没有上大学，为它填充正无穷比较合理。

### 3. 不处理

直接在包含空值的数据上进行数据挖掘，这类方法有贝叶斯网络和人工神经网络等。贝叶斯网络是用来表示变量间连接概率的图形模式，它提供了一种自然的表示因果信息的方法，用来发现数据间的潜在关系。在这个网络中，用结点表示变量，用有向边表示变量间的依赖关系。贝叶斯网络仅适合于对领域知识具有一定了解的情况，至少对变量间的依赖关系较清楚的情况。人工神经网络可以有效地对付空值，而现阶段人工神经网络方法在数据挖掘中的应用仍很有限。

## 4.1.2　噪声数据处理

噪声是一个测量变量中的随机错误或偏差,包括错误值或偏离期望的孤立点值。造成这种误差有多方面原因,如数据收集工具的问题、数据输入、传输错误、技术限制等。噪声检查中比较常见的方法如下。

(1) 通过寻找数据集中与其他观测值及均值差距最大的点作为异常点。

(2) 聚类方法检测,将类似的取值组织成"群"或"簇",落在"簇"集合之外的值被视为离群点。

在进行噪声检查后,通常采用分箱、聚类、回归、正态分布 $3\sigma$ 原则等方法去掉数据中的噪声。

### 1. 分箱法

分箱法是指通过考察"邻居"(周围的值)来平滑存储数据的值。所谓"分箱",就是按照属性值划分的子区间,如果一个属性值处于某个子区间范围内,就把该属性值归属于这个子区间所代表的"箱子"内。把待处理的数据(某列属性值)按照一定的规则放进一些箱子中,然后考察每一个箱子中的数据,采用某种方法分别对各个箱子中的数据进行处理。在采用分箱技术时,需要解决两个问题,如何分箱以及如何对每个箱子中的数据进行平滑处理。数据平滑方法主要有:按平均值平滑,对同一箱值中的数据求平均值,用平均值替代该箱子中的所有数据;按边界值平滑,箱中的最大和最小值被视为箱边界,箱中的每一个值都被最近的边界值替换;按中值平滑,取箱子的中值,用来替代箱子中的所有数据。

分箱的方法主要有等深分箱法、等宽分箱法、用户自定义区间法等。

等深分箱法是将数据集按记录行数分箱,每箱具有相同的记录数,每箱记录数称为箱子的深度。

等宽分箱法中的等宽是指每个箱子的取值范围相同。

用户自定义区间法是指用户可以根据需要自定义区间,当用户明确希望观察某些区间范围内的数据分布时,使用这种方法可以方便地帮助用户达到目的。

【例 4-1】　职员奖金排序后的值:2200 2300 2400 2500 2500 2800 3000 3200 3500 3800 4000 4500 4700 4800 4900 5000,按不同方式进行分箱的结果如下。

等深分箱法:设定箱子深度为 4,分箱后的结果如下。

箱 1:2200 2300 2400 2500

箱 2:2500 2800 3000 3200

箱 3:3500 3800 4000 4500

箱 4:4700 4800 4900 5000

等宽分箱法:设定箱子宽度为 1000 元,分箱后的结果如下。

箱 1:2200 2300 2400 2500 2500 2800 3000 3200

箱 2:3500 3800 4000 4500

箱 3:4700 4800 4900 5000

用户自定义法:如将客户收入划分为 3000 元以下、3000～4000、4001～5000。

### 2. 聚类去噪

簇是一组数据对象集合,同一簇内的所有对象具有相似性,不同簇间对象具有较大差异性。聚类用来将物理的或抽象对象的集合分组为不同簇,聚类之后可找出那些落在簇之外的值(孤立点),这些孤立点被视为噪声,清除这些点。聚类去噪通过直接形成簇并对簇进行描述,不需要任何先验知识。

### 3. 回归去噪

回归去噪是指发现两个相关的变量之间的变化模式,通过使数据适合一个回归函数来平滑数据,即利用回归函数对数据进行平滑。

### 4. 正态分布 $3\sigma$ 原则去噪

正态分布是连续随机变量概率分布的一种,自然界、人类社会、心理、教育中大量现象均按正态分布,如能力的高低、学生成绩的好坏都属于正态分布,可以把数据集的分布理解成一个正态分布。正态分布的概率密度函数如下:

$$f(x) = \frac{1}{\sqrt{2\pi}\sigma}\exp\left(-\frac{(x-\mu)^2}{2\sigma^2}\right)$$

其中, $\sigma$ 表示数据集的标准差, $\mu$ 代表数据集的均值, $x$ 代表数据集的数据。相对于正常数据,噪声数据可以理解为小概率数据。正态分布具有这样的特点: $x$ 落在 $(\mu-3\sigma,\mu+3\sigma)$ 以外的概率小于千分之三。根据这一特点,人们可以通过计算数据集的均值和标准差,把离开均值三倍于数据集的标准差的点设想为噪声数据予以排除。

## 4.2 数据集成

数据集成就是对各种异构数据提供统一的表示、存储和管理,逻辑地或物理地集成到一个统一的数据集合中。数据源包括关系数据库、数据仓库和一般文件。数据集成的核心任务是要将互相关联的分布式异构数据源集成到一起,使用户能够以透明的方式访问这些数据。集成是指维护数据源整体上的数据一致性、提高信息共享利用的效率;透明是指用户不必考虑底层数据模型不同、位置不同等问题,能够通过一个统一的查询界面实现对网络上异构数据源的灵活访问。

数据集成的关键是以一种统一的数据模式描述各数据源中的数据,屏蔽它们的平台、数据结构等异构性,实现数据的无缝集成。在数据集成时,不同数据源的数据对同一实体的表达形式可能是不一样的,这就需要考虑实体识别、属性冗余、元组重复和数据值冲突问题,在集成之前对源数据进行形式转换和数据提炼。

### 4.2.1 实体识别问题

在多个数据源中,同一个现实世界实体可能具有多种描述方式。同一实体具有不同描述的问题在各种应用领域的信息系统中普遍存在,例如重量属性,在一个系统中采用公制,而在另一个系统中却采用英制;再如价格属性,不同系统采用不同货币单位。

在不同的应用领域,应采用不同的方法来描述实体。在单数据源中,实体使用唯一标识符或特征属性值来区别。在分布式系统中,由于不同的设计目的和角度,现实世界中的同一个实体也不可能有相同的标识符或者是相同的特征属性。因此,必须采用合适的方法实现实体识别。例如,数据分析者或计算机如何才能确信一个数据源中的 customer_id 与另一个数据源的 cust_number 指的是相同的属性? 元数据可以用来帮助避免模式集成的错误,因为每个属性的元数据通常包括名字、含义、数据类型和属性的允许取值范围,以及处理空白、零或 NULL 值的空值规则。

实体识别包括预处理阶段、特征向量的选取、比较函数的选取、搜索空间的优化、决策模型的选取和结果评估六个阶段。

(1) 预处理阶段是实体识别过程的关键阶段,在该阶段中要实现数据的标准化处理,包括空格处理、字符大小写转换、复杂数据结构的解析和格式转换、上下文异构的消除等。

(2) 特征向量是指能够识别实体的属性的集合。

(3) 针对所采用的数据类型,选择合适的比较函数。

(4) 可采用智能算法优化空间搜索,如粒子群算法。

(5) 决策模型是指在搜索空间中进行特征向量比较时判断实体是否匹配的模型。决策模型主要分为两类:一类是概率模型;另一类是基于经验的模型,即根据领域专家的经验来决策判断。

(6) 评估结果有匹配、不匹配和可能匹配。不能确定的匹配结果需要人工进行评审,对评审过程中发现的问题进行调整。

## 4.2.2　属性冗余问题

冗余是数据集成的另一个重要问题。如果一个属性(例如,年收入)可以由其他属性或它们的组合导出,那么这个属性可能是冗余的。数据集成往往导致数据冗余,例如同一属性多次出现、同一属性命名不一致导致重复。

要解决属性冗余问题,需要对属性间的相关性进行检测。对于数值属性,通过计算两个属性之间的相关系数来估计它们的相关度,即评估一个属性的值如何随另一个变化。对于离散数据,人们可以使用卡方($\chi^2$)检验来做类似计算,根据置信水平来判断两个属性独立假设是否成立。前面章节介绍了相关系数,下面给出离散数据的 $\chi^2$ 相关检验的介绍。

对于离散数据,属性 $A$ 和属性 $B$ 之间的相关度可以通过 $\chi^2$ 检验来评测。假设 $A$ 有 $m$ 个不同值 $a_1, a_2, \cdots, a_m$,$B$ 有 $n$ 个不同值 $b_1, b_2, \cdots, b_n$。用 $A$ 和 $B$ 的数据构成一个二维表,其中 $A$ 的 $m$ 个值构成列,$B$ 的 $n$ 个值构成行。令 $(A_i, B_j)$ 表示属性 $A$ 取值 $a_i$、属性 $B$ 取值 $b_j$ 的联合事件,即 $(A = a_i, B = b_j)$。每个可能的 $(A_i, B_j)$ 联合事件都在表中有自己的单元。$\chi^2$ 值可以用下式计算:

$$\chi^2 = \sum_{i=1}^{m} \sum_{j=1}^{n} \frac{(o_{ij} - e_{ij})^2}{e_{ij}} \tag{4.1}$$

其中,$o_{ij}$ 是联合事件 $(A_i, B_j)$ 的观测频度(即实际计数),$e_{ij}$ 是 $(A_i, B_j)$ 的期望频度,$e_{ij}$ 可以用下式计算:

$$e_{ij} = \frac{\text{count}(A = a_i) \times \text{count}(B = b_j)}{k}$$

其中,$k$ 是数据元组的个数,$\text{count}(A = a_i)$ 是 $A$ 上具有值 $a_i$ 的元组个数,而 $\text{count}(B = b_j)$ 是 $B$ 上具有值 $b_j$ 的元组个数。式(4.1)中的求和在所有 $m \times n$ 个单元上计算。

注意,对 $\chi^2$ 值贡献最大的单元是实际计数与期望计数差异较大的单元。

## 4.2.3　元组重复问题

除了检测属性间的冗余外,还应当检测元组重复,这是因为对同一实体可能存在两个或多个相同的元组。元组重复通常出现在各种不同的副本之间,由于不正确的数据输入,或者由于更新了数据的某些出现,但未更新所有的出现。例如,如果订单数据库包含订货人的姓名和地址属性,而这些信息不是在订货人数据库中的编码,则重复就可能出现,例如同一订货人的名字可能以不同的地址出现在订单数据库中。

### 4.2.4 属性值冲突问题

属性值的表示、规格单位、编码不同,也会造成现实世界相同的实体在不同的数据源中属性值不相同。例如,分别以千克和克为单位表示的质量数值;性别中男性用 M 或 male 表示。此外,虽然属性名称相同,但表示的含义可能不相同,例如总费用属性一个可能包含运费,另一个可能不包含运费。来自不同数据源的属性间的语义和数据结构等方面的差异,给数据集成带来了很大困难。

## 4.3 数据规范化

数据采用不同的度量单位,可能导致不同的数据分析结果。通常,用较小的度量单位表示属性值将导致该属性具有较大的值域,该属性往往具有较大的影响或较大的“权重”。为了使数据分析结果避免对度量单位选择的依赖性,这就需要对数据进行规范化或标准化,使之落入较小的共同区间,如 $[-1,1]$ 或 $[0,1]$。

数据规范化一方面可以简化计算,提升模型的收敛速度;另一方面,在涉及一些距离计算的算法时防止较大初始值域的属性与具有较小初始值域的属性相比权重过大,可以有效提高结果精度。常见的数据规范化方法有三种:最小-最大规范化、$z$ 分数规范化和小数定标规范化。在下面的讨论中,令 $A$ 是数值属性,具有 $n$ 个观测值 $v_1, v_2, \cdots, v_n$。

### 4.3.1 最小-最大规范化

最小-最大规范化是对原始数据进行线性变换,假定 $\min_A$、$\max_A$ 分别为属性 $A$ 的最小值和最大值。最小-最大规范化的计算公式如下:

$$v_i' = \frac{v_i - \min_A}{\max_A - \min_A}(\text{new\_max}_A - \text{new\_min}_A) + \text{new\_min}_A$$

将 $A$ 的值 $v_i$ 转换到区间 $[\text{new\_min}_A, \text{new\_max}_A]$ 中的 $v_i'$。这种方法的缺陷是当有新的数据加入时,如果该数据落在 $A$ 的原数据值域 $[\min_A, \max_A]$ 之外,这时候需要重新定义 $\min_A$ 和 $\max_A$ 的值。另外,如果要做 0-1 规范化,上述式子简化为

$$v_i' = \frac{v_i - \min_A}{\max_A - \min_A}$$

下面使用 sklearn 库的 preproccessing 子库下的 MinMaxScaler 类对 Iris 数据集的数据进行最小-最大规范化处理。sklearn 是 scikit-learn 的简称,sklearn 是第三方提供的非常强力的机器学习库,它包含了从数据预处理到训练模型的各个方面。sklearn 库是在 NumPy、SciPy 和 matplotlib 的基础上开发而成的,在安装 sklearn 之前,需要先安装这些依赖库,最后使用“pip install -U scikit-learn”命令安装 sklearn 库。sklearn 的基本功能主要分为 6 个部分:数据预处理、数据降维、模型选择、分类、回归与聚类。对于具体的机器学习问题,通

常可以分为三个步骤：数据准备与预处理；模型选择与训练；模型验证与参数调优。Iris 数据集是常用的分类实验数据集，由 Fisher 于 1936 年收集整理得到。Iris 数据集也称鸢尾花卉数据集，包含 150 个数据，分为 3 类，分别是 setosa（山鸢尾）、versicolor（变色鸢尾）和 virginica（维吉尼亚鸢尾），鸢尾花卉数据集的部分数据如表 4-1 所示。每类 50 个数据，每个数据包含 4 个划分属性和 1 个类别属性，4 个划分属性分别是 Sep_len、Sep_wid、Pet_len 和 Pet_wid，分别表示花萼长度、花萼宽度、花瓣长度和花瓣宽度，类别属性是 Iris_type，表示鸢尾花卉的类别。

表 4-1　鸢尾花卉数据集的部分数据

| Sep_len | Sep_wid | Pet_len | Pet_wid | Iris_type |
| --- | --- | --- | --- | --- |
| 5.1 | 3.5 | 1.4 | 0.2 | setosa |
| 4.9 | 3 | 1.4 | 0.2 | setosa |
| 4.7 | 3.2 | 1.3 | 0.2 | setosa |
| 7 | 3.2 | 4.7 | 1.4 | versicolor |
| 6.4 | 3.2 | 4.5 | 1.5 | versicolor |
| 6.9 | 3.1 | 4.9 | 1.5 | versicolor |
| 6.3 | 3.3 | 6 | 2.5 | virginica |
| 5.8 | 2.7 | 5.1 | 1.9 | virginica |
| 7.1 | 3 | 5.9 | 2.1 | virginica |

对 Iris 数据集的数据进行最小-最大规范化处理的代码如下。

```
>>> from sklearn.preprocessing import MinMaxScaler
>>> from sklearn.datasets import load_iris
>>> iris = load_iris()
#获取 Iris(鸢尾花)数据集前 6 行数据，每行数据为花萼长度、花萼宽度、花瓣长度、花瓣宽度
>>> data=iris.data[0:6]
>>> data
array([[5.1, 3.5, 1.4, 0.2],
       [4.9, 3. , 1.4, 0.2],
       [4.7, 3.2, 1.3, 0.2],
       [4.6, 3.1, 1.5, 0.2],
       [5. , 3.6, 1.4, 0.2],
       [5.4, 3.9, 1.7, 0.4]])
#返回值为缩放到[0, 1]区间的数据
>>> MinMaxScaler().fit_transform(data)
array([[0.625     , 0.55555556, 0.25      , 0.        ],
       [0.375     , 0.        , 0.25      , 0.        ],
       [0.125     , 0.22222222, 0.        , 0.        ],
       [0.        , 0.11111111, 0.5       , 0.        ],
       [0.5       , 0.66666667, 0.25      , 0.        ],
       [1.        , 1.        , 1.        , 1.        ]])
```

### 4.3.2　z 分数规范化

z 分数规范化也叫标准差标准化、零均值规范化,经过处理的数据符合标准正态分布,即均值为 0,标准差为 1。属性 $A$ 的值基于 $A$ 的均值 $\overline{A}$ 和标准差 $\sigma_A$ 规范化,转化函数为

$$v'_i = \frac{v_i - \overline{A}}{\sigma_A}$$

其中,$\overline{A} = (v_1 + v_2 + \cdots + v_n)/n$ 为原始数据的均值,$\sigma_A$ 为原始数据的标准差。

使用 preproccessing 库的 StandardScaler 类对数据进行标准化的代码如下。

```
>>> from sklearn.preprocessing import StandardScaler
>>> from sklearn.datasets import load_iris
>>> iris = load_iris()
#获取 Iris(鸢尾花)数据集前 6 行数据,每行数据为花萼长度、花萼宽度、花瓣长度、花瓣宽度
>>> data=iris.data[0:6]
#标准化,返回值为标准化后的数据
>>> StandardScaler().fit_transform(data)
array([[ 0.57035183,  0.37257241, -0.39735971, -0.4472136 ],
       [-0.19011728, -1.22416648, -0.39735971, -0.4472136 ],
       [-0.95058638, -0.58547092, -1.19207912, -0.4472136 ],
       [-1.33082093, -0.9048187 ,  0.39735971, -0.4472136 ],
       [ 0.19011728,  0.69192018, -0.39735971, -0.4472136 ],
       [ 1.71105548,  1.64996352,  1.98679854,  2.23606798]])
```

### 4.3.3　小数定标规范化

通过移动属性 $A$ 的值的小数点位置进行规范化。小数点的移动位数取决于属性 $A$ 的最大绝对值。$A$ 的值 $v_i$ 被规范为 $v'_i$,通过下式计算:

$$v'_i = \frac{v_i}{10^j}$$

其中,$j$ 是使得 $\max(|v'_i|) < 1$ 的最小整数。

## 4.4　数据离散化

有些数据挖掘算法,要求数据属性是标称类别,当数据中包含数值属性时,为了使用这些算法,需要将数值属性转换成标称属性。通过采取各种方法将数值属性的值域划分成一些小的区间,并将这些连续的小区间与离散的值关联起来,每个区间看作一个类别。例如,年龄属性一种可能的类别划分是:[0, 11]→儿童,[12, 17]→青少年,[18, 44]→青年,[45, 69]→中年,[69, ∞]→老年。这种将连续数据划分成不同类别的过程通常称为数据离散化。

有效的离散化能够减少算法的时间和空间开销,提高算法对样本的聚类能力,增强算法抗噪音数据的能力以及提高算法的精度。

离散化技术可以根据如何对数据进行离散化加以分类:如果首先找出一点或几个点

(称作分裂点或割点)来划分整个属性区间,然后在结果区间上递归地重复这一过程直到达到指定数目的区间数,则称它为自顶向下离散化或分裂;自底向上离散化或合并正好相反,首先将所有的连续值看作可能的分裂点,通过合并相邻域的值形成区间,然后递归地应用这一过程于结果区间。

数据离散化过程按是否使用类信息可分为无监督离散化和监督离散化。在离散化过程中使用类信息的方法是监督的,而不使用类信息的方法是无监督的。

## 4.4.1 无监督离散化

无监督离散化方法中最简单的方法是等宽离散化和等频离散化。等宽离散化将排好序的数据从最小值到最大值均匀划分成 $n$ 等份,每份的间距是相等的。假设 $A$ 和 $B$ 分别是属性值的最小值和最大值,那么划分间距 $w=(B-A)/n$,每个类别的划分边界将为 $A+w,A+2w,A+3W,\cdots,A+(n-1)W$。这种方法的缺点是对异常点比较敏感,倾向于不均匀地把数据分布到各个箱中。等频离散化将数据总记录数均匀分为 $n$ 等份,每份包含的数据个数相同。如果 $n=10$,那么每一份中将包含大约 10% 的数据对象。这两种方法都需要人工确定划分区间的个数。

假设属性 $X$ 的取值空间为 $X=\{X_1,X_2,\cdots,X_n\}$,离散化之后的类标号是 $Y=\{Y_1,Y_2,\cdots,Y_K\}$。以下介绍几种常用的无监督离散化方法。

### 1. 等宽离散化

根据用户指定的区间数目 $K$,将属性 $X$ 的值域 $[X_{\min},X_{\max}]$ 划分成 $K$ 个区间,并使每个区间的宽度相等,即都等于 $(X_{\max}-X_{\min})/K$。等宽离散化的缺点是容易受离群点的影响而使性能不佳。下面给出等宽离散化的代码实现。

```
>>> import pandas as pd
>>> x=[1,2,5,10,12,14,17,19,3,21,18,28,7]
>>> x=pd.Series(x)
>>> s=pd.cut(x,bins=[0,10,20,30])    #此处是等宽离散化方法,bins表示区间的间距
>>> s                                #获取每个数据的类标号
0     (0, 10]
1     (0, 10]
2     (0, 10]
3     (0, 10]
4     (10, 20]
5     (10, 20]
6     (10, 20]
7     (10, 20]
8     (0, 10]
9     (20, 30]
10    (10, 20]
11    (20, 30]
12    (0, 10]
dtype: category
Categories (3, interval[int64]): [(0, 10] < (10, 20] < (20, 30]]
```

**2. 等频离散化**

等频离散化是根据用户自定义的区间数目 $K$,将属性的值域划分成 $K$ 个小区间,要求落在每个区间的对象数目相同或近似相同。

**3. k-means($k$ 均值)离散化**

初始时,从包含 $n$ 个数据对象的数据集中随机地选择 $k$ 个对象,每个对象代表一个簇的平均值或质心或中心,其中 $k$ 是用户指定的参数,即所期望的要划分成的簇的个数;对剩余的每个数据对象点根据其与各个簇中心的距离,将它指派到最近的簇;然后,根据指派到簇的数据对象点,更新每个簇的质心;重复指派和更新步骤,直到簇不发生变化,或等价地,直到质心不发生变化,这时我们就说 $n$ 个数据被划分为 $k$ 类。

### 4.4.2 监督离散化

无监督离散化通常比不离散化好,但是使用附加的信息(如类标号)常常能够产生更好的结果,因为未使用类标号知识所构成的区间常常包含混合的类标号。为了解决这一问题,一些基于统计学的方法用每个属性值来分隔区间,并通过合并类似于根据统计检验得出的相邻区间来创造较大的区间,基于熵的方法便是这类离散化方法之一。

熵是一种基于信息的度量。设 $k$ 是类标号的个数,$m_i$ 是第 $i$ 个划分区间中的值的个数,而 $m_{ij}$ 是区间 $i$ 中类 $j$ 的值的个数。第 $i$ 个区间的熵 $e_i$ 由如下等式给出:

$$e_i = -\sum_{j=1}^{k} p_{ij} \log_2 p_{ij}$$

其中,$p_{ij} = m_{ij}/m_i$ 是第 $i$ 个区间中类 $j$ 的概率(值个数的比例)。该划分的总熵 $e$ 是每个区间的熵的加权平均,即

$$e = \sum_{i=1}^{n} w_i e_i$$

$w_i = m_i/m$ 是第 $i$ 个区间的值个数的比例,而 $n$ 是区间个数。如果一个区间只包含一个类的值,则熵为 0。如果一个区间中的值类出现的频率相等,则其熵最大。基于熵划分连续属性的步骤:假定区间包含有序值的集合,一开始,将初始值切分成两部分,让两个结果区间产生最小熵,该技术只需要把每个值看作可能的分割点即可;然后,取一个区间,通常选取具有最大熵的区间,重复此分割过程,直到区间的个数达到用户指定的个数,或者满足终止条件。

数据归约

## 4.5 数据归约

用于数据挖掘的原始数据集属性数目可能会有几十个,甚至更多,其中大部分属性可能与数据挖掘任务不相关,或者是冗余的。例如,数据对象的 ID 号通常对于挖掘任务无法提供有用的信息;生日属性和年龄属性相互关联存在冗余,因为可以通过生日日期推算出年龄。不相关和冗余的属性增加了数据量,可能会减慢数据挖掘过程,降低数据挖掘的准确率或导致发现很差的模式。

数据归约(也称数据消减、特征选择)技术用于帮助从原有庞大数据集中获得一个精简的数据集合,并使这一精简数据集保持原有数据集的完整性。

数据归约必须满足两个准则：一是用于数据归约的时间不应当超过或"抵消"在归约后的数据上挖掘节省的时间；另一个是归约得到的数据比原数据小得多，但可以产生相同或几乎相同的分析结果。

数据归约策略包括维归约、数量归约和数据压缩。下面重点介绍维归约，维归约指的是减少所考虑的属性个数，体现在两个方面：一是通过创建新属性，将一些旧属性合并在一起来降低数据集的维度；二是通过选择属性的子集来降低数据集的维度，这种归约称为属性子集选择或特征选择。

数据归约的好处有：如果维度（数据属性的个数）较低，许多数据挖掘算法的效果就会更好，这是因为维归约可以删除不相关的特征并降低噪声；维归约可以使模型更容易理解，因为模型可以只涉及较少的属性；此外，维归约可让数据可视化更容易。

根据特征选择形式的不同，可将属性（特征）选择方法又分为 3 种类型。

（1）Filter：过滤法，按照发散性或者相关性对各个特征进行评分，设定阈值，进行特征选择。

（2）Wrapper：包装法，根据目标函数（通常是预测效果评分），每次选择若干特征，或者排除若干特征。

（3）Embedded：嵌入法，先使用某些机器学习的算法和模型进行训练，得到各个特征的权值系数，根据系数从大到小选择特征。类似于 Filter 方法，但是要通过训练来确定特征的优劣。

## 4.5.1　过滤法

### 1. 方差选择法

使用方差选择法，先要计算各个特征的方差，然后根据阈值，选择方差大于阈值的特征。使用 feature_selection 库的 VarianceThreshold 类实现方差选择特征的代码如下。

```
>>> from sklearn.feature_selection import VarianceThreshold
>>> from sklearn.datasets import load_iris
>>> iris = load_iris()
#方差选择,返回值为特征选择后的数据,参数 threshold 为方差的阈值
>>> VarianceThreshold(threshold=0.2).fit_transform(iris.data)[0:5]
array([[5.1, 1.4, 0.2],
       [4.9, 1.4, 0.2],
       [4.7, 1.3, 0.2],
       [4.6, 1.5, 0.2],
       [5. , 1.4, 0.2]])
```

### 2. 相关系数法

使用相关系数法，先要计算各个特征对目标值的相关系数以及相关系数的 $P$ 值。用 feature_selection 库的 SelectKBest 类结合相关系数来选择特征的代码如下。

```
>>> from sklearn.feature_selection import SelectKBest
>>> import numpy as np
>>> from scipy.stats import pearsonr
```

```
>>> from sklearn.datasets import load_iris
>>> iris = load_iris()
>>> iris.data[0:5]        #显示前 5 行鸢尾花的特征数据
array([[5.1, 3.5, 1.4, 0.2],
       [4.9, 3. , 1.4, 0.2],
       [4.7, 3.2, 1.3, 0.2],
       [4.6, 3.1, 1.5, 0.2],
       [5. , 3.6, 1.4, 0.2]])
>>> iris.target[0:5]      #显示前 5 行鸢尾花的类别数据
array([0, 0, 0, 0, 0])
'''选择 k 个最好的特征,返回选择特征后的数据;第一个参数为计算评估特征是否好的函数,该函
数输入特征矩阵和目标向量,输出二元组(评分,P 值)的数组,数组第 i 项为第 i 个特征的评分和 P
值,在此定义为计算相关系数'''参数 k 为选择的特征个数'''
>>> m=SelectKBest(lambda X,Y:np.array(list(map(lambda x:pearsonr(x, Y), X.T))).
T[0], k=2).fit_transform(iris.data, iris.target)
>>> m[0:5]                #获取选择的特征
array([[1.4, 0.2],
       [1.4, 0.2],
       [1.3, 0.2],
       [1.5, 0.2],
       [1.4, 0.2]])
```

### 3. 卡方检验法

经典的卡方检验是检验定性自变量对定性因变量的相关性。假设自变量有 $n$ 种取值,因变量有 $m$ 种取值,考虑自变量等于 $i$ 且因变量等于 $j$ 的样本频数的观察值与期望的差距,构建统计量,这个统计量的含义就是自变量对因变量的相关性。用 feature_selection 库的 SelectKBest 类结合卡方检验来选择特征的代码如下。

```
>>> from sklearn.datasets import load_iris
>>> from sklearn.feature_selection import SelectKBest
>>> from sklearn.feature_selection import chi2
>>> iris = load_iris()
#选择 k 个最好的特征,返回选择特征后的数据,这里只显示前 5 行数据
>>> SelectKBest(chi2, k=2).fit_transform(iris.data, iris.target)[0:5]
array([[1.4, 0.2],
       [1.4, 0.2],
       [1.3, 0.2],
       [1.5, 0.2],
       [1.4, 0.2]])
```

从返回结果可以看出,选择的两个特征是花瓣长度、花瓣宽度。

### 4. 最大信息系数法

最大信息系数(Maximal Information Coefficient,MIC)法用于检测变量之间的相关性。使用 feature_selection 库的 SelectKBest 类结合最大信息系数来选择特征的代码如下。

```
>>> from sklearn.feature_selection import SelectKBest
```

```
>>> from minepy import MINE
>>> from sklearn.datasets import load_iris
>>> iris = load_iris()
'''由于 MINE 的设计不是函数式的,定义 mic 方法将其设为函数式的,返回一个二元组,二元组的
第 2 项设置成固定的 P 值 0.5 '''
>>> def mic(x, y):
    m = MINE()
    m.compute_score(x, y)
    return (m.mic(), 0.5)
#选择 k 个最好的特征,返回特征选择后的数据,这里只显示前 5 行数据
>>> SelectKBest(lambda X, Y: np.array(list(map(lambda x:mic(x, Y), X.T))).T[0],
k=2).fit_transform(iris.data, iris.target)[0:5]
array([[1.4, 0.2],
       [1.4, 0.2],
       [1.3, 0.2],
       [1.5, 0.2],
       [1.4, 0.2]])
```

从返回结果可以看出,选择出的两个特征是花瓣长度、花瓣宽度。

## 4.5.2 包装法

包装法中最常用的方法是递归消除特征法,递归消除特征法使用一个学习模型进行多轮训练,每轮训练后,消除若干权值系数对应的特征,再基于新特征集进行下一轮训练,再消除若干权值系数对应的特征,重复上述过程直到剩下的特征数满足需求为止。使用 feature_selection 库的 RFE 类来选择特征的代码如下。

```
>>> from sklearn.feature_selection import RFE
>>> from sklearn.linear_model import LogisticRegression
>>> from sklearn.datasets import load_iris
>>> iris = load_iris()
#递归消除特征法,返回特征选择后的数据,参数 estimator 用来指定学习模型
#参数 n_features_to_select 为选择的特征个数
>>> RFE(estimator=LogisticRegression(), n_features_to_select=2).fit_transform
(iris.data,iris.target)[0:5]
array([[3.5, 0.2],
       [3. , 0.2],
       [3.2, 0.2],
       [3.1, 0.2],
       [3.6, 0.2]])
```

## 4.5.3 嵌入法

### 1. 基于惩罚项的特征选择法

使用带惩罚项的学习模型,除了筛选出特征外,同时也进行了降维。使用 feature_selection 库的 SelectFromModel 类结合带 L1 惩罚项的逻辑回归模型,来选择特征的代码

如下。

```
>>> from sklearn.feature_selection import SelectFromModel
>>> from sklearn.linear_model import LogisticRegression
>>> from sklearn.datasets import load_iris
>>> iris = load_iris()
#用带 L1 惩罚项的逻辑回归模型来选择基模型的特征
>>> SelectFromModel(LogisticRegression(penalty="l1", C=0.1)).fit_transform
(iris.data, iris.target)[0:5]
array([[5.1, 3.5, 1.4],
       [4.9, 3. , 1.4],
       [4.7, 3.2, 1.3],
       [4.6, 3.1, 1.5],
       [5. , 3.6, 1.4]])
```

实际上,L1 惩罚项降维的原理在于保留多个对目标值具有同等相关性的特征中的一个,没选到的特征不代表不重要。

**2. 基于树模型的特征选择法**

梯度提升决策树(Gradient Boosting Decision Tree,GBDT)也可用来作为学习模型进行特征选择,使用 feature_selection 库的 SelectFromModel 类结合 GBDT 模型,来选择特征的代码如下。

```
>>> from sklearn.feature_selection import SelectFromModel
>>> from sklearn.ensemble import GradientBoostingClassifier
>>> from sklearn.datasets import load_iris
>>> iris = load_iris()
>>> SelectFromModel(GradientBoostingClassifier()).fit_transform(iris.data,
iris.target)[0:5]
array([[1.4, 0.2],
       [1.4, 0.2],
       [1.3, 0.2],
       [1.5, 0.2],
       [1.4, 0.2]])
```

数据降维

# 4.6 数据降维

特征选择完成后,如果特征矩阵非常大,也会导致计算量非常大,因此降低特征矩阵维度也是必不可少的。常见的降维方法有主成分分析法(Principal Component Analysis,PCA)和线性判别分析法(Linear Discriminant Analysis,LDA)。PCA 和 LDA 有很多的相似点,其本质都是要将原始的样本映射到维度更低的样本空间中,但是 PCA 和 LDA 的映射目标不一样,PCA 是为了让映射后的样本具有最大的发散性,而 LDA 是为了让映射后的样本有最好的分类性能。所以说 PCA 是一种无监督的降维方法,而 LDA 是一种有监督的降维方法。

## 4.6.1 主成分分析法

主成分分析的目标是在高维数据中找到最大方差的方向，并将数据映射到一个维度小得多的新子空间上。借助于正交变换，将其分量相关的原随机向量转化成其分量不相关的新随机向量。在代数上表现为将原随机向量的协方差矩阵变换成对角形矩阵，在几何上表现为将原坐标系变换成新的正交坐标系，使之指向样本点散布最开的几个正交方向。

PCA 通过创建一个替换的、更小的变量集来组合属性的基本要素，去掉了一些不相关的信息和噪声，数据得到了精简的同时又尽可能多地保存了原数据集的有用信息。PCA 的基本操作步骤如下。

（1）首先对所有属性数据规范化，每个属性都落入相同的区间，这有助于确保具有较大定义域的属性不会支配具有较小定义域的属性。

（2）计算样本数据的协方差矩阵。

（3）求出协方差矩阵的的特征值。前 $k$ 个较大的特征值就是前 $k$ 个主成分对应的方差。计算 $k$ 个标准正交向量，作为规范化输入数据的基。这些向量称为主成分，输入数据是主成分的线性组合。

（4）对主成分按"重要性"降序排序。主成分本质上充当数据的新坐标系，提供关于方差的重要信息。也就是说，对坐标轴进行排序，使得第一个坐标轴显示数据的最大方差，第二个坐标轴显示数据的次大方差，如此下去。

（5）由于主成分是根据"重要性"降序排列，因此可以通过去掉较弱的成分（即方差较小的那些）来归约数据，这样就完成了约简数据的任务。

使用 decomposition 库的 PCA 类选择特征降维的代码如下。

```
>>> from sklearn.datasets import load_iris
>>> from sklearn.decomposition import PCA
>>> iris = load_iris()
#主成分分析法,返回降维后的数据,参数 n_components 为主成分数目
>>> PCA(n_components=2).fit_transform(iris.data)[0:5]
array([[-2.68420713,  0.32660731],
       [-2.71539062, -0.16955685],
       [-2.88981954, -0.13734561],
       [-2.7464372 , -0.31112432],
       [-2.72859298,  0.33392456]])
```

## 4.6.2 线性判别分析法

PCA 和 LDA 都可以用于降维。两者没有绝对的优劣之分，使用两者的原则实际取决于数据的分布。由于 LDA 可以利用类别信息，因此某些时候比完全无监督的 PCA 会更好。使用 LDA 对 Iris 进行降维的代码如下。

```
>>> import matplotlib.pyplot as plt
>>> from sklearn.datasets import load_iris
>>> from sklearn.discriminant_analysis import LinearDiscriminantAnalysis as LDA
```

```
>>> iris = load_iris()
#利用 LDA 将原始数据降至二维,因为 LDA 要求降维后的维数≤分类数-1
>>> X_lda = LDA(n_components=2).fit_transform(iris.data, iris.target)
>>> X_lda[0:5]        #显示降维后的前 5 行数据
array([[ 8.0849532 ,  0.32845422],
       [ 7.1471629 , -0.75547326],
       [ 7.51137789, -0.23807832],
       [ 6.83767561, -0.64288476],
       [ 8.15781367,  0.54063935]])
#将降至二维的数据进行绘图
>>> fig = plt.figure()
>>> plt.scatter(X_lda[:, 0], X_lda[:, 1], marker='o',c=iris.target)
<matplotlib.collections.PathCollection object at 0x000000001B6F06D8>
>>> plt.show()    #显示对降至二维的数据进行绘图的绘图结果,如图 4-3 所示
```

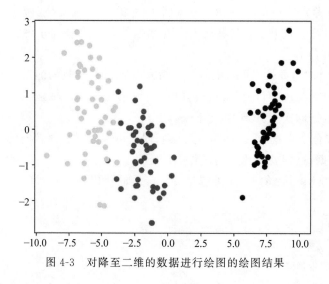

图 4-3　对降至二维的数据进行绘图的绘图结果

## 4.7　学生考试成绩预处理

```
>>> import pandas as pd
>>> import numpy as np
>>> data = pd.read_csv(r'D:\Python\chengji.csv')   #读取数据
>>> data
    name    sex    C  DataBase  Oracle  Java
0   ding  female  77        80      95  91.0
1    yan  female  83        90      93  90.0
2   feng  female  85        90      92  91.0
3   wang    male  86        80      86  91.0
4  zhang    male  76        90      90  92.0
5     lu  female  69        90      83  92.0
```

```
6  meng    male   79  90  86   NaN
7   fei  female   73  80  85  89.0
8   han    male   80  80  93  88.0
>>> data_statistics=data.describe().T          #产生多个列的汇总统计,T表示转置
>>> data_statistics
          count       mean        std   min    25%    50%     75%   max
C           9.0  78.666667   5.590170  69.0  76.00  79.0  83.00  86.0
database    9.0  85.555556   5.270463  80.0  80.00  90.0  90.00  90.0
oracle      9.0  89.222222   4.294700  83.0  86.00  90.0  93.00  95.0
Java        8.0  90.500000   1.414214  88.0  89.75  91.0  91.25  92.0
>>> data_statistics['null']=len(data)-data_statistics['count']   #统计空值记录
>>> data_statistics
          count       mean        std   min    25%    50%     75%   max   null
C           9.0  78.666667   5.590170  69.0  76.00  79.0  83.00  86.0   0.0
database    9.0  85.555556   5.270463  80.0  80.00  90.0  90.00  90.0   0.0
oracle      9.0  89.222222   4.294700  83.0  86.00  90.0  93.00  95.0   0.0
Java        8.0  90.500000   1.414214  88.0  89.75  91.0  91.25  92.0   1.0
>>> data_max_min=data_statistics[['max','min']]   #获取'max'和'min'两列的内容
>>> data_max_min
           max   min
C         86.0  69.0
database  90.0  80.0
oracle    95.0  83.0
Java      92.0  88.0
#选取oracle成绩大于85且Java成绩大于90的学生
>>> data[(data['oracle']>85)&(data['Java']>90)]
    name     sex   C  DataBase  Oracle  Java
0   ding  female  77        80      95  91.0
2   feng  female  85        90      92  91.0
3   wang    male  86        80      86  91.0
4  zhang    male  76        90      90  92.0
>>> data.sort_values(['C','Java'],ascending=True)   #按'C'和'Java'进行升序排列
    name     sex   C  DataBase  Oracle  Java
5     lu  female  69        90      83  92.0
7    fei  female  73        80      85  89.0
4  zhang    male  76        90      90  92.0
0   ding  female  77        80      95  91.0
6   meng    male  79        90      86   NaN
8    han    male  80        80      93  88.0
1    yan  female  83        90      93  90.0
2   feng  female  85        90      92  91.0
3   wang    male  86        80      86  91.0
>>> data.groupby('sex').size()                    #按'sex'列分组
sex
female    5
male      4
```

```
dtype: int64
>>> data.groupby('sex').count()                    #按'sex'列分组
sex     name  C  DataBase  Oracle  Java
female    5   5          5       5     5
male      4   4          4       4     3
>>> data.groupby('sex').agg({'C': np.sum})         #按'sex'列分组并对'C'列求和
sex        C
female   387
male     321
>>> data.groupby('sex').agg({'C': np.max})
sex       C
female   85
male     86
>>> sex_mapping = {  'female': 1,  'male': 2}
>>> data['sex'] = data['sex'].map(sex_mapping)     #应用 map()函数
>>> data
    name  sex   C  DataBase  Oracle  Java
0   ding    1  77        80      95  91.0
1    yan    1  83        90      93  90.0
...
6   meng    2  79        90      86   NaN
7    fei    1  73        80      85  89.0
8    han    2  80        80      93  88.0
#应用 apply()函数
>>> data['C']=data['C'].apply(lambda x: x+10 if x >=85 else x)
>>> data
    name  sex   C  DataBase  Oracle  Java
0   ding    1  77        80      95  91.0
1    yan    1  83        90      93  90.0
...
6   meng    2  79        90      86   NaN
7    fei    1  73        80      85  89.0
8    han    2  80        80      93  88.0
>>> df=data.dropna()                               #删除含有缺失值的行
>>> df
    name  sex   C  DataBase  Oracle  Java
0   ding    1  77        80      95  91.0
...
5     lu    1  69        90      83  92.0
7    fei    1  73        80      85  89.0
8    han    2  80        80      93  88.0
>>> df1=data.fillna(0)                             #用 0 填补所有缺失值
>>> df1
```

```
        name   sex   C  DataBase  Oracle   Java
0       ding     1  77        80      95   91.0
...
6       meng     2  79        90      86    0.0
7        fei     1  73        80      85   89.0
8        han     2  80        80      93   88.0
>>> df2=data.fillna(method='ffill')                    #使用前一个观察值填充缺失值
>>> df2
        name   sex   C  DataBase  Oracle   Java
0       ding     1  77        80      95   91.0
...
6       meng     2  79        90      86   92.0
7        fei     1  73        80      85   89.0
8        han     2  80        80      93   88.0
#使用均值填充指定列的缺失值
>>> df3=data.fillna({'Java':int(data['Java'].mean())})
>>> df3
        name   sex   C  DataBase  Oracle   Java
0       ding     1  77        80      95   91.0
...
6       meng     2  79        90      86   90.0
7        fei     1  73        80      85   89.0
8        han     2  80        80      93   88.0
#数据分箱(离散化)
>>> bins = [60, 70, 80, 90,100]                        #分箱的边界
>>> cats = pd.cut(list(data['C']), bins)               #使用cut()函数进行数据分箱
>>> cats                                               #显示分箱结果
[(70, 80], (80, 90], (90, 100], (90, 100], (70, 80], (60, 70], (70, 80], (70, 80], (70,
80]]
Categories (4, interval[int64]): [(60, 70] < (70, 80] < (80, 90] < (90, 100]]
>>> cats.codes                                         #获取分箱编码
array([1, 2, 3, 3, 1, 0, 1, 1, 1], dtype=int8)
>>> cats.categories                                    #返回分箱便捷索引
IntervalIndex([(60, 70], (70, 80], (80, 90], (90, 100]]
              closed='right', dtype='interval[int64]')
>>> pd.value_counts(cats)                              #统计箱中元素的个数
(70, 80]       5
(90, 100]      2
(80, 90]       1
(60, 70]       1
dtype: int64
#进行带标签的分箱
>>> group_names = ['pass', 'medium', 'good', 'excellent']
>>> cats1 = pd.cut(list(data['C']), bins, labels = group_names)
>>> cats1                                              #查看带标签的分箱结果
```

```
[medium, good, excellent, excellent, medium, pass, medium, medium, medium]
Categories (4, object): [pass <medium <good <excellent]
>>> cats1.get_values()
array(['medium', 'good', 'excellent', 'excellent', 'medium', 'pass',
      'medium', 'medium', 'medium'], dtype=object)
```

## 4.8　本章小结

本章主要讲解数据预处理。先讲解了数据清洗,具体包括缺失值处理、噪声数据处理。接着,讲解了数据集成,具体包括实体识别、属性冗余处理、元组重复处理、属性值冲突处理。接着,讲解了数据规范化,具体包括最小-最大规范化方式、$z$ 分数规范化方式、小数定标规范化方式。然后,讲解了数据离散化。之后讲解了数据归约,具体包括过滤法归约、包装法归约、嵌入法归约。最后,讲解了主成分分析法和线性判别分析法两种数据降维方法。

# 第 5 章

# 决策树分类

数据挖掘的分类指的是通过对事物特征的定量分析,形成能够进行分类预测的分类模型,利用该模型能够预测一个具体的事物所属的类别。决策树是一种十分常用的分类方法,决策树是带有判决规则的一种树,可以依据树中的判决规则来预测未知样本的类别。

## 5.1 相似性和相异性的度量

相似性和相异性是数据挖掘中两个非常重要的概念。两个对象之间的相似度是这两个对象相似程度的数值度量,通常在 0(不相似)和 1(完全相似)之间取值。两个对象之间的相异度是这两个对象差异程度的数值度量,两个对象越相似,它们的相异度就越低,通常用"距离"作为相异度的同义词。数据对象之间相似性和相异性的度量有很多种方法,如何选择度量方法依赖于对象的数据类型、数据的量值是否重要以及数据的稀疏性等。

### 5.1.1 数据对象之间的相异度

人们通常所说的相异度其实就是距离。距离越小,相异度越低,则对象越相似。度量对象间差异性的距离形式有闵可夫斯基距离、马哈拉诺比斯距离、汉明距离和杰卡德距离。

#### 1. 闵可夫斯基距离

在 $m$ 维欧几里得空间中,每个点是一个 $m$ 维实数向量,两个点 $x_i = (x_{i1}, x_{i2}, \cdots, x_{im})$ 与 $y_j = (y_{j1}, y_{j2}, \cdots, y_{jm})$ 之间的闵可夫斯基距离 $L_r$ 定义如下:

$$d(x_i, y_j) = \left( \sum_{k=1}^{m} \mid x_{ik} - y_{jk} \mid^r \right)^{1/r}$$

当 $r = 2$ 时,又称为 $L_2$ 范式距离、欧几里得距离,两个点 $x_i = (x_{i1}, x_{i2}, \cdots, x_{im})$ 与 $y_j = (y_{j1}, y_{j2}, \cdots, y_{jm})$ 之间的欧几里得距离 $d(x_i, y_j)$ 定义如下:

$$d(x_i, y_j) = \sqrt{\sum_{k=1}^{m} \mid x_{ik} - y_{jk} \mid^2}$$

另一个常用的距离是 $L_1$ 范式距离,又称曼哈顿距离,两个点的曼哈顿距离为每维距离之和。之所以称为"曼哈顿距离",是因为这里在两个点之间行进时必须要沿着网格线前进,就如同沿着城市(如曼哈顿)的街道行进一样。

另一个有趣的距离形式是 $L_\infty$ 范式距离,即切比雪夫距离,也就是当 $r$ 趋向无穷大时 $L_r$ 范式的极限值。当 $r$ 增大时,只有那个具有最大距离的维度才真正起作用,因此,通常 $L_\infty$

范式距离定义为在所有维度下 $|x_i - y_i|$ 中的最大值。

考虑二维欧几里得空间(即通常所说的平面)上的两个点 $(2,5)$ 和 $(5,9)$。它们的 $L_2$ 范式距离为 $\sqrt{(2-5)^2 + (5-9)^2} = 5$,$L_1$ 范式距离为 $|2-5| + |5-9| = 7$,而 $L_\infty$ 范式距离为 $\max(|2-5|, |5-9|) = \max(3,4) = 4$。

距离(如欧几里得距离)具有一些众所周知的性质。如果 $d(x, y)$ 表示两个点 $x$ 和 $y$ 之间的距离,则如下性质成立。

(1) $d(x, y) \geqslant 0$(距离非负),当且仅当 $x = y$ 时,$d(x, y) = 0$(只有点到自身的距离为0,其他的距离都大于0)。

(2) $d(x, y) = d(y, x)$(距离具有对称性)。

(3) $d(x, y) \leqslant d(x, z) + d(z, y)$(三角不等式)。

### 2. 马哈拉诺比斯距离

马哈拉诺比斯距离为数据的协方差距离,它是一种有效地计算两个未知样本集的相似度的方法,与欧几里得距离不同的是它考虑各种特性之间的联系,并且是尺度无关的(独立于测量尺度)。向量 $x_i$ 与 $y_i$ 之间的马哈拉诺比斯距离定义如下:

$$d(x_i, y_j) = \sqrt{(x_i - y_j)^\mathsf{T} S^{-1} (x_i - y_j)}$$

其中,$S$ 为协方差矩阵,若 $S$ 为单位矩阵,则马哈拉诺比斯距离变为欧几里得距离。

### 3. 汉明距离

两个等长字符串之间的汉明距离是两个字符串对应位置的不同字符的个数。换句话说,它就是将一个字符串变换成另外一个字符串所需要替换的字符个数。举例如下。

'1011101'与'1001001'之间的汉明距离是2。

'2143896'与'2233796'之间的汉明距离是3。

'toned'与'roses'之间的汉明距离是3。

### 4. 杰卡德距离

杰卡德距离(Jaccard Distance)用于衡量两个集合的差异性,它是杰卡德相似度的补集,被定义为1减去Jaccard相似度。Jaccard相似度用来度量两个集合之间的相似性,它被定义为两个集合交集的元素个数除以并集的元素个数,即集合 $A$ 和 $B$ 的相似度 $\mathrm{sim}(A, B)$ 为

$$\mathrm{sim}(A, B) = \frac{|A \cap B|}{|A \cup B|}$$

集合 $A$、$B$ 的杰卡德距离 $d_J(A, B)$ 为

$$d_J(A, B) = 1 - \mathrm{sim}(A, B)$$

### 5. 非度量的相异度

有些相异度不满足一个或多个距离性质,如集合差。

设有两个集合 $A$ 和 $B$,$A$ 和 $B$ 的集合差 $A - B$ 定义为由所有属于 $A$ 且不属于 $B$ 的元素组成的集合。例如,如果 $A = \{1, 2, 3, 4\}$,而 $B = \{2, 3, 4\}$,则 $A - B = \{1\}$,而 $B - A =$ 空集。若将两个集合 $A$ 和 $B$ 之间的距离定义为 $d(A, B) = \mathrm{size}(A - B)$,其中 size 是一个函数,它返回集合元素的个数。该距离是大于或等于零的整数值,但不满足非负性的第二部分,也不满足对称性,同时还不满足三角不等式。然而,如果将相异度修改为 $d(A, B) = \mathrm{size}(A - B) + \mathrm{size}(B - A)$,则这些性质都可以成立。

## 5.1.2　数据对象之间的相似度

对象(或向量)之间的相似性可用距离和相似系数来度量。距离常用来度量对象之间的相似性,距离越小相似性越大。相似系数常用来度量向量之间的相似性,相似系数越大,相似性越大。

将距离用于相似度大小度量时,距离的三角不等式(或类似的性质)通常不成立,但是对称性和非负性通常成立。更明确地说,如果 $s(x,y)$ 是数据点 $x$ 和 $y$ 之间的相似度,则相似度具有如下典型性质。

(1) 仅当 $x=y$ 时 $s(x,y)=1$。($0{\leqslant}s{\leqslant}1$)

(2) 对于所有 $x$ 和 $y$,$s(x,y)=s(y,x)$。(对称性)

对于相似度,没有三角不等式性质。然而,有时可以将相似度简单地变换成一种度量距离,余弦相似性度量和 Jaccard 相似性度量就是这样的两个例子。

令 $x_i$、$x_j$ 是 $m$ 维空间中的两个向量,$r_{ij}$ 是 $x_i$ 和 $x_j$ 之间的相似系数,$r_{ij}$ 通常满足以下条件。

(1) $r_{ij}=1{\Leftrightarrow}x_i=x_j$。

(2) $\forall\, x_i$、$x_j$,$r_{ij}\in[0,1]$。

(3) $\forall\, x_i$、$x_j$,$r_{ij}=r_{ji}$。

常用的相似系数度量方法有相关系数法、夹角余弦法。

### 1. 二元数据的相似性度量

两个仅包含二元属性的对象之间的相似性度量也称为相似系数,并且通常取值为 $0\sim 1$,值为 1 表明两个对象完全相似,而值为 0 表明两个对象一点也不相似。

设 $x$ 和 $y$ 是两个对象,都由 $n$ 个二元属性组成。这样的两个对象(即两个二元向量)的比较可生成如下四个量(频率)。

$f_{00}=x$ 取 0 并且 $y$ 取 0 的属性个数;

$f_{01}=x$ 取 0 并且 $y$ 取 1 的属性个数;

$f_{10}=x$ 取 1 并且 $y$ 取 0 的属性个数;

$f_{11}=x$ 取 1 并且 $y$ 取 1 的属性个数。

一种常用的相似性系数是简单匹配系数(Simple Matching Coefficient,SMC),简单匹配系数定义如下:

$$\mathrm{SMC}=\frac{\text{值匹配的属性个数}}{\text{属性个数}}=\frac{f_{11}+f_{00}}{f_{01}+f_{10}+f_{11}+f_{00}}$$

该度量对出现和不出现都进行计数。因此,SMC 可以在一个仅包含是非题的测验中用来发现回答问题相似的学生。

假定 $x$ 和 $y$ 是两个数据对象,代表一个事务矩阵的两行(两个事务)。如果每个非对称的二元属性对应于商店的一种商品,则 1 表示该商品被购买,而 0 表示该商品未被购买。由于未被顾客购买的商品数远大于被其购买的商品数,因而像 SMC 这样的相似性度量将会判定所有的事务都是类似的。这样,常常使用 Jaccard 系数(Jaccard Coefficient)来处理仅包含非对称的二元属性的对象。Jaccard 系数通常用符号 $J$ 表示,由如下等式定义:

$$J=\frac{\text{匹配的个数}}{\text{不涉及 0-0 匹配的属性个数}}=\frac{f_{11}}{f_{01}+f_{10}+f_{11}}$$

【**例 5-1**】 SMC 和 $J$ 相似性系数。

为了解释 SMC 和 $J$ 这两种相似性度量之间的差别,对如下二元向量计算 SMC 和 $J$。

$x = (1, 0, 0, 0, 0, 0, 0, 0, 0, 0)$;

$y = (0, 0, 0, 0, 0, 0, 1, 0, 0, 1)$;

$x$ 取 0 并且 $y$ 取 1 的属性个数,$f_{01} = 2$;

$x$ 取 1 并且 $y$ 取 0 的属性个数,$f_{10} = 1$;

$x$ 取 0 并且 $y$ 取 0 的属性个数,$f_{00} = 7$;

$x$ 取 1 并且 $y$ 取 1 的属性个数,$f_{11} = 0$。

$$SMC = \frac{f_{11} + f_{00}}{f_{01} + f_{10} + f_{11} + f_{00}} = \frac{0 + 7}{2 + 1 + 0 + 7} = 0.7$$

$$J = \frac{f_{11}}{f_{01} + f_{10} + f_{11}} = \frac{0}{2 + 1 + 0} = 0$$

**2. 相关系数法度量向量之间的相似性**

令 $x_i$、$x_j$ 是 $m$ 维空间中的两个向量,令 $\bar{x}_i = \frac{1}{m}\sum_{k=1}^{m} x_{ik}$,$\bar{x}_j = \frac{1}{m}\sum_{k=1}^{m} x_{jk}$,$x_i$ 和 $x_j$ 之间的相

关系数 $r_{ij} = \dfrac{\sum_{k=1}^{m}(x_{ik} - \bar{x}_i)(x_{jk} - \bar{x}_j)}{\sqrt{\sum_{k=1}^{m}(x_{ik} - \bar{x}_i)^2} \times \sqrt{\sum_{k=1}^{m}(x_{jk} - \bar{x}_j)^2}}$,取值范围为 $[-1, 1]$,其中 0 表示不相

关,1 表示正相关,$-1$ 表示负相关。相关系数的绝对值越大,则表明 $x_i$ 与 $x_j$ 相关度越高。当 $x_i$ 与 $x_j$ 线性相关时,相关系数取值为 1(正线性相关)或 $-1$(负线性相关)。

**3. 余弦相似度**

余弦相似度也称为余弦距离,是用向量空间中两个向量夹角的余弦值作为衡量两个个体间差异的大小的度量。余弦距离在有维度的空间下才有意义,这些空间有欧几里得空间和离散欧几里得空间。在上述空间下,点可以表示方向,两个点的余弦距离实际上是点所代表的向量之间的夹角的余弦值。

给定向量 $x$ 和 $y$,其夹角 $\theta$ 的余弦 $\cos\theta$ 等于它们的内积除以两个向量的 $L_2$ 范式距离(即它们到原点的欧几里得距离)乘积:

$$\cos\theta = \frac{x \cdot y}{\|x\| \cdot \|y\|}$$

$\cos\theta$ 范围为 $[-1, 1]$,若 $\cos\theta = 0$,即两向量正交时,表示完全不相似。

相比距离度量,余弦相似度更加注重两个向量在方向上的差异,而非距离或长度上。

【**例 5-2**】 假设新闻 $a$ 和新闻 $b$ 对应的向量分别是 $x(x_1, x_2, \cdots, x_{100})$ 和 $y(y_1, y_2, \cdots, y_{100})$,则新闻 $a$ 和新闻 $b$ 的余弦相似度 $\cos\theta = \dfrac{x_1 y_1 + x_2 y_2 + \cdots + x_{100} y_{100}}{\sqrt{x_1^2 + x_2^2 + \cdots + x_{100}^2}\sqrt{y_1^2 + y_2^2 + \cdots + y_{100}^2}}$。

当两条新闻向量夹角等于 $0°$ 时,这两条新闻完全重复;当夹角接近于 $0°$ 时,两条新闻相似;夹角越大,两条新闻越不相关。

**4. 编辑距离**

编辑距离只适用于比较两个字符串之间的相似性。字符串 $x = x_1 x_2 \cdots x_n$ 与 $y =$

$y_1 y_2 \cdots y_m$ 的编辑距离指的是要用最少的字符操作数目将字符串 $x$ 转换为字符串 $y$。这里所说的字符操作包括：一个字符替换成另一个字符，插入一个字符，删除一个字符。将字符串 $x$ 变换为字符串 $y$ 所用的最少字符操作数称为字符串 $x$ 到 $y$ 的编辑距离，表示为 $d(x, y)$。一般来说字符串编辑距离越小，两个串的相似度越大。

【例 5-3】 两个字符串 $x =$ eeba 和 $y =$ abac 的编辑距离为 3。将 $x$ 转换为 $y$，需要进行如下操作。

(1) 将 $x$ 中的第一个 e 替换成 $a$。

(2) 删除 $x$ 中的第二个 e。

(3) 在 $x$ 中最后添加一个 c。

编辑距离具有下面几个性质。

(1) 两个字符串的最小编辑距离是两个字符串的长度差。

(2) 两个字符串的最大编辑距离是两字符串中较长字符串的长度。

(3) 只有两个相等的字符串的编辑距离才会为 0。

(4) 编辑距离满足三角不等式，即 $d(x, z) \leqslant d(x, y) + d(y, z)$。

## 5.2 分类概述

### 5.2.1 分类的基本概念

从对与错、好与坏的简单分类，到复杂的生物学中的界、门、纲、目、科、属、种，人类对客观世界的认识离不开分类，通过将有共性的事物归到一类，以区别不同的事物，使得对大量的繁杂事物条理化和系统化。

数据挖掘的分类指的是通过对事物特征的定量分析，形成能够进行分类预测的分类模型（分类函数、分类器），利用该模型能够预测一个具体的事物所属的类别。注意，分类的类别取值必须是离散的，分类模型做出的分类预测不是归纳出的新类，而是预先定义好的目标类。因此，分类也称为有监督学习，与之相对应的是无监督学习，例如聚类。分类与聚类的最大区别在于，分类数据中的一部分数据的类别是已知的，而聚类数据中所有数据的类别是未知的。

现实商业活动中的许多问题都能抽象成分类问题，在当前的市场营销行为中很重要的一个特点是强调目标客户细分，例如银行贷款员需要分析贷款申请者数据，搞清楚哪些贷款申请者是"安全的"，哪些贷款申请者是"不安全的"。其他场景如推荐系统、垃圾邮件过滤、信用卡分级等，都能转化为分类问题。

分类任务的输入数据是记录的集合，记录也称为样本、样例、实例、对象、数据点，用元组 $(x, y)$ 表示，其中 $x$ 是对象特征属性的集合，而 $y$ 是一个特殊的属性，称为类别属性、分类属性或目标属性，指出样例的类别是什么。表 5-1 列出一个动物样本数据集，用来将动物分为两类：爬行类和鸟类。属性集指明动物的性质，如翅膀数量、脚的只数、是否产蛋、是否有毛等。尽管表 5-1 中的属性主要是离散的，但是属性集也可以包含连续特征。另一方面，类别属性必须是离散属性，这是区别分类与回归的关键特征。回归是一种预测模型，其目标属性 $y$ 是连续的。

表 5-1 动物样本数据集

| 动物 | 翅膀数量 | 脚的只数 | 是否产蛋 | 是否有毛 | 动物类别 |
|------|---------|---------|---------|---------|---------|
| 狗 | 0 | 4 | 否 | 是 | 爬行类 |
| 猪 | 0 | 4 | 否 | 是 | 爬行类 |
| 牛 | 0 | 4 | 否 | 是 | 爬行类 |
| 麻雀 | 2 | 2 | 是 | 是 | 鸟类 |
| 鸽子 | 2 | 2 | 是 | 是 | 鸟类 |
| 天鹅 | 2 | 2 | 是 | 是 | 鸟类 |

分类的形式化定义是:分类就是通过学习样本数据集得到一个目标函数 $f$,把每个特征属性集 $x$ 映射到一个预先定义的类标号 $y$。目标函数也称为分类模型。

## 5.2.2 分类的一般流程

分类技术是一种根据输入数据集建立分类模型的技术。常用的分类模型主要有决策树分类、贝叶斯分类、人工神经网络分类方法、$k$-近邻分类、支持向量机分类等。这些技术都是通过一种学习算法确定相应的分类模型,该模型能够很好地拟合输入数据中类标号和特征属性集之间的联系。使用学习算法学习样本数据得到的模型不仅要能很好地拟合样本数据,还要能够正确地预测未知样本的类标号。因此,训练分类算法的主要目标就是建立具有强泛化能力的分类模型,即建立能够准确地预测未知样本类标号的分类模型。

求解分类问题的一般流程如图 5-1 所示。首先,得到一个样本数据集(也称训练数据集),它由类标号已知的记录组成。然后选择分类学习算法学习训练数据集建立分类模型,也称使用训练数据集训练分类模型从而得到一个训练好的分类模型,随后使用检验数据集评估训练好的分类模型的性能以及调整模型参数,检验数据集是由类标号已知的记录组成,最后将符合要求的分类模型用于未知样本的分类。

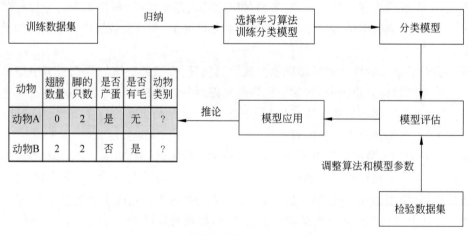

图 5-1 求解分类问题的一般流程

分类模型的性能根据模型正确和错误预测的检验记录数进行评估,对于二分类问题,记

$f_{00}$表示实际类标号为 0 被正确预测为类 0 的记录数,$f_{01}$代表原本属于类 0 但被误认为类 1 的记录数,$f_{11}$表示实际类标号为 1 被正确预测为类 1 的记录数,$f_{10}$代表原本属于类 1 但被误认为类 0 的记录数。则被分类模型正确预测的样本总数是 $f_{00}+f_{11}$,而被错误预测的样本总数是 $f_{01}+f_{10}$,因而分类模型的性能可以用准确率表示,具体如下。

$$准确率 = \frac{正确预测数}{预测总数} = \frac{f_{00}+f_{11}}{f_{00}+f_{01}+f_{11}+f_{10}}$$

同样,分类模型的性能也可以用错误率来表示,具体如下。

$$错误率 = \frac{错误预测数}{预测总数} = \frac{f_{01}+f_{10}}{f_{00}+f_{01}+f_{11}+f_{10}}$$

大多数分类算法都在寻求这样一些分类模型,当把它们应用于检验集时具有最高的准确率,或者等价地,具有最低的错误率。

# 5.3　决策树分类概述

在现实生活中,经常会遇到各种选择,如人们要去室外打羽毛球,一般会根据"天气""温度""湿度""刮风"这几个条件来判断,最后得到结果:去打羽毛球还是不去打羽毛球? 如果把判断背后的逻辑整理成一个结构图,它实际上是一个树状图,这就是决策树。

## 5.3.1　决策树的工作原理

### 1. 决策树的概念

决策树简单来说就是带有判决规则的一种树,可以依据树中的判决规则来预测未知样本的类别和值。决策树就是通过树结构来表示各种可能的决策路径,以及每个路径的结果。一棵决策树一般包含一个根结点、若干个内部结点和若干个叶子结点。

(1) 叶子结点对应于决策结果。

(2) 每个内部结点对应于一个属性测试,每个内部结点包含的样本集合根据属性测试的结果被划分到它的子结点中。

(3) 根结点包含全部训练样本。

(4) 从根结点到每个叶子结点的路径对应了一条决策规则。

一棵预测顾客是否会购买计算机的决策树如图 5-2 所示,其中内部结点用矩形表示,叶子结点用椭圆表示,分支表示属性测试的结果。 为了对未知的顾客判断其是否会购买计算

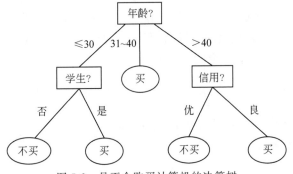

图 5-2　是否会购买计算机的决策树

机,将顾客的属性值在决策树上进行判断、选取相应的分支,直到到达叶子结点,从而得到顾客所属的类别。决策树中,从根结点到叶子结点的一条路径就对应着一条合取规则,对应着一条分类规则,对应着样本的一个分类。

在是否会购买计算机的决策树中包含三种结点:根结点,它没有入边,有 3 条出边;内部结点(子结点,非叶子结点),有一条入边和两条或多条出边;叶子结点,只有一条入边,但没有出边。在这个例子中,用来进行类别决策的属性为年龄、学生、信用。

在沿着决策树从上到下的遍历过程中,在每个内部结点都有一个测试,不同的测试结果引出不同的分枝,最后会到达一个叶子结点,这一过程就是利用决策树进行分类的过程。

决策树分类方法,实际上是通过对训练样本的学习,建立分类规则,再依据分类规则,实现对新样本的分类。决策树分类方法属于有指导(监督)的分类方法。训练样本有两类属性:划分属性和类别属性。一旦构造了决策树,对新样本进行分类就相当容易。从树的根结点开始,将测试条件用于新样本,根据测试结果选择适当的分支,沿着该分支或者到达另一个内部结点,使用新的测试条件继续上述过程,直到到达一个叶子结点,也就是得到新样本所属的类别。

### 2. 构建决策树

决策树算法作为一种分类算法,目标就是将具有 $m$ 维特征的 $n$ 个样本分到 $c$ 个类别中去。相当于做一个映射 $c=f(n)$,将样本经过一种变换赋予一种类别标签。决策树为了达到这一目的,将分类的过程表示成一棵树,每次通过选择一个特征来进行分叉。不同的决策树算法选择不同的特征选择方案进行分叉,如 ID3 决策树使用信息增益最大选择划分特征,C4.5 决策树用信息增益率最大选择划分特征,CART 用基尼指数最小选择划分特征。

构建决策树的过程,就是通过学习样本数据集获得分类知识的过程,得到一种逼近离散值的目标函数的过程。决策树学习本质上是从训练数据集中归纳出一组分类规则,学习到的一组分类规则被表示为一棵决策树。决策树学习是以样本为基础的归纳学习,它采用自顶向下递归的方式来生长决策树,随着树的生长,完成对训练样本集的不断细分,最终都被细分到每个叶子结点上。决策树是一种树状结构,其中每个内部结点表示一个属性上的测试,每个分支代表一个测试输出,每个叶子结点代表一种类别。构建决策树的具体步骤如下。

(1) 选择最好的属性作为测试属性并创建树的根结点,开始时,所有的训练样本都在根结点。

(2) 为测试属性每个可能的取值产生一个分支。

(3) 根据属性的每个可能值将训练样本划分到相应的分支形成子结点。

(4) 对每个子结点,重复上面的过程,直到所有的结点都是叶子结点。

构建决策树的流程可用下述伪代码表示。

输入:训练样本集 $S=\{(x_1,y_1),(x_2,y_2),\cdots,(x_n,y_n)\}$ 和划分属性集 $A=\{a_1,a_2,\cdots,a_m\}$。

输出:以 node 为根结点的一个决策树。

//根据给定训练样本集 $S$ 和划分属性集 $A$ 构建决策树

函数 GenerateDTree($S$, $A$){

1: 生成结点 node;

2: if $S$中训练样本全属于同一类别 $c_j$ then

3:　将 node 标记为 $c_j$ 类叶子结点；return

4:　end if

5:　if $A = \varnothing$ or $S$ 中样本在 $A$ 上取值相同 then

6:　　　将 node 标记为叶子结点，其类别标记为 $S$ 中样本数最多的类；return

7:　end if

8:　从 $A$ 中选择最优化分属性 $a^*$

9:　for $a^*$ 的每一值 $a[i]$ do

10:　为 node 生成一个分支结点 $\text{node}_i$；令 $S_i$ 表示 $S$ 中在 $a^*$ 上取值为 $a[i]$ 的样本子集；

11:　　if $S_i = \varnothing$ then

12:　　　　将分支结点 $\text{node}_i$ 标记为叶子结点，其类别为 $S$ 中样本最多的类；return

13:　　else

14:　　　　调用 GenerateDTree($S_i$, $A-\{a^*\}$)递归创建分支结点；

15:　　end if

16: end for}

在上述决策树算法中，有如下三种情形会导致函数递归返回。

（1）当前结点包含的样本全部属于同一类别，不需要再划分。

（2）当前划分属性集为空，或者所有样本在当前所有划分属性上取值相同，无法划分。

（3）当前结点包含的样本集为空，不能划分。

构建决策树的过程就是选择什么属性作为结点的过程，原则上讲，对于给定的属性集，若可以构造的不同决策树的数目达到指数级，则找出最佳决策树在计算上通常是不可行的。于是，人们开发了一些有效的算法，能够在合理的时间内构造出具有一定准确率的次优决策树。这些算法通常都是采用贪心策略，在选择划分记录的属性时，采用一系列局部最优决策来构造决策树，Hunt 算法就是一种这样的算法。Hunt 算法是许多决策树算法的基础，包括 ID3 算法、C4.5 决策树算法和 CART 算法。

**3. Hunt 算法**

Hunt 算法是一种采用局部最优策略的决策树构建算法，通过将训练记录相继划分为较纯的子集，以递归的方式建立决策树。设 $D_t$ 是与结点 $t$ 相关联的训练样本集，$y = \{y_1, y_2, \cdots, y_c\}$ 是类标号，Hunt 算法递归构建决策树的过程如下。

（1）如果 $D_t$ 中所有记录都属于同一个类，则 $t$ 是叶子结点，用 $y_t$ 标记。

（2）如果 $D_t$ 中包含多个类的样本，则选择一个属性将相关联的训练样本集划分成较小的子集。对于属性的每个取值，创建一个子结点，并根据属性的不同取值将 $D_t$ 中的样本分布到相应的子结点中。然后，对于每个子结点，递归地调用该算法。

为了演示 Hunt 算法构建决策树的过程，考虑一个预测拖欠银行贷款的贷款者数据集如表 5-2 所示，在表 5-2 所示的数据集中，每条记录都包含贷款者的个人信息，以及贷款者是否拖欠贷款的类标号。

表 5-2　银行贷款的贷款者数据集

| 样本序号 | 有房者 | 婚姻状况 | 年收入/元 | 拖欠贷款者 |
| --- | --- | --- | --- | --- |
| 1 | 是 | 单身 | 125000 | 否 |
| 2 | 否 | 已婚 | 100000 | 否 |

续表

| 样本序号 | 有房者 | 婚姻状况 | 年收入/元 | 拖欠贷款者 |
|---|---|---|---|---|
| 3 | 否 | 单身 | 70000 | 否 |
| 4 | 是 | 已婚 | 120000 | 否 |
| 5 | 否 | 离异 | 95000 | 是 |
| 6 | 否 | 已婚 | 60000 | 否 |
| 7 | 是 | 离异 | 220000 | 否 |
| 8 | 否 | 单身 | 85000 | 是 |
| 9 | 否 | 已婚 | 75000 | 否 |
| 10 | 否 | 单身 | 90000 | 是 |

使用 Hunt 算法构建决策树时,决策树初始只有一个叶子结点,即类标号为"拖欠贷款者=否"的叶子结点,如图 5-3(a)所示,表示大多数贷款者都没有拖欠贷款。之后,对该树进行细分,从表 5-2 所示的数据集可以看出最终决策树的根结点应包含两类记录:一类是"拖欠贷款者=否"的记录集;一类是"拖欠贷款者=是"的记录集。然后,将"有房者"作为划分属性,如图 5-3(b)所示,根据"有房者"属性的不同取值将数据集划分为两个较小的子集。接下来,对两个子集递归地调用 Hunt 算法。

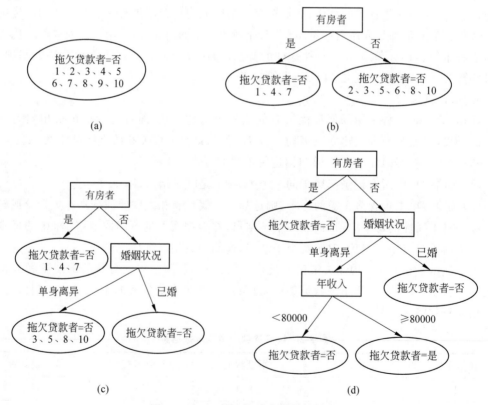

图 5-3　Hunt 算法构建决策树的过程

从表 5-2 所示的数据集中可以看出,有房的贷款者都按时偿还了贷款,记录为同一类,因此,根结点的左子结点标记为类标号为"拖欠贷款者＝否"的叶子结点(见图 5-3(b))。对于右子结点,其包含的记录有两类,需要继续递归调用 Hunt 算法,这次选择"婚姻状况"作为划分属性对该结点的记录进行划分,划分为两个较小的子集,如图 5-3(c)所示。接下来,对根结点的每个子结点递归地调用 Hunt 算法。从表 5-2 所示的数据集中可以看出,已婚的贷款者都按时偿还了贷款,记录为同一类。因此,根结点的右子结点为叶子结点,标记为"拖欠贷款者＝否"类标号。对于左子结点,包含的记录有两类,需要继续递归调用 Hunt 算法,这次选择"年收入"作为划分属性,可将这些记录被划分为两个较小的子集,结果每个子集都是同一类记录,分别标记为类标号"拖欠贷款者＝否"和"拖欠贷款者＝是"(见图 5-3(d)),至此决策树构建完毕。

如果属性值的每种组合都在训练数据中出现,并且每种组合都具有唯一的类标号,则 Hunt 算法是有效的。但是对于大多数实际情况,这些假设太苛刻了。因此,需要附加条件来处理以下情况。

(1) 算法的第(2)步所创建的子结点可能为空,即不存在与这些结点相关联的记录,这时,该结点成为叶子结点,类标号为其父结点上训练记录中的多数类。

(2) 在第(2)步,如果与 $D_t$ 相关联的所有记录都具有相同的属性值(类别属性除外),则不可能进一步划分这些记录。在这种情况下,该结点为叶子结点,其标号为与该结点相关联的训练记录中的多数类。

此外,在上面这个算法过程中,你可能会疑惑:算法是依据什么原则来选取划分属性的?例如,为什么第一次选择"有房者"来作为划分属性? 事实上,如果我们选择划分属性的顺序不同,那么对于同一数据集来说所建立的决策树可能相差很大。

因而,决策树学习算法必须解决下面两个问题。

(1) 如何选择分裂训练记录集的划分属性?

树增长过程的每个递归步都必须选择一个属性作为划分属性,将样本集划分成较小的子集。为了实现这个步骤,算法必须提供选择划分属性的方法,并且提供评价划分属性优劣的度量。

(2) 停止分裂过程的结束条件是什么?

算法需要有结束条件,以终止决策树的生长过程。一个可能的策略是分裂结点直到所有的记录都属于同一个类,或者所有的记录都具有相同的属性值。尽管这两个结束条件对于结束决策树算法都是充分的,但是还可以使用其他的标准提前终止树的生长过程。

## 5.3.2 选择最佳划分属性的度量

从构建决策树的步骤可以看出,决策树构建的关键是如何选择最佳划分属性。一般而言,随着决策树构建过程的不断进行,人们希望决策树的分支结点所包含的样本越来越归属于同一类别,结点的"不纯度"(不确定度、不确定性)越来越低,结点的"纯度"越来越高。因此,为了确定按某个属性划分的效果,需要比较划分前(父结点)的不纯度和划分后(所有子结点)的不纯度,不纯度的降低程度越大,即它们的差越大,划分属性的划分效果就越好。

变量的不确定性是指变量的取值结果不止一种。举个例子,例如一个班级有 30 名同学,每名同学都有且仅有一部智能手机,如果随机选择一名同学,问他的手机品牌可能是什么。如果这个班的同学全部都用华为手机,这个问题很好回答,他的手机品牌一定是华为,这时候学生用的手机品牌这个变量是确定的,不确定性为 0。但如果这个班级中 1/3 的同学用小米手机,1/3 的同学用苹果手机,其余 1/3 的同学用华为手机,学生用的手机品牌这个变量的不确定性就明显增大了。

若记不纯度的降低程度为 $\Delta$,则用其确定划分属性划分效果的度量值可以用下面的公式来定义:

$$\Delta_I = I(\text{parent}) - \sum_{j=1}^{k} \frac{N(j)}{N} I(j)$$

其中,$I(\text{parent})$ 是父结点的不纯度度量,$k$ 是划分属性取值的个数,$N$ 是父结点上样本的总数,$N(j)$ 是第 $j$ 个子结点上样本的数目,$I(j)$ 是第 $j$ 个子结点的不纯度度量。

给定任意结点 $t$,结点 $t$ 的不纯度度量主要有信息熵、基尼指数和误分类率三种度量方式。

### 1. 信息熵

信息熵是度量样本集合不纯度最常用的一种指标。令 $p_i(i=1,2,\cdots,c)$ 为结点 $t$ 中第 $i$ 类样本所占有的比例,则结点 $t$ 的信息熵定义为:

$$\text{Entropy}(t) = -\sum_{i=1}^{c} p_i \log_2 p_i$$

其中,$c$ 为结点 $t$ 中样本的类别数目,规定 $0 \log_2 0 = 0$。$\text{Entropy}(t)$ 越小,结点 $t$ 的不纯度越低,纯度越高。

信息熵是信息的度量方式,信息熵用来度量事物的不确定性,越不确定的事物,它的熵就越大。给定一个数据集,每个数据元素都标明了所属的类别,如果所有数据元素都属于同一类别,那么就不存在不确定性了,这就是所谓的低熵情形;如果数据元素均匀地分布在各个类别中,那么不确定性就较大,这是我们说具有较大的熵。举个例子,例如 $t$ 有 2 个可能的取值,而取这两个值的概率各为 1/2 时 $t$ 的熵最大,此时 $t$ 具有最大的不确定性,其值为

$$\text{Entropy}(t) = -\left(\frac{1}{2}\log_2\frac{1}{2} + \frac{1}{2}\log_2\frac{1}{2}\right) = 1$$

如果一个值概率大于 1/2,另一个值概率小于 1/2,则不确定性减少,对应的熵也会减少。例如一个概率为 1/3,另一个概率为 2/3,则对应熵为:

$$\text{Entropy}(t) = -\left(\frac{1}{3}\log_2\frac{1}{3} + \frac{2}{3}\log_2\frac{2}{3}\right) = \log_2 3 - \frac{2}{3}\log_2 2 \approx 0.918 < 1$$

假设数据集有 $m$ 行,每一行表示一个样本,每一行最后一列为该样本的类别,计算数据集信息熵的 Python 代码如下。

```python
import math                              #导入 math 数学计算库
def calcEntropy(dataSet):
    Samples = len(dataSet)               #统计数据集包含的样本数
    categoryCounts = {}                  #以字典的数据形式记录数据集每个类别的频数
for line in dataSet:                     #统计数据集不同类别的样本数
    currentCategory = line[-1]           #获取样本的类别
    if currentCategory not in categoryCounts.keys():
        categoryCounts[currentCategory] = 0
```

```
        categoryCounts[currentCategory] += 1
    Entropy = 0.0
    for key in categoryCounts.keys():
        prob = float(categoryCounts[key])/Samples    #计算每种类别的概率
        Entropy -= prob * math.log2(prob)        #log2(prob)返回以 2 为底 prob 的对数
    return Entropy
```

下面创建样本数据集 sampleSet，并调用 calcEntropy( )函数实现对样本数据集 sampleSet 的信息熵的计算。

```
#创建数据集
sampleSet=[['黑色','黑色','黄种人'],['蓝色','金色','白种人'],['灰色','金色','白种
人']]
calcEntropy(sampleSet)                    #调用函数计算信息熵
```

调用函数计算的信息熵为 0.9182958340544896。

假定划分属性 $a$ 是离散型，$a$ 有 $k$ 个可能的取值 $\{a^1,a^2,\cdots,a^k\}$，若使用 $a$ 来对结点 $t$ 进行划分，则会产生 $k$ 个分支结点，其中第 $j$ 个分支结点包含了 $t$ 中所有在属性 $a$ 取值为 $a^j$ 的样本，第 $j$ 个分支结点上样本的数目记为 $N(j)$。可根据信息熵公式计算出第 $j$ 个分支结点的信息熵 Entropy$(j)$，再考虑不同分支结点所包含的样本数不同，给分支结点 $j$ 赋予权重 $N(j)/N$，其中 $N$ 是结点 $t$ 上样本的总数，即样本数越多的分支结点的影响越大，于是可计算出用属性 $a$ 对结点 $t$ 进行划分所得的不纯度的降低程度 $\Delta_{\text{Entropy}}$，也就是用属性 $a$ 对结点 $t$ 进行划分所获得的"信息增益(information gain)"Gain$(t,a)$：

$$\Delta_{\text{Entropy}} = \text{Gain}(t,a) = \text{Entropy}(\text{parent}) - \sum_{j=1}^{k} \frac{N(j)}{N}\text{Entropy}(j)$$

通常，信息增益越大，意味着使用属性 $a$ 对结点 $t$ 进行划分所获得不确定程度降低越大，即所获得的纯度提升越大。因此，可用信息增益最大来进行决策树的最佳划分属性选择。ID3 决策树算法就是选择熵减少程度最大的属性来划分数据集，也就是选择产生信息熵增益最大的属性。

但是，信息增益标准存在一个内在的偏置，它偏好选择具有较多属性值的属性，为减少这种偏好可能带来的不利影响，C4.5 决策树算法不直接使用信息增益，而是使用"增益率"来选择最佳划分属性。

**2. 基尼指数**

基尼指数(基尼系数、基尼不纯度)Gini 表示在样本集合中一个随机选中的样本被分错的概率。Gini 指数越小表示集合中被选中的样本被分错的概率越小，也就是说集合的纯度越高，反之，集合越不纯。结点 t 的基尼指数 Gini(t)定义为

$$\text{Gini}(t) = 1 - \sum_{i=1}^{c} p_i{}^2$$

其中，$c$ 为结点 $t$ 中样本的类别数目，$p_i$ 为结点 $t$ 中第 $i$ 类样本所占有的比例。如果是二分类问题，计算比较简单，若第 1 类样本所占有的比例是 $p$，则第 2 类样本所占有的比例就是 $1-p$，则基尼指数为

$$\text{Gini}(t) = 2p(1-p)$$

基尼指数的性质与信息熵一样,度量变量的不确定度的大小,Gini 越大,数据的不确定性越高,当 $p_1 = p_2 = \cdots = 1/c$ 时,取得最大值,此时变量最不确定;Gini 越小,数据的不确定性越低,当数据集中的所有样本都是同一类别时,Gini=0。

于是可计算出用属性 $a$ 对结点 $t$ 进行划分所得的 Gini 不纯度的降低程度 $\Delta_{\text{Gini}}$:

$$\Delta_{\text{Gini}} = \text{Gini}(\text{parent}) - \sum_{j=1}^{k} \frac{N(j)}{N} \text{Gini}(j)$$

其中,$k$ 为划分属性取不同值的个数,$j$、$N(j)$ 与 $N$ 的定义与前面信息熵中的定义相同。

**3. 误分类率**

误分类率定义如下:

$$\text{Error}(t) = 1 - \max_{i} p_i$$

其中,$c$ 为结点 $t$ 中样本的类别数目,$p_i$ 为结点 $t$ 中第 $i$ 类样本所占有的比例。

于是可计算出用属性 $a$ 对结点 $t$ 进行划分所得的 Error 不纯度的降低程度 $\Delta_{\text{Error}}$:

$$\Delta_{\text{Error}} = \text{Error}(\text{parent}) - \sum_{j=1}^{k} \frac{N(j)}{N} \text{Error}(j)$$

其中,$k$ 为划分属性取不同值的个数,$j$、$N(j)$ 与 $N$ 的定义与前面信息熵中的定义相同。

### 5.3.3 决策树分类待测样本的过程

从决策树的根结点开始,测试这个结点指定的划分属性,然后按照待测样本的该属性值对应的分支向下移动。这个过程在以新结点为根的子树上重复,直到将待测样本划分到某个叶子结点为止。

ID3 决策树

## 5.4 ID3 决策树

### 5.4.1 ID3 决策树的工作原理

ID3 算法由 Ross Quinlan 在 1986 年提出,ID3 算法主要针对属性选择问题,是决策树算法中最具影响和最为典型的算法。ID3 决策树可以有多个分支,但是不能处理连续的特征值,连续的特征值必须离散化之后才能处理。ID3 是一种贪心地生成决策树的算法,每次选取的划分数据集的划分属性都是当前的最佳选择。在 ID3 中,它每次选择当前样本集中具有最大信息熵增益值的属性来分割数据集,并按照该属性的所有取值来切分数据集。也就是说,如果一个属性有 3 种取值,数据集将被切分为 3 份,一旦按某属性切分后,该属性在之后的算法执行中,将不再使用。

在建立决策树的过程中,根据属性划分数据,使得原本"混乱"的数据集的熵(混乱度)减少。按照不同属性划分数据集,熵减少的程度会不一样。ID3 决策树算法选择熵减少程度最大的属性来划分数据集,也就是选择产生信息熵增益最大的属性。

ID3 算法的具体实现步骤如下。

(1) 对当前样本集合,计算所有属性的信息增益。

(2) 选择信息增益最大的属性作为划分样本集的划分属性,把划分属性取值相同的样本划分为同一个子样本集。一旦按某属性划分后,该属性在之后的算法执行中,将不再使用。

（3）若子样本集中所有的样本属于一个类别，则该子集作为叶子结点，并标上合适的类别号，并返回调用处；否则对子样本集递归调用本算法。

递归划分停止的条件如下。

（1）没有划分属性可供继续划分。

（2）给定的分支的数据集为空。

（3）数据集属于同一类。

（4）决策树已经达到设置的最大值。

下面举个应用 ID3 算法的例子。

表 5-3 为 14 个关于是否打羽毛球的样本数据，每个样本中有 4 个关于天气的属性："天气状况""气温""湿度""风力"；1 个"是否玩"的类别属性有"是"和"否"2 个取值。

表 5-3 14 个关于是否打羽毛球的样本数据

| 样本序号 | 天气状况 | 气温 | 湿度 | 风力 | 是否玩 |
| --- | --- | --- | --- | --- | --- |
| 1 | 晴天 | 热 | 高 | 低 | 否 |
| 2 | 晴天 | 热 | 高 | 高 | 否 |
| 3 | 阴天 | 热 | 高 | 低 | 是 |
| 4 | 下雨 | 适宜 | 高 | 低 | 是 |
| 5 | 下雨 | 冷 | 正常 | 低 | 是 |
| 6 | 下雨 | 冷 | 正常 | 高 | 否 |
| 7 | 阴天 | 冷 | 正常 | 高 | 是 |
| 8 | 晴天 | 适宜 | 高 | 低 | 否 |
| 9 | 晴天 | 冷 | 正常 | 低 | 是 |
| 10 | 下雨 | 适宜 | 正常 | 低 | 是 |
| 11 | 晴天 | 适宜 | 正常 | 高 | 是 |
| 12 | 阴天 | 适宜 | 高 | 高 | 是 |
| 13 | 阴天 | 热 | 正常 | 低 | 是 |
| 14 | 下雨 | 适宜 | 高 | 高 | 否 |

根据上述样本数据，依据 ID3 算法生成决策树的过程如下。

首先计算出整个数据集（$S$）的熵和按天气状况划分数据集所得到的 3 个子集的熵，天气状况有 3 个不同的取值。样本数据集中有 9 个样本的类别是"是"（适合打羽毛），5 个样本的类别是"否"（不适合打羽毛球），它们的概率分布分别为 $p_是=9/14$，$p_否=5/14$，约定 $0\log_2 0=0$，根据熵公式，可得整个数据集和按天气状况划分所得的 3 个子集的熵：

$$\text{Entropy}(S) = -\left(\frac{9}{14}\log_2\frac{9}{14} + \frac{5}{14}\log_2\frac{5}{14}\right) = 0.94$$

$$\text{Entropy}(S_{晴天}) = -\left(\frac{2}{5}\log_2\frac{2}{5} + \frac{3}{5}\log_2\frac{3}{5}\right) = 0.971$$

$$\text{Entropy}(S_{阴天}) = -\left(\frac{4}{4}\log_2\frac{4}{4} + 0\log_2 0\right) = 0$$

$$\text{Entropy}(S_{下雨}) = -\left(\frac{2}{5}\log_2\frac{2}{5} + \frac{3}{5}\log_2\frac{3}{5}\right) = 0.971$$

则按天气状况划分整个数据集 $S$ 的信息熵为

$$\text{Entropy}(S,天气状况) = \frac{5}{14}\text{Entropy}(S_{晴天}) + \frac{4}{14}\text{Entropy}(S_{阴天}) + \frac{5}{14}\text{Entropy}(S_{下雨})$$

$\text{Entropy}(S,天气状况)$ 的计算结果为 $0.694$。

用天气状况划分样本集 $S$ 所得的信息增益 $\text{Gain}(S,天气状况)$ 为

$$\text{Gain}(S,天气状况) = \text{Entropy}(S) - \text{Entropy}(S,天气状况) = 0.246$$

按同样的步骤,可以求出其他几个信息增益:

$$\text{Gain}(S,气温) = \text{Entropy}(S) - \text{Entropy}(S,气温) = 0.029$$

$$\text{Gain}(S,湿度) = \text{Entropy}(S) - \text{Entropy}(S,湿度) = 0.152$$

$$\text{Gain}(S,风力) = \text{Entropy}(S) - \text{Entropy}(S,风力) = 0.048$$

由上述各属性的信息增益求解可知,按照"天气状况"属性划分获得的信息增益最大,因此用这个属性作为决策树的根结点。不断地重复上面的步骤,会得到一个如图 5-4 所示的决策树。

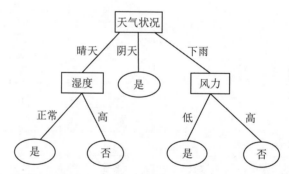

图 5-4　以"天气状况"作为决策树的根结点的决策树

### 5.4.2　Python 实现 ID3 决策树

表 5-4 所示的是贷款申请样本数据集,每个样本中有 4 个关于个人情况的属性:"年龄""有工作""有自己的房子""信贷情况";1 个"是否给贷款"的类别属性有是和否 2 个取值。

表 5-4　贷款申请样本数据集

| ID | 年龄 | 有工作 | 有自己的房子 | 信贷情况 | 是否给贷款 |
|----|------|--------|--------------|----------|------------|
| 1 | 青年 | 否 | 否 | 一般 | 否 |
| 2 | 青年 | 否 | 否 | 好 | 否 |
| 3 | 青年 | 是 | 否 | 好 | 是 |
| 4 | 青年 | 是 | 是 | 一般 | 是 |
| 5 | 青年 | 否 | 否 | 一般 | 否 |

续表

| ID | 年龄 | 有工作 | 有自己的房子 | 信贷情况 | 是否给贷款 |
|---|---|---|---|---|---|
| 6 | 中年 | 否 | 否 | 一般 | 否 |
| 7 | 中年 | 否 | 否 | 好 | 否 |
| 8 | 中年 | 是 | 是 | 好 | 是 |
| 9 | 中年 | 否 | 是 | 非常好 | 是 |
| 10 | 中年 | 否 | 是 | 非常好 | 是 |
| 11 | 老年 | 否 | 是 | 非常好 | 是 |
| 12 | 老年 | 否 | 是 | 好 | 是 |
| 13 | 老年 | 是 | 否 | 好 | 是 |
| 14 | 老年 | 是 | 否 | 非常好 | 是 |
| 15 | 老年 | 否 | 否 | 一般 | 否 |

在编写代码之前,先对数据集进行数值化预处理。

(1) 年龄:0 代表青年,1 代表中年,2 代表老年。

(2) 有工作:0 代表否,1 代表是。

(3) 有自己的房子:0 代表否,1 代表是。

(4) 信贷情况:0 代表一般,1 代表好,2 代表非常好。

(5) 类别(是否给贷款):no 代表否,yes 代表是。

将表 5-4 预处理后的数据保存在 loan.csv 文件里,其文件内容如图 5-5 所示。

图 5-5 预处理后的贷款申请样本数据

### 1. 加载数据集与计算信息熵

```
import numpy as np
import pandas as pd
#定义加载数据集的综合函数
```

```python
def loadDataSet():
    #函数功能:读取存放样本数据的 csv 文件,返回样本数据集和划分属性集
    #对数据进行处理
    dataSet = pd.read_csv('D:\\Python\\loan.csv', delimiter=',')
    dataSet = dataSet.replace('yes', 1).replace('no', 0)
    labelSet = list(dataSet.columns)[:-1]          #得到划分属性集
    dataSet = dataSet.values                        #得到样本数据集
    return dataSet, labelSet
#下面定义计算给定样本数据集 dataSet 的信息熵的函数 calcShannonEnt(dataSet)
def calcShannonEnt(dataSet):
    #dataSet 的每个元素是一个存放样本的属性值的列表
    numEntries = len(dataSet)                        #获取样本集的行数
    labelCounts = {}                                #保存每个类别出现次数的字典
    for featVec in dataSet:                         #对每个样本进行统计
        currentLabel = featVec[-1]                  #取得最后一列数据,即类别信息
        #如果当前类别没有放入统计次数的字典,添加进去
        if currentLabel not in labelCounts.keys():
            labelCounts[currentLabel] = 0           #添加字典元素,键的值为 0
        labelCounts[currentLabel] += 1              #类别数计数
    shannonEnt = 0.0                                #计算信息熵
    for key in labelCounts.keys():
        #keys()以列表返回一个字典所有的键
        prob = float(labelCounts[key]) / numEntries #计算一个类别的概率
        shannonEnt -= prob * np.log2(prob)
    return shannonEnt
#main 函数
if __name__=='__main__':
    dataSet, labelSet = loadDataSet()
    print(dataSet)
    print('数据集的信息熵:',calcShannonEnt(dataSet))
```

整体运行上述代码的输出结果如下。

```
[[0 0 0 0 'no']
 [0 0 0 1 'no']
 [0 1 0 1 'yes']
 [0 1 1 0 'yes']
 [0 0 0 0 'no']
 [1 0 0 0 'no']
 [1 0 0 1 'no']
 [1 1 1 1 'yes']
 [1 0 1 2 'yes']
 [1 0 1 2 'yes']
 [2 0 1 2 'yes']
 [2 0 1 1 'yes']
 [2 1 0 1 'yes']
```

```
    [2 1 0 2 'yes']
    [2 0 0 0 'no']]
数据集的信息熵：0.9709505944546686
```

## 2. 计算信息增益

```python
#定义按照给定特征划分数据集的函数
def splitDataSet(dataSet,axis,value):
    #dataSet 为待划分的数据集,axis 为划分数据集的特征,value 为划分特征的某个值
    retDataSet=[]
    for featVec in dataSet:                    #dataSet 的每个元素是一个样本,以列表表示
        #将相同特征值 value 的样本提取出来
        if featVec[axis]==value:
            reducedFeatVec=list(featVec[:axis])
            #extend()在列表 list 末尾一次性追加序列中的所有元素
            reducedFeatVec.extend(featVec[axis+1:])
            retDataSet.append(reducedFeatVec)
    return retDataSet                          #返回不含划分特征的子集
#定义按照最大信息增益划分数据集的函数
def chooseBestFeatureToSplit(dataSet):
    #为数据集选择最优的划分属性
    numofFeatures = len(dataSet[0])-1          #获取划分属性的个数
    baseEntroy = calcShannonEnt(dataSet)       #计算数据集的信息熵
    bestInfoGain = 0.0                         #信息增益
    bestFeature = -1                           #最优划分属性的索引值
    for i in range(numofFeatures):             #遍历所有划分属性,这里划分属性用数字表示
        #获取 dataSet 的第 i 个特征下的所有值
        featureList = [example[i] for example in dataSet]
        uniqueVals = set(featureList)          #创建 set 集合{},目的是去除重复值
        newEntropy = 0.0
        for value in uniqueVals:               #计算划分属性划分数据集的熵
            #subDataSet 划分后的子集
            subDataSet = splitDataSet(dataSet, i, value)
            #计算子集的概率
            prob = len(subDataSet) / float(len(dataSet))
            #根据公式计算属性划分数据集的熵
            newEntropy += prob * calcShannonEnt(subDataSet)
        inforGain = baseEntroy - newEntropy    #计算信息增益
        #打印每个划分属性的信息增益
        print("第%d个划分属性的信息增益为%.3f" %(i, inforGain))
        #获取最大信息增益
        if (inforGain > bestInfoGain):
            bestInfoGain = inforGain           #更新信息增益,找到最大的信息增益
            bestFeature = i                    #记录信息增益最大的特征的索引值
    return bestFeature                         #返回信息增益最大特征的索引值
#main 函数
```

```
if __name__=='__main__':
    dataSet, labelSet=loadDataSet()
    print("最优索引值:"+str(chooseBestFeatureToSplit(dataSet)))
```

将第 1 部分的加载数据集与计算信息熵的代码和上述代码合在一起整体运行,可求出加载数据集(贷款申请样本数据集)的按信息增益最大划分数据集的最优划分属性,代码的运行结果如下。

```
第 0 个划分属性的信息增益为 0.083
第 1 个划分属性的信息增益为 0.324
第 2 个划分属性的信息增益为 0.420
第 3 个划分属性的信息增益为 0.363
最优索引值:2
```

### 3. 决策树的构建

ID3 算法的核心是在决策树各个结点上依据信息增益最大准则选择划分属性,递归地构建决策树,具体方法如下。

(1) 从根结点(root node)开始,对结点计算所有可能的划分属性的信息增益,选择信息增益最大的属性作为结点的名称,也即结点的类标记。

(2) 由该划分属性的不同取值建立子结点,再对子结点递归地调用以上方法,构建新的子结点;直到所有划分属性的信息增益均很小或没有划分属性可以选择为止。

(3) 最后得到一棵决策树。

在计算信息增益部分已经求得,"有自己的房子"划分属性的信息增益最大,所以选择"有自己的房子"作为根结点的名称,它将训练集 $D$ 划分为两个子集 D1("有自己的房子"取值为"是")和 D2("有自己的房子"取值为"否")。由于 D1 只有同一类的样本点,所以它成为一个叶子结点,结点的类标记为"是"。

对 D2 则需要从特征 A1(年龄)、A2(有工作)和 A4(信贷情况)中选择新的特征,计算各个特征的信息增益。

$$I(D2,年龄)=H(D2)-E(年龄)=0.251$$
$$I(D2,有工作)=H(D2)-E(有工作)=0.918$$
$$I(D2,信贷情况)=H(D2)-E(信贷情况)=0.474$$

根据计算,选择信息增益最大的"有工作"作为结点的类标记,由于其有两个取值可能,所以引出两个子结点。

(1) 对应"是"(有工作),包含三个样本,属于同一类,所以是一个叶子结点,类标记为"是"

(2) 对应"否"(无工作),包含六个样本,属于同一类,所以是一个叶子结点,类标记为"否"

这样就生成一个决策树,该树只用了两个特征(有两个内部结点),生成的决策树如图 5-6 所示。

下面给出构建决策树的算法实现。

```
def majorityCnt(classList):
    """
```

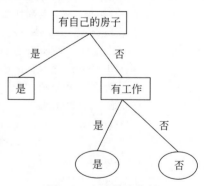

图 5-6  生成的决策树

```python
    函数功能:统计classList中出现次数最多的元素(类标签)
    参数classList: 类别列表
    return sortedClassCount[0][0]: 返回出现次数最多的类别
    """
    classCount = {}
    for vote in classList:
        #统计classList中每个元素出现的次数
        if vote not in classCount.keys():
            classCount[vote] = 0
        classCount += 1
    #根据字典的值降序排列,items()返回字典的"键-值"对所组成的(键,值)元组列表
    sortedClassCount = sorted(classCount.items(), key=lambda x:x[1], reverse=
True)
    #返回出现次数最多的类别
    return sortedClassCount[0][0]
def createTree(dataSet, labels):
    """
    函数功能:构造决策树
    参数dataSet:训练数据集
    参数labels:划分属性集
    return myTree: 返回决策树
    """
    classList = [example[-1] for example in dataSet]
                                            #取分类标签(是否放贷:yes或no)
    #当类别与属性完全相同,则停止继续划分
    if classList.count(classList[-1]) ==len(classList):
        return classList[-1]
    #遍历完所有特征时返回出现次数最多的类标签
    if (len(dataSet[0]) ==1):
        return majorityCnt(classList)
    #获取最佳划分属性
    bestFeat = chooseBestFeatureToSplit(dataSet)
    #最优特征的标签
    bestFeatLabel = labels[bestFeat]
    #根据最优特征的标签生成树
    myTree = {bestFeatLabel:{}}
    #删除已经使用的划分属性
    del(labels[bestFeat])
    #得到训练集中所有最优特征的属性值
    featValues = [example[bestFeat] for example in dataSet]
    #去掉重复的属性值
    uniqueVals = set(featValues)
    #遍历特征,创建决策树
    for value in uniqueVals:
        subLabels = labels[:]
```

```
        #递归调用创建决策树
        myTree[bestFeatLabel][value] = createTree(splitDataSet(dataSet,
bestFeat, value), subLabels)
    return myTree
#main 函数
if __name__ =='__main__':
    dataSet, labelSet = loadDataSet()
    tree=createTree(dataSet, labelSet)
print("生成的决策树:",tree)
```

整体运行上述构建决策树的代码,得到输出结果如下。

第 0 个划分属性的信息增益为 0.083
第 1 个划分属性的信息增益为 0.324
第 2 个划分属性的信息增益为 0.420
第 3 个划分属性的信息增益为 0.363
第 0 个划分属性的信息增益为 0.252
第 1 个划分属性的信息增益为 0.918
第 2 个划分属性的信息增益为 0.474
生成的决策树: {'house': {0: {'job': {0: 'no', 1: 'yes'}}, 1: 'yes'}}

从输出结果可以看出,其与本节开始对决策树的分析完全相同。

**4. 决策树可视化**

下面给出使用 sklearn.tree.DecisionTreeClassifier 决策树模型实现贷款申请样本数据集的决策树的构建与决策树的可视化。

```
>>> import pandas as pd
>>> from sklearn import tree
>>> from sklearn.datasets import load_iris
>>> dataSet = pd.read_csv('D:\\Python\\loan.csv', delimiter=',')
>>> dataSet
    age  job  house  credit class
0   0    0    0      0      no
1   0    0    0      1      no
2   0    1    0      1      yes
3   0    1    1      0      yes
4   0    0    0      0      no
5   1    0    0      0      no
6   1    0    0      1      no
7   1    1    1      1      yes
8   1    0    1      2      yes
9   1    0    1      2      yes
10  2    0    1      2      yes
11  2    0    1      1      yes
12  2    1    0      1      yes
13  2    1    0      2      yes
14  2    0    0      0      no
```

```
>>> dataSet = dataSet.replace('yes', 1).replace('no', 0)
>>> dataSet
age   job   house   credit   class
0     0     0       0        0        0
1     0     0       0        1        0
2     0     1       0        1        1
...                                          #…表示省略了一部分数据
13    2     1       0        2        1
14    2     0       0        0        0
>>> labelSet = list(dataSet.columns)[:-1]    #得到划分属性集
>>> labelSet
['age', 'job', 'house', 'credit']
>>> dataSet = dataSet.values                 #得到样本数据集
>>> dataSet                                  #显示数据
array([[0, 0, 0, 0, 0],
       [0, 0, 0, 1, 0],
       [0, 1, 0, 1, 1],
...
       [2, 1, 0, 2, 1],
       [2, 0, 0, 0, 0]], dtype=int64)
>>> X=dataSet[:,0:4]                          #得到划分属性集
>>> X
array([[0, 0, 0, 0],
       [0, 0, 0, 1],
       [0, 1, 0, 1],
...
       [2, 1, 0, 2],
       [2, 0, 0, 0]], dtype=int64)
>>> y=dataSet[:,4]                            #得到类别属性集
>>> y
array([0, 0, 1, 1, 0, 0, 0, 1, 1, 1, 1, 1, 1, 1, 0], dtype=int64)
>>> clf = tree.DecisionTreeClassifier(criterion='entropy')    #构建决策树模型
>>> clf = clf.fit(X,y)                       #训练决策树模型
#用 export_graphviz 将树导出为 Graphviz 格式,用 dot_data 保存
>>> dot_data = tree.export_graphviz(clf, out_file=None,
                    feature_names=['age','job','house','credit'],
                    class_names=['no','yes'],
                    filled=True, rounded=True,
                    special_characters=True)
#下面用 pydotplus 将构建的决策树生成 loan.pdf 文件
>>> import pydotplus
>>> graph = pydotplus.graph_from_dot_data(dot_data)
>>> graph.write_pdf("loan.pdf")    #生成决策树的 PDF 文件,其内容如图 5-7 所示
True
```

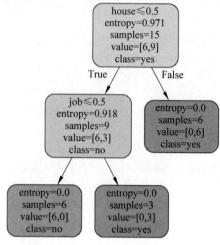

图 5-7　loan.pdf 文件

### 5.4.3　使用 ID3 决策树预测贷款申请

依靠训练数据构造了决策树之后,可以将它用于实际数据的分类。在执行数据分类时,需要决策树以及用于构造决策树的属性向量。然后,程序比较测试数据与决策树上的属性值,递归执行该过程直到进入叶子结点;最后将测试数据定义为叶子结点所属的类型。例如用上述已经训练好的决策树进行分类,只需要提供这个人是否有房子、是否有工作这两个信息即可。

运用决策树进行分类,首先构建一个决策树分类函数。

```python
#输入三个变量(决策树,构建决策树的划分属性,测试的数据)
#从输出的决策树可知构建决策树的划分属性向量为['house','job']
def classify(inputTree,featLables,testVec):
    firstStr=list(inputTree.keys())[0]      #获取树的第一个特征属性
    secondDict=inputTree[firstStr]          #树的分支,子集合 Dict
    featIndex=featLables.index(firstStr)    #获取决策树第一层在 featLables 中的位置
    for key in secondDict.keys():
        if testVec[featIndex]==key:
            if type(secondDict[key]).__name__=='dict':
                classLabel=classify(secondDict[key],featLables,testVec)
            else:classLabel=secondDict[key]
    return classLabel
#main 函数
if __name__=='__main__':
    dataSet, labelSet = loadDataSet()
    print("生成决策树过程中的划分属性信息增益求解过程:")
    tree=createTree(dataSet, labelSet)
    print("生成的决策树:",tree)
    #测试数据
```

```
    testVec=[0,1]
Labels=['house','job']                        #决策树的划分属性向量
    result=classify(tree,Labels,testVec)
    if result=='yes':
        print('决策树分类结果:放贷')
    if result=='no':
        print('决策树分类结果:不放贷')
```

整体运行上述代码得到的输出结果如下。

生成决策树过程中的划分属性信息增益求解过程:
第 0 个划分属性的信息增益为 0.083
第 1 个划分属性的信息增益为 0.324
第 2 个划分属性的信息增益为 0.420
第 3 个划分属性的信息增益为 0.363
第 0 个划分属性的信息增益为 0.252
第 1 个划分属性的信息增益为 0.918
第 2 个划分属性的信息增益为 0.474
生成的决策树: {'house': {0: {'job': {0: 'no', 1: 'yes'}}, 1: 'yes'}}
决策树分类结果:放贷

### 5.4.4 ID3 决策树的缺点

ID3 算法的缺点如下。

(1) ID3 算法采用了信息增益作为选择划分属性的标准,会偏向于选择取值较多的属性,即如果数据集中的某个属性值对不同的样本基本上是不相同的,更极端的情况,对于每个样本都是唯一的,如果用这个属性来划分数据集,将会得到很大的信息增益,但是,这样的属性并不一定是最优属性。

(2) ID3 算法只能处理离散属性,对于连续性属性,在分类前需要对其离散化。

(3) ID3 算法不能处理属性具有缺失值的样本。

(4) 没有采用剪枝,决策树的结构可能过于复杂,出现过拟合。

为了解决倾向于选择取值较多的属性作为分类属性,可采用信息增益率作为选择划分属性的标准,这样便得到 C4.5 算法。

## 5.5 C4.5 决策树的分类算法

### 5.5.1 C4.5 决策树的工作原理

C4.5 决策树
的分类算法

C4.5 决策树算法是由 Ross Quinlan 开发的用于产生决策树的算法,该算法是对 Ross Quinlan 之前开发的 ID3 算法的一个扩展。

C4.5 决策树算法对 ID3 算法主要做了以下几点改进。

(1) 用信息增益率 GainRatio 来选择划分(分裂)属性,克服了 ID3 算法中使用信息增益倾向于选择拥有多个属性值的属性作为划分属性的不足。

信息增益率 GainRatio 就是在信息增益中引入一个被称为"分裂信息"SplitInfo 的项作

为分母来惩罚具有较多属性值的属性:

$$\text{GainRatio} = \frac{\Delta_{\text{info}}}{\text{SplitInfo}}$$

其中,SplitInfo 是划分属性的分裂信息,度量了属性划分数据的广度和均匀性。

$$\text{SplitInfo} = -\sum_{j=1}^{k} p(j) \log_2 p(j)$$

其中,$p(j)$ 是当前结点中划分属性取第 $j$ 个属性值的记录所占有的比例,$k$ 为划分属性取不同值的个数。分裂信息实际上就是当前结点关于划分属性各值的熵,它可以阻碍选择属性值均匀的属性作为划分属性。但同时也产生了一个新的实际问题、当划分属性在当前结点中几乎都取相同的属性值时,会导致增益率无定义或者非常大(分母可能为 0 或者非常小)。为了避免选择这种属性,C4.5 算法并不是直接选择增益率最大的划分属性,而是使用了一个启发式方法:先计算每个属性的信息增益及平均值,然后仅对信息增益高于平均值的属性应用增益率度量。

下面以前面的表 5-3 所示的 14 个关于是否打羽毛球的样本数据集讲解 C4.5 决策树的建立过程,每个样本中有 4 个关于天气的属性:"天气状况""气温""湿度""风力";1 个"是否玩"的类别属性有"是"和"否"2 个取值。

下面根据是否打羽毛球样本数据集,依据 C4.5 算法给出建立 C4.5 决策树的过程。

**1. 计算信息增益**

信息增益实际上是 ID3 算法中用来进行划分属性选择的度量,信息增益计算过程参照前面计算信息增益的过程,下面只列出前面信息增益的计算结果。

用天气状况划分样本集 $S$ 所得的信息增益 Gain($S$,天气状况)为

$$\text{Gain}(S, \text{天气状况}) = \text{Entropy}(S) - \text{Entropy}(S, \text{天气状况}) = 0.246$$

气温、湿度、风力三个属性划分数据集 $S$ 的信息增益如下。

$$\text{Gain}(S, \text{气温}) = \text{Entropy}(S) - \text{Entropy}(S, \text{气温}) = 0.029$$
$$\text{Gain}(S, \text{湿度}) = \text{Entropy}(S) - \text{Entropy}(S, \text{湿度}) = 0.152$$
$$\text{Gain}(S, \text{风力}) = \text{Entropy}(S) - \text{Entropy}(S, \text{风力}) = 0.048$$

**2. 计算信息增益率**

计算划分属性的分裂信息 SplitInfo:

$$\text{SplitInfo} = -\sum_{j=1}^{k} p_j \log_2 p_j$$

其中,$p_j$ 是当前结点中划分属性取第 $j$ 个属性值的记录所占有的比例,$k$ 为划分属性取不同值的个数。

$$\text{SplitInfo}(\text{天气状况}) = -\left(\frac{5}{14}\log_2\frac{5}{14} + \frac{4}{14}\log_2\frac{4}{14} + \frac{5}{14}\log_2\frac{5}{14}\right) = 1.577$$

按同样的计算过程,可以求出其他几个分裂信息:

$$\text{SplitInfo}(\text{气温}) = 1.556$$
$$\text{SplitInfo}(\text{湿度}) = 1.0$$
$$\text{SplitInfo}(\text{风力}) = 0.985$$

用天气状况划分样本数据集 $S$ 所得的信息增益率 GainRatio($S$,天气状况)为

$$\text{GainRatio}(S,\text{天气状况}) = \frac{\text{Gain}(S,\text{天气状况})}{\text{SplitInfo}(\text{天气状况})} = \frac{0.246}{1.577} = 0.155$$

气温、湿度、风力三个属性划分数据集 $S$ 的信息增益率分别如下。

$$\text{GainRatio}(S,\text{气温}) = \frac{\text{Gain}(S,\text{气温})}{\text{SplitInfo}(\text{气温})} = \frac{0.029}{1.556} = 0.0186$$

$$\text{GainRatio}(S,\text{湿度}) = \frac{\text{Gain}(S,\text{湿度})}{\text{SplitInfo}(\text{湿度})} = \frac{0.152}{1.0} = 0.152$$

$$\text{GainRatio}(S,\text{风力}) = \frac{\text{Gain}(S,\text{风力})}{\text{SplitInfo}(\text{风力})} = \frac{0.048}{0.985} = 0.0487$$

由上述各信息增益率可知天气状况的信息增益率最高。因此,用天气状况作为决策树的根结点,用天气状况划分数据集。划分之后,天气状况是"阴天"的结点中的样本全部是同一类别"是",所以把它标为叶子结点。其他两个结点重复上述计算过程,会得到一个如图 5-8 所示的决策树。

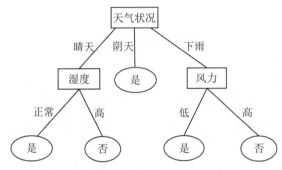

图 5-8　根据信息增益率构建的决策树

## 5.5.2　Python 实现 C4.5 决策树

下面,我们用 sklearn 的决策树来分类鸢尾花卉数据集 Iris,数据集包含 150 个数据,分为 3 类,分别是 setosa(山鸢尾)、versicolor(变色鸢尾)和 virginica(维吉尼亚鸢尾)。每类 50 个数据,每个数据包含 4 个划分属性和 1 个类别属性,4 个划分属性分别是 Sep_len、Sep_wid、Pet_len 和 Pet_wid,分别表示花萼长度、花萼宽度、花瓣长度和花瓣宽度,类别属性是 Iris_type,表示鸢尾花卉的类别。可通过 4 个划分属性预测鸢尾花卉属于(setosa、versicolour、virginica)三个种类中的哪一类。

**1. 安装决策树可视化软件**

1) 安装 pydotplus

通过 pip install pydotplus 命令安装 pydotplus 库。

2) 下载 graphviz-2.38.msi 并安装 GraphViz

下载 GraphViz 的网址: http://www.graphviz.org/,单击 Download,选择 Windows 系统,如图 5-9 所示。

**2. sklearn.tree.DecisionTreeClassifier 决策树模型构建类**

1) 决策树对象(模型)的创建

sklearn.tree.DecisionTreeClassifier 类用于实例化创建一个决策树对象,默认使用

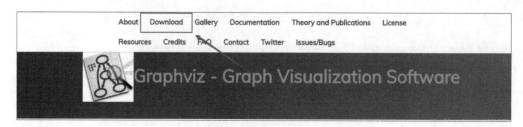

图 5-9　下载 graphviz-2.38.msi

CART(分类和回归树)算法,该类实例化一个决策树对象的语法格式如下。

```
sklearn.tree.DecisionTreeClassifier(criterion='gini', splitter='best', max_
depth=None, min_samples_split=2, min_samples_leaf=1, min_weight_fraction_leaf
=0.0, max_features=None, random_state=None, max_leaf_nodes=None, min_impurity_
decrease=0.0, min_impurity_split=None, class_weight=None, presort=False)
```

参数说明如下。

criterion:选择结点划分质量的度量标准,默认使用"gini",即使用基尼系数,基尼系数是 CART 算法中采用的度量标准,该参数还可以设置为"entropy",表示使用信息增益,是 C4.5 决策树算法中采用的度量标准。

splitter:结点划分时的策略,默认使用"best"。"best"表示依据选用的 criterion 标准,选用最优划分属性来划分该结点,一般用于训练样本数据量不大的场合,因为选择最优划分属性需要计算每种候选属性下划分的结果;该参数还可以设置为"random",表示最优的随机划分属性,一般用于训练数据量较大的场合,可以减少计算量。

max_depth:设置决策树的最大深度,默认为 None。None 表示不对决策树的最大深度做约束,直到每个叶子结点上的样本均属于同一类,或者少于 min_samples_leaf 参数指定的叶子结点上的样本个数。也可以指定一个整型数值,设置树的最大深度,在样本数据量较大时,可以通过设置该参数提前结束树的生长,改善过拟合问题,但一般不建议这么做,过拟合问题还是通过剪枝来改善比较有效。

min_samples_split:当对一个内部结点划分时,要求该结点上的最小样本数,默认为 2。

min_samples_leaf:设置叶子结点上的最小样本数,默认为 1。当尝试划分一个结点时,只有划分后其左右分支上的样本个数不小于该参数指定的值时,才考虑将该结点划分。换句话说,当叶子结点上的样本数小于该参数指定的值时,则该叶子结点及其兄弟结点将被剪枝。在样本数据量较大时,可以考虑增大该值,提前结束树的生长。

min_weight_fraction_leaf:在引入样本权重的情况下,设置每一个叶子结点上样本的权重和的最小值,一旦某个叶子结点上样本的权重和小于该参数指定的值,则该叶子结点会连同其兄弟结点被减去,即其父结点不进行划分。该参数默认为 0,表示不考虑权重的问题,若样本中存在较多的缺失值,或样本类别分布偏差很大时,会引入样本权重,此时就要谨慎设置该参数。

max_features:划分结点、寻找最优划分属性时,设置允许搜索的最大属性个数,默认为 None。假设训练集中包含的属性个数为 $n$,None 表示搜索全部 $n$ 个候选属性;设为"auto"表示最多搜索 sqrt($n$)个属性;设为 sqrt 表示最多搜索 sqrt($n$)个属性,跟"auto"一样;设为"log2"表示最多搜索 $\log_2 n$ 个属性;用户也可以指定一个整数 $k$,表示最多搜索 $k$ 个属性。需要说明的是,尽管设置了参数 max_features,但是在至少找到一个有效(即在该属性上划分后,criterion 指定的度量标准有所提高)的划分属性之前,最优划分属性的搜索不会停止。

random_state:默认是 None,随机数种子。如果没有设置随机数种子,随机出来的数与当前系统时间有关,每个时刻都是不同的。如果设置了随机数种子,那么相同随机数种子在不同时刻产生的随机数也是相同的。如果为 None,则随机数生成器使用 np.random。

max_leaf_nodes:最大叶子结点数,默认是 None。通过限制最大叶子结点数,可以防止过拟合。如果加了限制,算法会建立在最大叶子结点数内最优的决策树。如果特征不多,可以不考虑这个值,但是如果特征成分多的话,可以加以限制,具体的值可以通过交叉验证得到。

min_impurity_decrease:打算划分一个内部结点时,只有当划分后不纯度(可以用criterion 参数指定的度量来描述)减少值不小于该参数指定的值,才会对该结点进行划分,默认值为 0。可以通过设置该参数来提前结束树的生长。

min_impurity_split:打算划分一个内部结点时,只有当该结点上的不纯度不小于该参数指定的值时,才会对该结点进行划分,默认值为 $1\mathrm{e}-7$。该参数值在 0.25 版本之后将取消,由 min_impurity_decrease 代替。

class_weight:指定样本各类别的权重,主要是为了防止训练集某些类别的样本过多导致训练的决策树过于偏向这些类别。这里可以自己指定各个样本的权重,如果使用'balanced',则算法会自己计算权重,样本量少的类别所对应的样本权重会高。用户可以用字典型或者字典列表型数据指定每个类的权重,假设样本中存在 4 个类别,可以按照 [{0:1, 1:1}, {0:1, 1:5}, {0:1, 1:1}, {0:1, 1:1}] 这样的输入形式设置 4 个类的权重分别为 1、5、1、1,而不是 [{1:1}, {2:5}, {3:1}, {4:1}] 的形式。若用户单独指定了每个样本的权重,且也设置了 class_weight 参数,则系统会将该样本单独指定的权重乘以 class_weight 指定的其类的权重作为该样本最终的权重。

presort:设置对训练数据进行预排序,以提升结点最优划分属性的搜索,默认为 False。在训练集较大时,预排序会降低决策树构建的速度,不推荐使用,但训练集较小或者限制树的深度时,使用预排序能提升树的构建速度。

2) 决策树对象的常用方法

方法中的参数格式如下。

(1) fit(X, y[, sample_weight, …]):利用(X,y)训练集构建(训练)决策树分类器。

(2) get_params():返回构建的决策树分类器的全部参数。

(3) set_params(self, **params):设置该学习器的参数。

(4) decision_path(X):返回样本在树上的决策路径。

(5) predict( X):预测 X 所属分类。

(6) predict_log_proba(X):预测输入样本 X 的分类 log 概率。

(7) predict_proba(X):预测输入样本 X 的分类概率。

(8) score(X, y[, sample_weight]):返回给定测试数据和标签的平均准确率,即为模型打分,可以通过 sample_weight 参数指定样本权重。

3) 决策树对象的属性

可以使用如下决策树模型的属性来查看构建的决策树的一些信息。

(1) classes_: 分类模型的类别,以字典的形式输出。

(2) feature_importances_: 特征重要性,以列表的形式输出每个特征的重要性。

(3) max_features_: 最大搜索属性个数。

(4) n_classes_: 类别数,与 classes_对应,classes_输出具体的类别。

(5) n_features_: 特征数,即执行 fit 方法时属性的个数。

(6) n_outputs_: int,输出结果数,当执行 fit 方法时,输出的个数。

(7) tree_: 树对象,输出整个决策树,用于生成决策树的可视化。

## 3. 编程实现构建决策树及可视化决策树

```
>>> import numpy as np
>>> from sklearn import tree
>>> from sklearn.datasets import load_iris
>>> from sklearn.model_selection import train_test_split
>>> iris = load_iris()                    #加载 Iris 数据集
>>> iris.data                             #iris.data 存放 Iris 的划分属性
array([[ 5.1,   3.5,   1.4,   0.2],
       [ 4.9,   3. ,   1.4,   0.2],
       [ 4.7,   3.2,   1.3,   0.2],
          ...     ...    ...    ...
       [ 6.2,   3.4,   5.4,   2.3],
       [ 5.9,   3. ,   5.1,   1.8]])
#iris.target 存放 Iris 的类别属性,用 0、1、2 分别代表 setosa、versicolor、virginica
>>> iris.target
array([0, 0, 0, 0, 0, 0, 0, 0, 0, 0, ···, 1, 1, 1, 1,···, 2, 2, 2,···]
>>>X=np.array(iris.data)
>>> y=np.array(iris.target)
#拆分训练数据与测试数据,test_size 代表测试样本占的比例
>>> X_train, X_test, y_train, y_test = train_test_split(X, y, test_size = 0.2)
>>> len(X_train)
120
>>> len(X_test)
30
#下面建立决策树模型,使用 entropy 作为划分标准
>>> clf = tree.DecisionTreeClassifier(criterion='entropy',splitter='best')
>>> clf.fit(X_train, y_train)              #训练模型
DecisionTreeClassifier(class_weight=None, criterion='entropy', max_depth=
None,max_features=None, max_leaf_nodes=None,min_impurity_decrease=0.0, min_
impurity_split=None, min_samples_leaf=1, min_samples_split=2,min_weight_
fraction_leaf=0.0, presort=False, random_state=None,splitter='best')
#系数反映每个特征的影响力,系数越大表示该特征在分类中起到的作用越大
>>> print(clf.feature_importances_)
[0.01410706 0.04367211 0.30091678 0.64130404]
#用 export_graphviz 将树导出为 Graphviz 格式,用 iris.dot 文件保存
>>> with open("iris.dot", 'w') as f:
    f = tree.export_graphviz(clf, out_file=f)
#执行上述语句生成的 iris.dot 文件的内容如下。
```

```
digraph Tree {
node [shape=box] ;
0 [label="X[3] <=0.8\nentropy = 1.577\nsamples = 120\nvalue = [37, 46, 37]"] ;
1 [label="entropy = 0.0\nsamples = 37\nvalue = [37, 0, 0]"] ;
0 -> 1 [labeldistance=2.5, labelangle=45, headlabel="True"] ;
2 [label="X[2] <=4.75\nentropy = 0.992\nsamples = 83\nvalue = [0, 46, 37]"] ;
0 -> 2 [labeldistance=2.5, labelangle=-45, headlabel="False"] ;
3 [label="X[3] <=1.65\nentropy = 0.162\nsamples = 42\nvalue = [0, 41, 1]"] ;
2 -> 3 ;
4 [label="entropy = 0.0\nsamples = 41\nvalue = [0, 41, 0]"] ;
3 -> 4 ;
5 [label="entropy = 0.0\nsamples = 1\nvalue = [0, 0, 1]"] ;
3 -> 5 ;
6 [label="X[3] <=1.85\nentropy = 0.535\nsamples = 41\nvalue = [0, 5, 36]"] ;
2 -> 6 ;
7 [label="X[2] <=5.35\nentropy = 0.896\nsamples = 16\nvalue = [0, 5, 11]"] ;
6 -> 7 ;
8 [label="X[0] <=6.5\nentropy = 0.994\nsamples = 11\nvalue = [0, 5, 6]"] ;
7 -> 8 ;
9 [label="X[1] <=3.1\nentropy = 0.918\nsamples = 9\nvalue = [0, 3, 6]"] ;
8 -> 9 ;
10 [label="X[1] <=2.75\nentropy = 0.811\nsamples = 8\nvalue = [0, 2, 6]"] ;
9 -> 10 ;
11 [label="X[1] <=2.35\nentropy = 0.918\nsamples = 3\nvalue = [0, 2, 1]"] ;
10 -> 11 ;
12 [label="entropy = 0.0\nsamples = 1\nvalue = [0, 0, 1]"] ;
11 -> 12 ;
13 [label="entropy = 0.0\nsamples = 2\nvalue = [0, 2, 0]"] ;
11 -> 13 ;
14 [label="entropy = 0.0\nsamples = 5\nvalue = [0, 0, 5]"] ;
10 -> 14 ;
15 [label="entropy = 0.0\nsamples = 1\nvalue = [0, 1, 0]"] ;
9 -> 15 ;
16 [label="entropy = 0.0\nsamples = 2\nvalue = [0, 2, 0]"] ;
8 -> 16 ;
17 [label="entropy = 0.0\nsamples = 5\nvalue = [0, 0, 5]"] ;
7 -> 17 ;
18 [label="entropy = 0.0\nsamples = 25\nvalue = [0, 0, 25]"] ;
6 -> 18 ;
}
#下面用 pydotplus 将构建的决策树生成 iris.pdf 文件
>>> import pydotplus
>>> dot_data = tree.export_graphviz(clf, out_file=None,feature_names=
['Sep_len','Sep_wid','Pet_len','Pet_wid'],class_names=['setosa','versicolour',
'virginica'],filled=True,rounded=True,special_characters=True)
>>> graph = pydotplus.graph_from_dot_data(dot_data)
>>> graph.write_pdf("iris.pdf")          #生成决策树的 PDF 文件 iris.pdf
True
```

iris.pdf 文件的内容如图 5-10 所示。

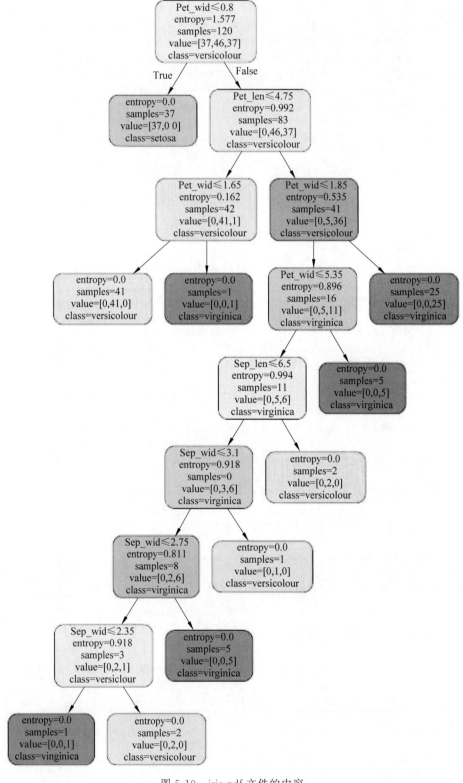

图 5-10  iris.pdf 文件的内容

### 5.5.3 使用 C4.5 决策树预测鸢尾花类别

依靠鸢尾花训练数据构造了决策树 clf 之后,可以将它用于实际的鸢尾花分类。对给定的鸢尾花划分属性数据集 X_test,调用决策树 clf 的 predict() 方法可预测 X_test 中每条记录所属的鸢尾花类别。

```
>>> answer = clf.predict(X_test)              #预测
>>> print(answer)
[2 2 0 1 0 2 1 2 2 0 1 2 2 2 0 2 0 0 0 2 0 0 0 0 0 1 0 1 2 2]
>>> clf.score(X_test, y_test)                 #预测的准确率,即为模型打分
0.9666666666666667
```

## 5.6 CART 决策树

### 5.6.1 CART 决策树的工作原理

ID3 算法使用信息增益来选择划分属性,信息增益大的属性优先被选择为划分属性。C4.5 决策树算法使用信息增益率来选择划分属性,克服了 ID3 算法中使用信息增益倾向于选择拥有多个属性值的属性作为划分属性的不足。但是无论是 ID3 还是 C4.5,都是基于信息论的熵模型的,这里面会涉及大量的对数运算。能不能简化模型,同时也不至于完全丢失熵模型的优点呢? 答案是肯定的,这就是 CART 决策树。

CART 的全称为 Classification and Regression Tree,即分类与回归树。CART 既可以用于分类,还可以用于回归。CART 分类树算法使用基尼系数来代替信息增益率,基尼系数代表了样本数据集的不纯度,基尼系数越小,不纯度越低,特征越好,这和信息增益(率)相反。CART 回归树算法,使用的是平方误差最小准则。

此外,相比于 ID3 和 C4.5 只能用于离散型数据且只能用于分类任务,CART 算法的适用面要广得多,既可用于离散型数据,又可以处理连续型数据。CART 算法生成的决策树模型是二叉树,而 ID3 以及 C4.5 决策树算法生成的决策树是多叉树,从运行效率角度考虑,二叉树模型会比多叉树模型运算效率高。

### 5.6.2 Python 实现 CART 决策树

CART 假设决策树是二叉树,内部结点特征的取值为"是"和"否",左分支是取值为"是"的分支,右分支是取值为"否"的分支。这样的决策树等价于递归地二分每个特征,将输入空间(即特征空间)划分为有限个单元,并在这些单元上确定预测的概率分布,也就是在输入给定的条件下输出的条件概率分布。

#### 1. 特征选择

CART 在分类任务中,使用基尼系数作为特征选择的依据,基尼系数用来衡量数据的不纯度或者不确定性,基尼系数越小,则不纯度越低,同时用基尼系数来决定类别变量的最优二分值的切分问题。在分类问题中,假设有 $k$ 个类,样本点属于第 $i$ 类的概率为 $p_i$,则概率分布的基尼系数 Gini$(p)$ 的定义为

$$\text{Gini}(p) = \sum_{i=1}^{k} p_i(1 - p_i) = 1 - \sum_{i=1}^{k} p_i^2$$

其中，$p_i$ 的计算如下：

$$p_i = \frac{|C_i|}{|D|}$$

其中，$|C_i|$ 表示第 $i$ 个类别的样本数量，$|D|$ 表示样本数据集的数量。

假设使用特征 $A$ 将数据集 $D$ 划分为两部分 $D_1$ 和 $D_2$，此时按照特征 $A$ 划分的数据集的基尼系数为

$$\text{Gini}(D, A) = \frac{|D_1|}{|D|}\text{Gini}(D_1) + \frac{|D_2|}{|D|}\text{Gini}(D_2)$$

基尼系数 $\text{Gini}(D, A)$ 表示特征 $A$ 划分数据集 $D$ 的不确定性。$\text{Gini}(D, A)$ 值越大，样本集合的不确定性也就越大，这一点与熵的概念比较类似。

因而对于一个具有多个取值(超过 2 个)的特征，需要计算以每一个取值作为划分点，对样本 $D$ 划分之后子集的纯度 $\text{Gini}(D, A_i)$(其中 $A_i$ 表示特征 $A$ 的可能取值)。

然后从所有的可能划分的 $\text{Gini}(D, A_i)$ 中找出 Gini 指数最小的划分，这个划分的划分点，便是使用特征 $A$ 对样本集合 $D$ 进行划分的最佳划分点。

所以基于上述理论，人们可以通过基尼系数来确定某个特征的最优切分点(即只需要确保切分后某点的基尼系数值最小)，这就是决策树 $CART$ 算法中特征切分的关键所在。

**2. 构建分类树**

CART 算法构建分类树的步骤与 C4.5 与 ID3 相似，不同点在于特征选择以及生成的树是二叉树。下面，主要介绍如何进行特征选择。

假设某个特征 $A$ 被选取建立决策树结点，特征 $A$ 有 $A_1, A_2, A_3$ 三种取值情况。

(1) CART 分类树会考虑把 $A$ 分成 $\{A_1\}$ 和 $\{A_2, A_3\}$，$\{A_2\}$ 和 $\{A_1, A_3\}$，$\{A_3\}$ 和 $\{A_1, A_2\}$ 三种情况。

(2) 找到基尼系数最小的组合，假设该组合是 $\{A_2\}$ 和 $\{A_1, A_3\}$。

(3) 建立二叉树结点，一个结点是 $A_2$ 对应的样本，另一个结点是 $\{A_1, A_3\}$ 对应的结点。

需要注意的是，由于这次没有把特征 $A$ 的取值完全分开，之后还有机会在子结点继续选择到特征 $A$ 来划分 $A_1$ 和 $A_3$。

下面以前面表 5-2 所示的银行贷款的贷款者数据集来说明 CART 决策树的生成过程。

首先对数据集非类标号属性{有房者,婚姻状况,年收入}分别计算它们的基尼系数增益，取基尼系数增益值最大的属性作为决策树的根结点属性。

$$\text{Gini}(拖欠贷款者) = 1 - (3/10)^2 - (7/10)^2 = 0.42$$

当根据是否有房来进行划分时，基尼系数增益计算过程为

$$\text{Gini}(左子结点) = 1 - (0/3)^2 - (3/3)^2 = 0$$

$$\text{Gini}(右子结点) = 1 - (3/7)^2 - (4/7)^2 = 0.4898$$

$$\Delta\{有房者\} = 0.42 - 7/10 \times 0.4898 - 31/0 \times 0 = 0.077$$

若按婚姻状况属性来划分，属性婚姻状况有三个可能的取值{已婚,单身,离异}，分别计算划分后的{已婚}|{单身,离异}、{单身}|{已婚,离异}、{离异}|{单身,已婚}的基尼系

数增益。

当分组为{已婚}|{单身,离异}时,Sl 表示婚姻状况取值为已婚的分组,Sr 表示婚姻状况取值为单身或者离异的分组,此时有

$$\Delta\{婚姻状况\}=0.42-4/10\times0-6/10\times[1-(3/6)^2-(3/6)^2]=0.12$$

当分组为{单身}|{已婚,离异}时,有

$$\Delta\{婚姻状况\}=0.42-4/10\times0.5-6/10\times[1-(1/6)^2-(5/6)^2]=0.053$$

当分组为{离异}|{单身,已婚}时,有

$$\Delta\{婚姻状况\}=0.42-2/10\times0.5-8/10\times[1-(2/8)^2-(6/8)^2]=0.02$$

对比计算结果,根据婚姻状况属性来划分根结点时取基尼系数增益最大的分组作为划分结果,也就是{已婚}|{单身,离异}。

最后考虑年收入属性,我们发现它是一个连续的数值类型。对于年收入属性为数值型属性,首先需要对数据按升序排序,然后从小到大依次用相邻值的中间值作为分割点将样本划分为两组。例如当面对年收入为 60 和 70 这两个值时,算得其中间值为 65。倘若以中间值 65 作为分割点。Sl 作为年收入小于 65 的样本,Sr 表示年收入大于等于 65 的样本,于是则得基尼系数增益为

$$\Delta(年收入)=0.42-1/10\times0-9/10\times[1-(6/9)^2-(3/9)^2]=0.02$$

其他值的计算同理可得,我们不再逐一给出计算过程,仅列出结果,如图 5-11 所示(最终我们取其中使得增益最大化的那个二分准则来作为构建二叉树的准则)。

| 拖欠贷款者 | 年收入 | 相邻值中点 | 基尼系数增益 |
|---|---|---|---|
| 否 | 60 | 65 | 0.02 |
| 否 | 70 | 72.5 | 0.045 |
| 否 | 75 | 80 | 0.077 |
| 是 | 85 | 87.7 | 0.003 |
| 是 | 90 | 92.5 | 0.02 |
| 是 | 95 | 97.5 | 0.12 |
| 否 | 100 | 110 | 0.077 |
| 否 | 120 | 122.5 | 0.045 |
| 否 | 125 | 172.5 | 0.02 |
| 否 | 220 | | |

图 5-11 年收入属性基尼系数增益

实际上,最大化增益等价于最小化子女结点的不纯性度量的加权平均值。

根据计算知道,三个属性划分根结点的增益最大的有两个:年收入属性和婚姻状况,它们的增益都为 0.12。此时,选取首先出现的属性作为第一次划分。

接下来,采用同样的方法,分别计算剩下的属性,其中根结点的基尼系数为(此时是否拖欠贷款的各有 3 个 records):

$$Gini(是否拖欠贷款)=1-(3/6)^2-(3/6)^2=0.5$$

与前面的计算过程类似,对于是否有房属性,可得:

$$\Delta\{是否有房\}=0.5-4/6\times[1-(3/4)^2-(1/4)^2]-2/6\times0=0.25$$

对于剩下属性的年收入属性的基尼系数增益如表 5-5 所示。

表 5-5 剩下属性的年收入属性的基尼系数增益

| 拖欠贷款者 | 年收入 | 相邻值中点 | 基尼系数增益 |
|---|---|---|---|
| 否 | 70 | 77.5 | 0.1 |
| 是 | 85 | 87.7 | 0.25 |
| 是 | 90 | 92.5 | 0.05 |
| 是 | 95 | 110 | 0.25 |
| 否 | 125 | 172.5 | 0.1 |
| 否 | 220 | | |

在编写代码之前,我们先对数据集进行数值化预处理。

(1) 是否有房:0 代表 no(否),1 代表 yes(是)。

(2) 婚姻状况:0 代表 single(单身),1 代表 married(已婚),2 代表 divorced(离异)。

(3) 是否拖欠贷款:0 代表 no(否),1 代表 yes(是)。

下面给出 CART 决策树的代码实现。

```
>>> from sklearn import tree
>>> import pydotplus
#创建划分属性数据集
>>> X=[[1,0,125],[0,1,100],[0,0,70],[1,1,120],[0,2,95],[0,1,60],[1,2,220],[0,0,
85],[0,1,75],[0,0,90]]
>>> y=[0,0,0,0,1,0,0,1,0,1]                  #创建对应的类别属性数据集
#下面建立决策树模型,使用 gini 作为划分标准
>>> clf = tree.DecisionTreeClassifier(criterion='gini', splitter='best')
>>> clf.fit(X, y)                            #训练模型
>>> dot_data = tree.export_graphviz(clf, out_file=None,feature_names=['house',
'status','income'],class_names=['no','yes'],filled=True,rounded=True,special_
characters=True)
>>> graph = pydotplus.graph_from_dot_data(dot_data)
>>> graph.write_pdf("arrears.pdf")           #生成决策树的 PDF 文件 arrears.pdf
True
```

arrears.pdf 文件的内容如图 5-12 所示。

最后我们总结一下,CART 和 C4.5 的主要区别如下。

C4.5 采用信息增益率来作为分支特征的选择标准,而 CART 则采用基尼系数。

C4.5 不一定是二叉树,但 CART 一定是二叉树。

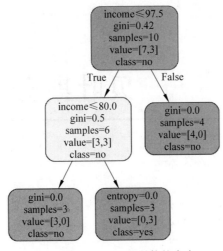

图 5-12  arrears.pdf 文件的内容

# 5.7  本章小结

本章主要讲解决策树分类。先讲解了数据对象间的相似性和相异性的度量。然后,讲解了分类的相关概念和分类的一般流程。接着,讲解了决策树分类的相关概念,ID3 决策树的工作原理,以及 C4.5 决策树的工作原理。最后,讲解了 CART 决策树。

# 第 6 章

# 贝叶斯分类

贝叶斯分类算法是统计学的一种分类方法,其分类原理是通过某对象的先验概率,利用贝叶斯公式计算出其后验概率,即该对象属于某一类的概率,选择具有最大后验概率的类作为该对象所属的类。

## 6.1 贝叶斯定理

### 6.1.1 概率基础

概率是概率论的基本概念。随机试验所有可能结果组成的集合称为它的样本空间,用符号 $\Omega$ 来表示。样本空间可以是有限(或无限)多个离散点,也可以是有限(或无限)的区间。

随机事件是随机试验结果(样本点)组成的集合,一般用大写字母 $A$、$B$ 等表示。随机事件里有三个特殊的随机事件:基本事件,仅由一个样本点组成的集合;必然事件,全部样本点组成的集合,用 $\Omega$ 表示;不可能事件,不包含任何样本点的集合,用 $\Phi$ 表示。

若事件 $A$ 和 $B$ 满足 $A \bigcap B = \Phi$,称事件 $A$ 与 $B$ 互斥,也叫互不相容事件,它们没有公共样本点,表示这些事件不会同时发生。

其中必有一个发生的两个互斥事件叫作对立事件。若 $A$ 与 $B$ 是对立事件(互逆),则 $A$ 与 $B$ 互斥且 $A+B$ 为必然事件。事件 $A$ 的对立事件可表示为 $\overline{A}$。

**注意**:对立必然互斥,互斥不一定对立。

一般地,对于 $\Omega$ 中的一个随机事件 $A$,人们把刻画其发生可能性大小的数值,称为随机事件 $A$ 发生的概率,记为 $P(A)$。概率从数量上刻画了一个随机事件发生的可能性大小,$P(A)$ 满足以下性质。

非负性:对任意事件 $A$,有 $P(A) \geqslant 0$。

规范性:对必然事件 $\Omega$,有 $P(\Omega)=1$。

无穷可加:对任意两两不相容的随机事件 $A_1+A_2+\cdots$,都有

$$P(A_1+A_2+\cdots)=P(A_1)+P(A_2)+\cdots$$

概率的运算性质如下。

性质 1. 不可能事件的概率为零:$P(\Phi)=0$。

性质 2. 有限可加性:对有限个两两不相容的随机事件 $A_1+A_2+\cdots+A_m$,有

$$P(A_1+A_2+\cdots+A_m)=P(A_1)+\cdots+P(A_m)$$

性质 3. 对立事件的概率：$P(\overline{A})=1-P(A)$。

性质 4. 加法公式：对任意的两个事件 $A$，$B$，有 $P(A\cup B)=P(A)+P(B)-P(AB)$。

推论：$P(A\cup B)\leqslant P(A)+P(B)$。

性质 5. 设 $A$，$B$ 是两个事件，若 $A\subset B$，则 $P(A)\leqslant P(B)$。

性质 6. 对任意的事件 $A$，有 $P(A)\leqslant 1$。

#### 1. 条件概率

条件概率是一种带有附加条件的概率，即事件 $A$ 发生的概率随事件 $B$ 是否发生而变化，则在事件 $B$ 发生后 $A$ 发生的概率，叫作事件 $B$ 发生下事件 $A$ 的条件概率，记为 $P(A|B)$。计算条件概率的公式如下：

$$P(A\mid B)=\frac{P(AB)}{P(B)}$$

从条件概率公式可知：事件 $B$ 发生的前提下，$A$ 发生的条件概率 $P(A|B)$ 等于事件 $A$ 和事件 $B$ 同时发生的概率 $P(AB)$ 除以事件 $B$ 发生的概率 $P(B)$。

#### 2. 全概率公式

概率的乘法公式：$P(AB)=P(A)P(B|A)$，其中 $P(A)>0$。

设 $A_1$，$A_2$，$\cdots$，$A_n$ 为一个完备事件组，即它们两两互不相容，其和为全集，对任一事件 $B$，有 $B=\Omega B=(A_1+A_2+\cdots+A_n)B=A_1B+A_2B+\cdots+A_nB$，$A_1$，$A_2$，$\cdots$，$A_n$ 与 $B$ 的关系可用图 6-1 所示的维恩图表示。

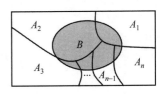

图 6-1　$A_1$，$A_2$，$\cdots$，$A_n$ 与 $B$ 之间的维恩图

显然 $A_1B$，$A_2B$，$\cdots$，$A_nB$ 也两两互不相容，由概率的可加性及乘法公式，有：

$$P(B)=P(A_1B+A_2B+\cdots+A_nB)=\sum_{i=1}^{n}P(A_iB)=\sum_{i=1}^{n}P(A_i)P(B\mid A_i)$$

这个公式称为全概率公式。

全概率公式的主要用途在于它可以将一个复杂事件的概率计算问题，分解为若干个简单事件的概率计算问题，最后应用概率的可加性求出最终结果。

【例 6-1】　一个公司有甲、乙、丙三个分厂生产的同一品牌的产品，已知三个分厂生成的产品所占的比例分别为 $30\%$、$20\%$、$50\%$，且三个分厂的次品率分别为 $3\%$、$3\%$、$1\%$，试求市场上该品牌产品的次品率。

解：设 $A_1$、$A_2$、$A_3$ 分别表示买到一件甲、乙、丙的产品；$B$ 表示买到一件次品，显然 $A_1$、$A_2$、$A_3$ 构成一个完备事件组，由题意有 $P(A_1)=0.3$，$P(A_2)=0.2$，$P(A_3)=0.5$，$P(B|A_1)=0.03$，$P(B|A_2)=0.03$，$P(B|A_3)=0.01$，由全概率公式，有

$$P(B)=\sum_{i=1}^{3}P(A_i)P(B\mid A_i)=0.3\times0.03+0.2\times0.03+0.5\times0.01=0.02$$

【例 6-2】　小王从家到公司上班总共有三条路可以直达，但是每条路每天拥堵的可能性不太一样，由于路的远近不同，选择每条路的概率如下：

$$P(L_1)=0.5,\quad P(L_2)=0.3,\quad P(L_3)=0.2$$

每天上述三条路不拥堵的概率分别为

$$P(C_1)=0.2, \quad P(C_2)=0.4, \quad P(C_3)=0.7$$

假设遇到拥堵会迟到,那么小王从家到公司不迟到的概率是多少?

解:事实上,不迟到就是对应着不拥堵,设事件 $C$ 为到公司不迟到,事件 $L_i$ 为选择第 $i$ 条路,则

$$
\begin{aligned}
P(C) &= P(L_1) \times P(C \mid L_1) + P(L_2) \times P(C \mid L_2) + P(L_3) \times P(C \mid L_3) \\
&= P(L_1) \times P(C_1) + P(L_2) \times P(C_2) + P(L_3) \times P(C_3) \\
&= 0.5 \times 0.2 + 0.3 \times 0.4 + 0.2 \times 0.7 = 0.36
\end{aligned}
$$

总结:全概率就是表示达到某个目的有多种方式(或者造成某种结果,有多种原因),问达到目的的概率是多少(造成这种结果的概率是多少)。

人们在生活中经常遇到这种情况:人们可以很容易直接得出 $P(A|B)$,而 $P(B|A)$ 则很难直接得出,但人们更关心 $P(B|A)$,下面的贝叶斯定理能帮助人们由 $P(A|B)$ 求得 $P(B|A)$。

## 6.1.2  贝叶斯定理简介

设 $A_1, A_2, \cdots, A_n$ 为一个完备事件组,$P(A_i) > 0, i = 1, 2, \cdots, n$,对任一事件 $B$,若 $P(B) > 0$,有:

$$P(A_k \mid B) = \frac{P(A_k B)}{P(B)} = \frac{P(A_k)P(B \mid A_k)}{\sum\limits_{i=1}^{n} P(A_i)P(B \mid A_i)} \quad k = 1, 2, \cdots, n$$

该公式称为贝叶斯公式。

该公式于 1763 年由贝叶斯给出,他是在观察事件 $B$ 已发生的条件下,寻找导致 $B$ 发生的每个原因 $A_k$ 的概率。

【例 6-3】 已知三家工厂甲、乙、丙的市场占有率分别为 30%、20%、50%,次品率分别为 3%、3%、1%。如果买了一件商品,发现是次品,问它是甲、乙、丙厂生产的概率分别为多少?

解:设 $A_1$、$A_2$、$A_3$ 分别表示买到一件甲、乙、丙的产品;$B$ 表示买到一件次品,显然 $A_1$、$A_2$、$A_3$ 构成一个完备事件组,由题意有 $P(A_1)=0.3, P(A_2)=0.2, P(A_3)=0.5, P(B|A_1)=0.03, P(B|A_2)=0.03, P(B|A_3)=0.01$,由全概率公式有

$$P(B) = \sum_{i=1}^{3} P(A_i)P(B \mid A_i) = 0.3 \times 0.03 + 0.2 \times 0.03 + 0.5 \times 0.01 = 0.02$$

由贝叶斯公式有

$$P(A_1 \mid B) = \frac{P(A_1)P(B \mid A_1)}{P(B)} = \frac{0.3 \times 0.03}{0.02} = 0.45$$

$$P(A_2 \mid B) = \frac{0.2 \times 0.03}{0.02} = 0.3$$

$$P(A_3 \mid B) = \frac{0.5 \times 0.01}{0.02} = 0.25$$

由 $P(A_1|B)=0.45$,可知这件商品最有可能是甲厂生产的。

### 6.1.3 先验概率与后验概率

#### 1. 先验概率

先验概率是指事情还没有发生,根据以往的经验来判断事情发生的概率。它是"由因求果"的体现。

扔一个硬币,在扔之前就知道正面向上的概率为 0.5。这是根据我们之前的经验得到的。这个 0.5 就是先验概率。

#### 2. 后验概率

后验概率是指事情已经发生了,有多种原因,判断事情的发生是由哪一种原因引起的。它是"由果求因"的体现。

今天上班迟到了,有两个原因:一个原因是堵车;一个是生病了。后验概率就是根据结果(迟到)来计算原因(堵车/生病)的概率。

数学表达上,后验概率和条件概率有相同的形式。

$$P(堵车 \mid 迟到) = \frac{P(堵车且迟到)}{P(迟到)} = \frac{P(迟到 \mid 堵车)P(堵车)}{P(迟到)}$$

## 6.2 朴素贝叶斯分类的原理与分类流程

### 6.2.1 贝叶斯分类原理

贝叶斯分类器是一个统计分类器。它能够预测一个数据对象属于某个类别的概率。贝叶斯分类器是基于贝叶斯定理而构造出来的。有关研究结果表明:朴素贝叶斯分类器在分类性能上与决策树和神经网络都是可比的。

在处理大规模数据时,贝叶斯分类器已表现出较高的分类准确性和运算性能。

设 $X$ 是类标号未知的数据样本。设 $H$ 为某种假定,如数据样本 $X$ 属于某特定的类 $C$。对于分类问题,我们希望确定 $P(H|X)$,即给定观测数据样本 $X$,假定 $H$ 成立的概率。贝叶斯定理给出了如下计算 $P(H|X)$ 的简单有效的方法:

$$P(H \mid X) = \frac{P(X \mid H)P(H)}{P(X)}$$

其中,称 $P(H)$ 是 $H$ 的先验概率,$P(X|H)$ 代表假设 $H$ 成立的情况下,观察到 $X$ 的概率;$P(H|X)$ 是 $H$ 的后验概率,或称条件 $X$ 下 $H$ 的后验概率。

### 6.2.2 朴素贝叶斯分类的流程

朴素贝叶斯分类是一种十分简单的贝叶斯分类算法,朴素贝叶斯分类之所以称为"朴素"是因为它假定一个属性值对给定类的影响独立于其他属性值,做此假定是为了简化所需要的计算。

朴素贝叶斯分类的主要思想:对于给出的待分类项,求解在此项出现的条件下各个类别出现的概率,哪个最大,就认为此待分类项属于哪个类别。

朴素贝叶斯分类的流程如下。

(1) 设 $x = (a_1, a_2, \cdots, a_m)$ 为一个样本数据,而每个 $a_i$ 为 $x$ 的一个特征属性的具体值。

(2) 设有类别集合 $C = \{c_1, c_2, \cdots, c_n\}$。

(3) 计算 $P(c_1 | x), P(c_2 | x), \cdots, P(c_n | x)$。

(4) 如果 $P(c_k | x) = \max\{P(c_1 | x), P(c_2 | x), \cdots, P(c_n | x)\}$，则 $x$ 被认为属于类别 $c_k$。

现在的关键就是如何计算第(3)步中的各个条件概率，可以按如下步骤做。

(1) 找到一个已经知道样本数据类别的样本数据集合，这个集合叫作训练样本集。

(2) 统计得到在各类别下各个特征属性的条件概率估计，即 $P(a_1 | c_1), P(a_2 | c_1), \cdots, P(a_m | c_1); P(a_1 | c_2), P(a_2 | c_2), \cdots, P(a_m | c_2); \cdots; P(a_1 | c_n), P(a_2 | c_n), \cdots, P(a_m | c_n)$。

(3) 如果各个特征属性是条件独立的，则根据贝叶斯定理有如下推导：

$$P(c_k | x) = \frac{P(x | c_k) P(c_k)}{P(x)}$$

因为分母对于所有类别为常数，因此只需要找出分子的最大项即可。又因为各特征属性是条件独立的，所以有

$$P(x | c_k) P(c_k) = P(a_1 | c_k) P(a_2 | c_k) \cdots P(a_m | c_k) P(c_k) = P(c_k) \prod_{j=1}^{m} P(a_j | c_k)$$

根据上述分析，朴素贝叶斯分类的流程如图 6-2 所示。

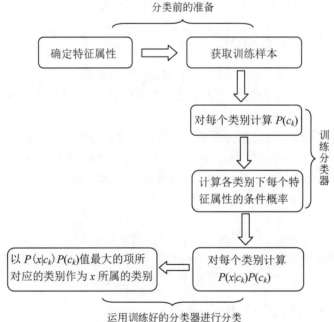

图 6-2　朴素贝叶斯分类的流程

可以看到，整个朴素贝叶斯分类分为三个阶段。

第一阶段——分类前的准备：根据具体情况确定特征属性，然后对一部分待分类样本进行分类，形成训练样本集合。这一阶段的输入是所有待分类数据，输出是特征属性和训练样本。分类器的质量很大程度上由特征属性和训练样本的质量决定。

第二阶段——训练分类器，这个阶段的任务就是生成分类器，主要工作是计算每个类别

在训练样本中的出现频率及每个特征属性对每个类别的条件概率估计。其输入是特征属性和训练样本,输出是分类器。

第三阶段——运用训练好的分类器进行分类,这个阶段的任务是使用分类器对待分类数据进行分类,其输入是分类器和待分类数据,输出是待分类数据与类别的映射关系,以 $P(x|c_k)P(c_k)$ 值最大的项所对应的类别作为待分类数据 $x$ 所属的类别。

【例 6-4】 朴素贝叶斯分类举例。表 6-1 是 14 个关于是否打羽毛球的样本数据,对记录 $x=\{$天气状况:晴天,气温:冷,湿度:高,风力:高$\}$ 做出决策。

表 6-1 14 个关于是否打羽毛球的样本数据

| 样本序号 | 天气状况 | 气温 | 湿度 | 风力 | 是否打羽毛球 |
|---|---|---|---|---|---|
| 1 | 晴天 | 热 | 高 | 低 | 否 |
| 2 | 晴天 | 热 | 高 | 高 | 否 |
| 3 | 阴天 | 热 | 高 | 低 | 是 |
| 4 | 下雨 | 适宜 | 高 | 低 | 是 |
| 5 | 下雨 | 冷 | 正常 | 低 | 是 |
| 6 | 下雨 | 冷 | 正常 | 高 | 否 |
| 7 | 阴天 | 冷 | 正常 | 高 | 是 |
| 8 | 晴天 | 适宜 | 高 | 低 | 否 |
| 9 | 晴天 | 冷 | 正常 | 低 | 是 |
| 10 | 下雨 | 适宜 | 正常 | 低 | 是 |
| 11 | 晴天 | 适宜 | 正常 | 高 | 是 |
| 12 | 阴天 | 适宜 | 高 | 高 | 是 |
| 13 | 阴天 | 热 | 正常 | 低 | 是 |
| 14 | 下雨 | 适宜 | 高 | 高 | 否 |

统计结果如表 6-2 所示。

表 6-2 统计结果

| 天气状况 $x_1$ | | 气温 $x_2$ | | 湿度 $x_3$ | | 有风 $x_4$ | | 是否打羽毛球 | |
|---|---|---|---|---|---|---|---|---|---|
| 是 9 | 否 5 | 是 9 | 否 5 | 是 9 | 否 5 | 是 9 | 否 5 | 是 9 | 否 5 |
| 晴 2/9 | 3/5 | 热 2/9 | 2/5 | 高 3/9 | 4/5 | 低 6/9 | 2/5 | 9/14 | 5/14 |
| 阴 4/9 | 0/5 | 宜 4/9 | 2/5 | 正 6/9 | 1/5 | 高 3/9 | 3/5 | | |
| 雨 3/9 | 2/5 | 冷 3/9 | 1/5 | | | | | | |

下面按朴素贝叶斯分类的流程进行计算。

(1) 由表格数据可以知道类别集合 $C=\{$是,否$\}$。

(2) 计算 $P(是|x)$ 和 $P(否|x)$。

① 统计得到在各类别下各个特征属性的条件概率估计,即 $P(x_1|是)$,$P(x_2|是)$,

$P(x_3|是),P(x_4|是);P(x_1|否),P(x_2|否),P(x_3|否),P(x_4|否)。$

② 对 $x=\{$天气状况：晴天,气温：冷,湿度：高,风力：高$\}$做出决策,做如下计算：

$$P(是 \mid x)=\frac{P(是\ x)}{P(x)}=\frac{P(x1 \mid 是)P(x2 \mid 是)P(x3 \mid 是)P(x4 \mid 是)P(是)}{P(x)}$$

$$=\frac{P(晴天 \mid 是)P(冷 \mid 是)P(高 \mid 是)P(高 \mid 是)P(是)}{P(x)}$$

$$=\frac{\frac{2}{9}\times\frac{3}{9}\times\frac{3}{9}\times\frac{3}{9}\times\frac{9}{14}}{P(x)}$$

$$=\frac{0.0053}{P(x)}$$

同理可计算 $P(否|x)$：

$$P(否 \mid x)=\frac{P(晴天 \mid 否)P(冷 \mid 否)P(高 \mid 否)P(高 \mid 否)P(否)}{P(x)}$$

$$=\frac{\frac{3}{5}\times\frac{1}{5}\times\frac{4}{5}\times\frac{3}{5}\times\frac{5}{14}}{P(x)}$$

$$=\frac{0.0206}{P(x)}$$

因为 $P(是|x)<P(否|x)$,由此可做出决策不去打羽毛球。

## 6.3 高斯朴素贝叶斯分类

### 6.3.1 scikit-learn 实现高斯朴素贝叶斯分类

朴素贝叶斯有三个常用模型：高斯朴素贝叶斯分类、多项式朴素贝叶斯分类和伯努利朴素贝叶斯分类。在 scikit-learn 中,一共有三个朴素贝叶斯的分类算法类,分别是GaussianNB、MultinomialNB 和 BernoulliNB。其中,GaussianNB 就是先验为高斯分布的朴素贝叶斯,MultinomialNB 就是先验为多项式分布的朴素贝叶斯,而 BernoulliNB 就是先验为伯努利分布的朴素贝叶斯。这三个类适用的场景各不相同,主要根据样本特征来进行模型的选择。一般来说,如果样本特征的分布是连续值,使用 GaussianNB 会比较好。如果样本特征的分布是多元离散值,使用 MultinomialNB 比较合适。而如果样本特征是二元离散值或者很稀疏的多元离散值,应该使用 BernoulliNB。

高斯朴素贝叶斯假设与每个分类相关的连续值是按照高斯分布分布的,即如下式：

$$P(a_j \mid c_k)=\frac{1}{\sqrt{2\pi\sigma_k^2}}\exp\left(-\frac{(a_j-\mu_k)^2}{2\sigma_k^2}\right)$$

其中,$a_j$ 为观测值,$c_k$ 为第 $k$ 类别,$\mu_k$ 和 $\sigma_k^2$ 的值需要从训练集数据估计。

高斯朴素贝叶斯会根据训练集求出 $\mu_k$ 和 $\sigma_k^2$。$\mu_k$ 为在样本类别 $c_k$ 中所有 $a_j$ 的平均值。$\sigma_k^2$ 为在样本类别 $c_k$ 中所有 $a_j$ 的方差。

GaussianNB 模型的语法格式如下：

```
sklearn.naive_bayes.GaussianNB(priors=None, var_smoothing=1e-09)
```

参数说明如下。

priors：设置先验概率，对应各个类别的先验概率 $P(c_k)$。这个值默认不给出，如果不给出，则 $P(c_k)=m_k/m$，其中 $m$ 为训练集样本总数量，$m_k$ 为第 $k$ 类别的训练集样本数。

var_smoothing：比例因子，浮点类型，默认值为 $1e-9$，将所有特征中最大的方差的一定比例添加到方差中。

在使用 GaussianNB 的 fit 方法拟合(训练)数据后，就可以进行预测。此时预测有三种方法，包括 predict( )、predict_log_proba( )和 predict_proba( )。

predict( )方法就是人们最常用的预测方法，直接给出测试集的预测类别输出。

predict_proba( )给出测试样本在各个类别上预测的概率，predict_proba( )预测出的各个类别概率里的最大值对应的类别就是 predict( )方法得到的类别。

predict_log_proba( )和 predict_proba( )类似，它会给出测试样本在各个类别上预测的概率的一个对数转化。predict_log_proba( )预测出的各个类别对数概率里的最大值对应的类别就是 predict( )方法得到的类别。

此外，GaussianNB 另一个重要的功能是其包含 partial_fit( )方法，这个方法一般用在训练集数据量非常大，一次不能全部载入内存的时候。这时可以把训练集分成若干等份，重复调用 partial_fit( )来一步步地学习训练集。

训练好的模型的属性说明如下。

class_prior：分属不同类的概率。

class_count_：每个类的样本数。

theta_：每个类的特征均值。

sigma_：每个类的特征方差。

```
>>> import numpy as np
>>> X = np.array([[-1, -1], [-2, -1], [-3, -2], [1, 1], [2, 1], [3, 2]])
>>> Y = np.array([1, 1, 1, 2, 2, 2])
>>> from sklearn.naive_bayes import GaussianNB
>>> clf = GaussianNB()                      #建立 GaussianNB 分类器
>>> clf.fit(X, Y)                           #训练(调用 fit 方法)clf 分类器
GaussianNB(priors=None)
>>> print(clf.predict([[-0.8, -1]]))        #预测样本[-0.8,-1]的类别
[1]
#测试样本[-0.8,-1]被预测为类别 1 的概率大于被预测为类别 2 的概率
>>>print(clf.predict_proba([[-0.8,-1]]))
[[ 9.99999949e-01   5.05653254e-08]]
>>> print(clf.predict_log_proba([[-0.8,-1]]))
[[ -5.05653266e-08  -1.67999998e+01]]
```

## 6.3.2 Python 实现 iris 高斯朴素贝叶斯分类

下面以鸢尾花数据集来演示高斯朴素贝叶斯分类的算法实现。鸢尾花数据集部分数据如表 6-3 所示。

表 6-3　鸢尾花数据集部分数据

| ID | Sep_len | Sep_wid | Pet_len | Pet_wid | Iris_type |
|----|---------|---------|---------|---------|-----------|
| 1  | 5.1     | 3.5     | 1.4     | 0.2     | Iris-setosa |
| 2  | 4.9     | 3       | 1.4     | 0.2     | Iris-setosa |
| 3  | 4.7     | 3.2     | 1.3     | 0.2     | Iris-setosa |
| 4  | 4.6     | 3.1     | 1.5     | 0.2     | Iris-setosa |
| 5  | 5       | 3.6     | 1.4     | 0.2     | Iris-setosa |

**1. 载入数据集，划分为训练集与测试集**

```python
import pandas as pd
import numpy as np
iris_df = pd.read_csv('D:/mypython/iris.csv')[['Sep_len','Sep_wid','Pet_len','Pet_wid','Iris_type']]
def splitData(data_list, ratio):
    train_size = int(len(data_list) * ratio)
    np.random.shuffle(data_list)              #打乱 data_list 的元素顺序
    train_set = data_list[:train_size]
    test_set = data_list[train_size:]
    return train_set,test_set
iris_list = np.array(iris_df).tolist()
trainset,testset = splitData(iris_list,ratio = 0.8)    #将数据集划分训练集和测试集
print('将 {0}样本数据划分为{1}个训练样本和{2}个测试样本'.format(len(iris_df), len(trainset), len(testset)))
print('训练样本的前 5 条记录:')
trainset[0:5]
```

运行上述代码得到的输出结果如下。

```
将 150 样本数据划分为 120 个训练样本和 30 个测试样本
训练样本的前 5 条记录:
[[5.6, 3.0, 4.1, 1.3, 'Iris-versicolor'],
 [7.1, 3.0, 5.9, 2.1, 'Iris-virginica'],
 [4.8, 3.4, 1.6, 0.2, 'Iris-setosa'],
 [4.9, 2.5, 4.5, 1.7, 'Iris-virginica'],
 [6.1, 2.9, 4.7, 1.4, 'Iris-versicolor']]
```

**2. 计算先验概率**

先计算数据集中属于各类别的样本分别有多少,然后计算属于每个类别的先验概率。

1) 按类别划分数据集

```python
def divideByClass(dataset):
    divide_dict = {}                          #记录按类别划分的样本
    class_dict = {}                           #记录每个类别的样本数
    for vector in dataset:
```

```
        if vector[-1] not in divide_dict:
            divide_dict[vector[-1]] = []
            class_dict[vector[-1]] = 0
        divide_dict[vector[-1]].append(vector)
        class_dict[vector[-1]] +=1
    return divide_dict,class_dict
train_divided,train_class = divideByClass(trainset)
print('数据集各个类别的样本数:',train_class)
print('Iris-versicolor 鸢尾花的前 5 条信息:\n')
train_divided["Iris-versicolor"][:5]
```

运行上述代码得到的输出结果如下。

```
数据集各个类别的样本数: {'Iris-versicolor': 35, 'Iris-virginica': 44, 'Iris-
setosa': 41}
Iris-versicolor 鸢尾花的前 5 条信息:
[[5.6, 3.0, 4.1, 1.3, 'Iris-versicolor'],
 [6.1, 2.9, 4.7, 1.4, 'Iris-versicolor'],
 [6.0, 2.9, 4.5, 1.5, 'Iris-versicolor'],
 [6.5, 2.8, 4.6, 1.5, 'Iris-versicolor'],
 [6.2, 2.2, 4.5, 1.5, 'Iris-versicolor']]
```

2) 计算属于每个类别的先验概率

```
def calulatePriorProb(dataset,class_info):
    prior_prob = {}                                      #记录属于每个类别的先验概率
    sample_total = len(dataset)                          #获取数据集样本总数
    for class_name, sample_nums in class_info.items():
        prior_prob[class_name] = sample_nums/float(sample_total)
    return prior_prob
prior_prob = calulatePriorProb(trainset,train_class)
print("属于每个类别的先验概率:\n",prior_prob)
```

运行上述代码得到的输出结果如下。

```
属于每个类别的先验概率:
{'Iris-versicolor': 0.2916666666666667, 'Iris-virginica': 0.36666666666666664, '
Iris-setosa': 0.3416666666666667}
```

**3. 计算每个特征下每类的条件概率**

计算在一个属性的前提下,该样本属于某类的条件概率。

1) 概率密度函数实现

```
#均值
def mean(list):
    list = [float(x) for x in list]
    return sum(list)/float(len(list))
#方差
```

```
def var(list):
  list = [float(x) for x in list]
  avg = mean(list)
  var = sum([math.pow((x-avg),2) for x in list])/float(len(list)-1)
  return var
#概率密度函数
def calculateProb(x,mean,var):
    exponent = math.exp(math.pow((x-mean),2)/(-2 * var))
    p = (1/math.sqrt(2 * math.pi * var)) * exponent
    return p
```

2) 计算每个属性的均值和方差

计算训练数据集每个属性的均值和方差。

```
import math
def calculate_mean_var(dataset):
    dataset = np.delete(dataset,-1,axis = 1)            #删除类别
    mean_var = [(mean(attr),var(attr)) for attr in zip(* dataset)]
    return mean_var
mean_var = calculate_mean_var(trainset)
print("每个属性的均值和方差分别是:")
for x in mean_var:
    print(x)
```

运行上述代码得到的输出结果如下。

```
每个属性的均值和方差分别是:
(5.845833333333334, 0.6937640056022407)
(3.0625, 0.196313025210084)
(3.7524999999999995, 3.2588172268907543)
(1.196666666666667, 0.6077198879551824)
```

3) 按类别提取属性特征

按类别提取属性特征,得到"类别数目 * 属性数目"组(均值,方差)。

```
def summarizeByClass(dataset):
  divide_dict,class_dict = divideByClass(dataset)
  summarize_by_class = {}
  for classValue, vector in divide_dict.items():
      summarize_by_class[classValue] = calculate_mean_var(vector)
  return summarize_by_class
train_Summary_by_class = summarizeByClass(trainset)
print(train_Summary_by_class)
```

运行上述代码得到的输出结果如下。

```
{'Iris-versicolor': [(5.862857142857142, 0.23181512605042015),
(2.74, 0.08600000000000003), (4.151428571428571, 0.18904201680672275),
```

```
(1.302857142857143, 0.03205042016806722)], 'Iris-virginica': [(6.59090909090909,
0.41665961945031715), (2.956818181818181, 0.10855708245243127), (5.570454545454546,
0.31980443974630013), (2.011363636363636, 0.07312367864693443)],
'Iris-setosa': [(5.031707317073171, 0.12871951219512204), (3.451219512195122,
0.136060975609756), (1.460975609756097, 0.03343902439024391), (0.23170731707317074,
0.007719512195121947)]}
```

4）按类别将每个属性的条件概率相乘

前面已经将训练数据集按类别分好，这里就可以实现，根据输入的测试数据依据每类的每个属性计算属于某类的概率。

```python
def calculateClassProb(input_data,train_Summary_by_class):
  prob = {}
  for class_value, summary in train_Summary_by_class.items():
      prob[class_value] = 1
      for i in range(len(summary)):
          mean,var = summary[i]
          x = input_data[i]
          p = calculateProb(x,mean,var)
      prob[class_value] *=p
  return prob
input_vector = testset[1]
input_data = input_vector[:-1]
train_Summary_by_class = summarizeByClass(trainset)
class_prob = calculateClassProb(input_data,train_Summary_by_class)
print("属于每类的概率是:")
for x in class_prob.items():
    print(x)
```

运行上述代码得到的输出结果如下。

```
属于每类的概率是:
('Iris-versicolor', 9.568700299595794e-05)
('Iris-virginica', 2.430453429561918e-07)
('Iris-setosa', 0.04288596803230552)
```

**4. 先验概率与类的条件概率相乘**

由先验概率与类的条件概率相乘得到朴素贝叶斯分类器。

```python
def GaussianBayesPredict(input_data):
  prior_prob = calulatePriorProb(trainset,train_class)
  train_Summary_by_class = summarizeByClass(trainset)
  classprob_dict = calculateClassProb(input_data,train_Summary_by_class)
  result = {}
  for class_value,class_prob in classprob_dict.items():
      p = class_prob * prior_prob[class_value]
      result[class_value] = p
```

```
        return max(result,key=result.get)
```

**5.朴素贝叶斯分类器测试**

根据样本的属性特征,用得到的贝叶斯分类器预测其对应的类别。

```
input_vector = testset[1]
input_data = input_vector[:-1]                          #获取样本的属性特征
result = GaussianBayesPredict(input_data)
print("样本所属的类别预测为: {0}".format(result))
```

运行上述代码得到的输出结果如下。

样本所属的类别预测为: Iris-setosa

# 6.4 多项式朴素贝叶斯分类

当特征是离散的时候,使用多项式朴素贝叶斯模型。多项式朴素贝叶斯模型在计算先验概率 $P(c_k)$ 和条件概率 $P(a_i|c_k)$ 时,会做一些平滑处理,具体公式为

$$P(c_k) = \frac{N_{c_k} + \alpha}{N + n\alpha}$$

其中, $N$ 是总的样本个数, $n$ 是总的类别个数, $N_{c_k}$ 是类别为 $c_k$ 的样本个数, $\alpha$ 是平滑值。

$$P(a_i \mid c_k) = \frac{N_{c_k,a_i} + \alpha}{N_{c_k} + m\alpha}$$

其中, $N_{c_k}$ 是类别为 $c_k$ 的样本个数, $m$ 是特征的维数, $N_{c_k,a_i}$ 是类别为 $c_k$ 的样本中第 $i$ 维特征的值是 $a_i$ 的样本个数, $\alpha$ 是平滑值。

当 $\alpha=1$ 时,称作 Laplace 平滑;当 $0<\alpha<1$ 时,称作 *Lidstone* 平滑;当 $\alpha=0$ 时,不做平滑。

MultinomialNB 模型的参数比 GaussianNB 模型的参数多,MultinomialNB 模型的语法格式如下。

```
sklearn.naive_bayes.MultinomialNB(alpha=1.0, fit_prior=True, class_prior=
None)
```

参数说明如下。

alpha:即为上面的常数 $\alpha$,如果没有特别需要,用默认的 1 即可。如果发现拟合得不好,需要调优时,可以选择稍大于 1 或者稍小于 1 的数。

fit_prior:布尔参数,表示是否要考虑先验概率,如果是 false,则所有的样本类别输出都有相同的类别先验概率。否则可以自己用第三个参数 class_prior 输入先验概率,或者不输入第三个参数 class_prior,让 MultinomialNB 自己从训练集样本来计算先验概率,此时的先验概率为 $P(c_k)=m_k/m$,其中 $m$ 为训练集样本总数量, $m_k$ 为第 $k$ 类别的训练集样本数。

class_prior:设置各个类别的先验概率。

```
>>> import numpy as np
>>> X = np.random.randint(5,size=(6,10))
```

```
>>> X
array([[1, 2, 4, 3, 0, 1, 4, 3, 0, 1],
       [0, 0, 3, 2, 2, 3, 3, 1, 2, 1],
       [4, 0, 0, 0, 1, 0, 3, 2, 3, 1],
       [2, 2, 2, 0, 3, 3, 0, 0, 1, 0],
       [1, 1, 1, 3, 1, 1, 1, 2, 1, 0],
       [4, 3, 0, 4, 2, 1, 4, 0, 1, 4]])
>>> y = np.array([1,2,3,4,5,6])
>>> from sklearn.naive_bayes import MultinomialNB
>>> clf = MultinomialNB()                               #建立 MultinomialNB 分类器
>>> clf.fit(X,y)                                        #训练(调用 fit 方法)clf 分类器
MultinomialNB(alpha=1.0, class_prior=None, fit_prior=True)
>>> print(clf.predict([[1, 1, 1, 2, 1, 1, 1, 2, 1, 0]]))    #预测测试样本的类别
[5]
```

# 6.5　伯努利朴素贝叶斯分类

与多项式朴素贝叶斯模型一样,伯努利朴素贝叶斯模型适用于离散特征的情况,所不同的是,伯努利模型中每个特征的取值只能是 1 和 0。

伯努利朴素贝叶斯模型中,条件概率 $P(a_i|c_k)$ 的计算方式如下。

当特征值 $a_i$ 为 1 时,$P(a_i|c_k)=P(a_i=1|c_k)$;当特征值 $a_i$ 为 0 时,$P(a_i|c_k)=1-P(a_i=1|c_k)$。

```
>>> import numpy as np
>>> from sklearn.naive_bayes import BernoulliNB
>>> X = np.random.randint(2,size=(6,100))              #生成 6 行 100 列的二维数组
>>> y = np.array([1,2,3,4,5,6])
>>> clf = BernoulliNB()                                #建立分类器
>>> clf.fit(X,y)                                       #训练分类器
BernoulliNB(alpha=1.0, binarize=0.0, class_prior=None, fit_prior=True)
>>> print(clf.predict([X[2]]))                         #预测样本 X[2] 的类别
[3]
```

# 6.6　本章小结

本章主要讲解贝叶斯分类。先讲解了概率基础和贝叶斯定理。然后,讲解了朴素贝叶斯分类原理与分类流程。最后,讲解了高斯朴素贝叶斯分类、多项式朴素贝叶斯分类、伯努利朴素贝叶斯分类。

# 第7章

# 支持向量机分类

在所有知名的数据挖掘算法中,支持向量机是最健壮、最准确的方法之一,它属于二分类算法,可以支持线性和非线性的分类。

支持向量机
概述

## 7.1 支持向量机概述

### 7.1.1 支持向量机的分类原理

支持向量机(Support Vector Machine,SVM)也是一种备受关注的分类技术,并在许多实际应用(如文本分类、手写数字的识别、人脸识别、语音模式识别等)中显示出优越的性能。支持向量机可以很好地应用于高维数据,避免了维灾难问题。

支持向量机是一类按监督学习方式对数据进行二元分类的广义线性分类器,其决策(分类)边界是对学习样本求解(学习)得到的最大边缘超平面(最佳分离超平面、最大间隔超平面),使得它能够尽可能多地将两类数据点正确地分开,同时使分开的两类数据点距离超平面(分类面)最远。

支持向量机使用训练样本集的一个子集来表示决策边界,该子集被称作支持向量(Support Vector)。也就是说,"支持向量"是指那些在间隔区间(分类面两侧)边缘的训练样本点,这些点在分类过程中起决定性作用。"机"实际上是指一个算法,把算法当成一个机器。

在二维空间上,两类点被一条直线完全分开叫作线性可分。线性可分的一般数学定义如下。

设 $D_1$ 和 $D_2$ 是 $n$ 维欧几里得空间的两个点集。如果存在 $n$ 维向量 $w$ 和实数 $b$,使得所有属于 $D_1$ 的点 $x_i$ 都有 $wx_i+b>0$,而对于所有属于 $D_2$ 的点 $x_j$ 都有 $wx_j+b<0$,则称 $D_1$ 和 $D_2$ 线性可分。

### 7.1.2 最大边缘超平面

从二维扩展到多维空间时,将 $D_1$ 和 $D_2$ 完全正确地划分开的 $wx+b=0$ 就成了一个超平面。为了使这个超平面更具鲁棒性,通常会去找最佳超平面,以最大间隔把两类样本分开的超平面,也称之为最大边缘超平面、最佳分离超平面、最大间隔超平面,两类样本分别分隔在该超平面的两侧,两侧距离超平面最近的样本点到超平面的距离最大。

图 7-1 显示了两类数据集,分别用方块和圆圈表示。这个数据集是线性可分的,因为可

以找到一个超平面,使得所有的方块位于这个超平面的一侧,而所有的圆圈位于它的另一侧。然而,正如图7-1所示,可能存在无穷多个那样的超平面,虽然它们的训练误差当前都等于零,但不能保证这些超平面在未知实例上运行得同样好。根据在检验样本上的运行效果,分类器必须从这些超平面中选择一个较好的超平面来表示决策边界。

为了更好地理解不同的超平面对泛化误差的影响,考虑两个决策边界 $B_1$ 和 $B_2$,如图7-2所示,这两个决策边界都能准确无误地将训练样本划分到各自的类中。每个决策边界 $B_i$ 都对应着一对超平面 $b_{i1}$ 和 $b_{i2}$。$b_{i1}$ 是通过平行移动一个和决策边界平行的超平面,直到触到最近的方块为止而得到的。类似地,平行移动一个和决策边界平行的超平面,直到触到最近的圆圈,可以得到 $b_{i2}$。$b_{i1}$ 和 $b_{i2}$ 这两个超平面之间的距离称为分类器的边缘(间隔)。通过图7-2中的图解,注意到 $B_1$ 的边缘显著大于 $B_2$ 的边缘。在这个例子中,$B_1$ 就是训练样本的最大边缘(间隔)超平面。

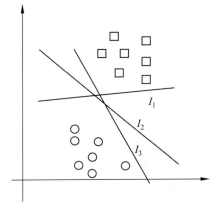

图7-1 线性可分数据集上的可能决策边界

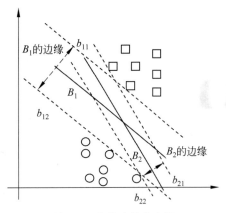

图7-2 决策边界的边缘

具有较大边缘的决策边界比那些具有较小边缘的决策边界具有更好的泛化能力。直觉上,如果边缘比较小,决策边界任何轻微的扰动都可能对分类产生显著的影响。因此,那些决策边界边缘较小的分类器对模型的过拟合更加敏感,从而在未知的样本上的泛化能力更差。

# 7.2 线性支持向量机

一个线性支持向量机是这样一个分类器,它寻找具有最大边缘的超平面,因此,它也经常被称为最大边缘分类器(Maximal Margin Classifier)。为了深刻理解线性支持向量机是如何学习这样的边界的,下面首先对线性分类器的线性决策边界和边缘进行介绍。

## 7.2.1 线性决策边界

考虑一个包含 $N$ 个训练样本的二元分类问题,每个训练样本表示为一个二元组 $(x_i, y_i)(i=1, 2, \cdots, N)$,其中 $x_i=(x_{i1}, x_{i2}, \cdots, x_{im})^T$ 表示第 $i$ 个样本的各个属性,$m$ 表示样本的属性个数。为方便起见,令 $y_i \in \{-1, 1\}$,表示第 $i$ 个样本的类标号。一个线性分类器的决策边界可以写成如下形式:

$$wx + b = 0$$

其中,$w$ 和 $b$ 是模型的参数。

图 7-3 显示了包含圆圈和方块的二维训练集,图中的实线表示决策边界,它将训练样本一分为二,划入各自的类中。如果 $x_a$ 和 $x_b$ 是两个位于决策边界上的点,则

$$wx_a + b = 0$$

$$wx_b + b = 0$$

两个方程相减便得到:

$$w(x_a - x_b) = 0$$

其中,$x_a - x_b$ 是一个平行于决策边界的向量,它的方向是从 $x_b$ 到 $x_a$。由于 $w(x_a - x_b)$ 的结果为 0,因此 $w$ 的方向必然垂直于决策边界,如图 7-3 所示。

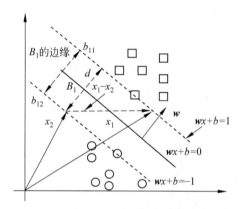

图 7-3　SVM 的决策边界和边缘

对于任何位于决策边界上方的方块 $x_s$,可以证明:

$$wx_s + b = k$$

其中,$k > 0$。类似地,对于任何位于决策边界下方的圆圈 $x_c$,可以证明:

$$wx_c + b = k'$$

其中,$k' < 0$。如果标记所有的方块的类标号为 $+1$,标记所有的圆圈的类标号为 $-1$,则可以用以下方式预测任何测试样本 $z$ 的类标号 $y$:

$$y = \begin{cases} +1, & wz + b > 0 \\ -1, & wz + b < 0 \end{cases}$$

## 7.2.2　线性分类器边缘

考虑那些离决策边界最近的方块和圆圈。由于方块位于决策边界的上方,因此对于某个正值 $k$,方块必然满足公式 $wx_s + b = k$;对于某个负值 $k'$,圆圈必然满足公式 $wx_c + b = k'$。调整决策边界的参数 $w$ 和 $b$,两个平行的超平面 $b_{i1}$ 和 $b_{i2}$ 可以表示如下:

$$b_{i1} : wx + b = 1$$

$$b_{i2} : wx + b = -1$$

决策边界的边缘由这两个超平面之间的距离给定。为了计算边缘,令 $x_1$ 是 $b_{i1}$ 上的一个数据点,令 $x_2$ 是 $b_{i2}$ 上的一个数据点,将 $x_1$ 带入公式 $wx + b = 1$ 中,将 $x_2$ 带入公式 $wx + b =$

－1中,则边缘 $d$ 可以通过两式相减得到:

$$w(x_1 - x_2) = 2$$
$$\| w \| \times d = 2$$
$$d = \frac{2}{\| w \|}$$

## 7.2.3 训练线性支持向量机模型

SVM 的训练阶段包括从训练数据中估计决策边界的参数 $w$ 和 $b$,选择的参数必须满足下面两个条件。

(1) 如果 $y_i = 1, wx_i + b \geqslant 1$。

(2) 如果 $y_i = -1, wx_i + b \leqslant -1$。

这些条件要求所有类标号为 1 的训练数据(即方块)都必须位于超平面 $wx + b = 1$ 上或位于它的上方,而那些类标号为 －1 的训练实例(即圆圈)都必须位于超平面 $wx + b = -1$ 上或位于它的下方。这两个不等式可以概括为如下更紧凑的形式:

$$y_i(wx_i + b) \geqslant 1, \quad i = 1, 2, \cdots, N$$

尽管前面的条件也可以用于其他线性分类器(包括感知器),但 SVM 增加了一个要求,那就是决策边界的边缘必须是最大的。然而,最大化边缘边界等价于最小化下面的目标函数:

$$f(w) = \frac{\| w \|^2}{2}$$

于是,SVM 的学习任务可以形式化地描述为以下被约束的优化问题:

$$\min_w f(w) = \min_w \frac{\| w \|^2}{2}$$
$$受限于 \ y_i(wx_i + b) \geqslant 1, \quad i = 1, 2, \cdots, N$$

由于目标函数是二次的,而约束在参数 $w$ 和 $b$ 上是线性的,因此,这个问题是一个凸优化问题,可以通过拉格朗日乘数(乘子)法进行求解,下面给出求解过程。

首先,把目标函数 $f(w)$ 改造成如下形式的新的目标函数,即拉格朗日函数:

$$L(w, b, \lambda) = \frac{1}{2} \| w \|^2 - \sum_{i=1}^{N} \lambda_i [y_i(wx_i + b) - 1] \tag{7.1}$$

其中,参数 $\lambda_i$ 称为拉格朗日乘子。

为了最小化拉格朗日函数,对 $L(w, b, \lambda)$ 关于 $w$ 和 $b$ 求偏导,并令它们等于零:

$$\frac{\partial L(w, b, \lambda)}{\partial w} = 0 \Rightarrow w = \sum_{i=1}^{N} \lambda_i y_i x_i \tag{7.2}$$

$$\frac{\partial L(w, b, \lambda)}{\partial b} = 0 \Rightarrow \sum_{i=1}^{N} \lambda_i y_i = 0 \tag{7.3}$$

因为拉格朗日乘子是未知的,因此还不能得到 $w$ 和 $b$ 的解。如果 SVM 学习任务的被约束的优化问题只包含等式约束,则可以利用从该等式约束中得到的 $N$ 个方程 $w = \sum_{i=1}^{N} \lambda_i y_i x_i$

和 $\sum_{i=1}^{N} \lambda_i y_i = 0$ 求得 $w$、$b$ 和 $\lambda_i$ 的可行解。

**注意**:等式约束的拉格朗日乘子是可以取任意值的自由参数。

处理不等式约束的一种方法就是把它变换成一组等式约束。只要限制拉格朗日乘子非负,这种变换便是可行的,这样就得到如下拉格朗日乘子约束:

$$\lambda_i \geqslant 0 \tag{7.4}$$

$$\lambda_i[y_i(wx_i+b)-1]=0 \tag{7.5}$$

这样,应用式(7.5)给定的约束后,许多拉格朗日乘子都变为零,该约束表明:除非训练样本满足方程 $y_i(wx_i+b)=1$,否则拉格朗日乘子 $\lambda_i$ 必须为零。那些 $\lambda_i > 0$ 对应的训练样本位于超平面 $b_{i1}$ 或 $b_{i2}$ 上,称这些样本向量为支持向量。不在这些超平面上的训练样本使得 $\lambda_i=0$。式(7.2)和式(7.5)还表明,定义决策边界的参数 $w$ 和 $b$ 仅依赖于这些支持向量。

对前面的优化问题求解仍是十分困难的,因为这涉及大量参数:$w$、$b$ 和 $\lambda_i$。通过将拉格朗日函数变换成仅包含拉格朗日乘子的函数(称作对偶问题、对偶拉格朗日函数),可以简化该问题。为了变换成对偶问题,首先将公式 $w=\sum\limits_{i=1}^{N}\lambda_iy_ix_i$ 和公式 $\sum\limits_{i=1}^{N}\lambda_iy_i=0$ 带入式(7.1)中,这将原优化问题转换为如式(7.6)所示的对偶问题:

$$
\begin{aligned}
L_d &= \frac{1}{2}(ww) - w\sum_{i=1}^{N}\lambda_iy_ix_i - b\sum_{i=1}^{N}\lambda_iy_i + \sum_{i=1}^{N}\lambda_i \\
&= \frac{1}{2}(ww) - ww + \sum_{i=1}^{N}\lambda_i \\
&= -\frac{1}{2}(ww) + \sum_{i=1}^{N}\lambda_i \\
&= \sum_{i=1}^{N}\lambda_i - \frac{1}{2}\sum_{i=1}^{N}\sum_{j=1}^{N}\lambda_i\lambda_jy_iy_j(x_ix_j)
\end{aligned}
\tag{7.6}
$$

受限于约束 $\lambda_i \geqslant 0$,$\sum\limits_{i=1}^{N}\lambda_iy_i=0$。

对偶拉格朗日函数与原拉格朗日函数的主要区别如下。

(1) 对偶拉格朗日函数仅涉及拉格朗日乘子和训练样本,而原拉格朗日函数除涉及拉格朗日乘子外,还涉及决策边界的参数。尽管如此,这两个优化问题的解是等价的。

(2) 式(7.6)中的二次项前有个负号,这说明原来拉格朗日函数 $L(w,b,\lambda)$ 的最小化问题变换成了仅涉及 $\lambda$ 的对偶拉格朗日函数 $L_d$ 的最大化问题。

式(7.6)是一个凸二次规划问题,有唯一的最优解。对偶问题的规模依赖于样本的大小 $N$,而不依赖于输入的维度。对 $\lambda$ 进行求解时,尽管 $\lambda$ 有 $N$ 个,但是多半随 $\lambda_i=0$ 消失,而只有少量满足 $\lambda_i > 0$。求解式(7.6)得 $\lambda$,然后就可以通过公式 $w=\sum\limits_{i=1}^{N}\lambda_iy_ix_i$ 和公式 $\lambda_i[y_i(wx_i+b)-1]=0$ 来计算 $w$ 和 $b$,决策边界可以表示如下:

$$x\left(\sum_{i=1}^{N}\lambda_iy_ix_i\right)+b=0$$

由于 $b$ 是通过 $\lambda_i[y_i(wx_i+b)-1]=0$ 得到的,而 $y_i$ 是通过数值计算得到的,因此可能存在数值误差,计算出的 $b$ 值可能不唯一,它取决于 $\lambda_i[y_i(wx_i+b)-1]=0$ 中使用的支持向量。实践中,使用 $b$ 的平均值作为决策边界的参数。

【例 7-1】 给定 3 个数据点:正例点 $\boldsymbol{x}_1=(3,3)^\mathrm{T}$、$\boldsymbol{x}_2=(4,3)^\mathrm{T}$,负例点 $\boldsymbol{x}_3=(1,1)^\mathrm{T}$,求

线性可分支持向量机。

解：使用极小形式的对偶拉格朗日函数：

$$\min_{\lambda} \frac{1}{2} \sum_{i=1}^{N} \sum_{j=1}^{N} \lambda_i \lambda_j y_i y_j (\boldsymbol{x}_i \boldsymbol{x}_j) - \sum_{i=1}^{N} \lambda_i$$

$$= \frac{1}{2} (18\lambda_1^2 + 25\lambda_2^2 + 2\lambda_3^2 + 42\lambda_1\lambda_2 - 12\lambda_1\lambda_3 - 14\lambda_2\lambda_3) - \lambda_1 - \lambda_2 - \lambda_3$$

约束条件：

$$\lambda_1 + \lambda_2 - \lambda_3 = 0$$
$$\lambda_i \geqslant 0, \quad i = 1, 2, 3$$

将 $\lambda_3 = \lambda_1 + \lambda_2$ 带入目标函数，得到关于 $\lambda_1$、$\lambda_2$ 的函数：

$$f(\lambda_1, \lambda_2) = 4\lambda_1^2 + \frac{13}{2}\lambda_2^2 + 10\lambda_1\lambda_2 - 2\lambda_1 - 2\lambda_2$$

分别对 $\lambda_1$、$\lambda_2$ 求偏导并令其等于 0，得到 $8\lambda_1 + 10\lambda_2 - 2 = 0$、$13\lambda_2 + 10\lambda_1 - 2 = 0$，求得 $f(\lambda_1, \lambda_2)$ 在点 $(1.5, -1)$ 处取极值，而该点不满足条件 $\lambda_2 \geqslant 0$，所以，最小值在边界上达到。

当 $\lambda_1 = 0$，最小值 $f(0, 2/13) = -2/13$；当 $\lambda_2 = 0$，最小值 $f(1/4, 0) = -1/4$。

因此，$f(\lambda_1, \lambda_2)$ 在 $\lambda_1 = 1/4$、$\lambda_2 = 0$ 时达到最小，此时 $\lambda_3 = \lambda_1 + \lambda_2 = 1/4$。

不等于零的那个系数所对应的那个样本点就是支持向量，即 $\lambda_1 = \lambda_3 = 1/4$ 对应的点 $\boldsymbol{x}_1$、$\boldsymbol{x}_3$ 是支持向量。

$$w_1 = \sum_i \lambda_i y_i x_{i1} = 1/4 \times 1 \times 3 + 1/4 \times (-1) \times 1 = 1/2$$

$$w_2 = \sum_i \lambda_i y_i x_{i2} = 1/4 \times 1 \times 3 + 1/4 \times (-1) \times 1 = 1/2$$

$b$ 可以使用 $\lambda_i [y_i (\boldsymbol{w}\boldsymbol{x}_i + b) - 1] = 0$ 对每个支持向量进行计算：

$$b^{(1)} = 1 - \boldsymbol{w}\boldsymbol{x}_1 = 1 - (1/2 \times 3 + 1/2 \times 3) = -2$$
$$b^{(2)} = -1 - \boldsymbol{w}\boldsymbol{x}_3 = -1 - (1/2 \times 1 + 1/2 \times 1) = -2$$

对 $b^{(1)}$ 与 $b^{(2)}$ 的值取平均，得到 $b = -2$。对应于这些参数的决策边界为：

$$0.5x_1 + 0.5x_2 - 2 = 0$$

确定了决策边界的参数之后，检验实例 $\boldsymbol{x}$ 就可以按以下的公式来分类：

$$f(\boldsymbol{x}) = \text{sign}(0.5x_1 + 0.5x_2 - 2)$$

如果 $f(\boldsymbol{x}) = 1$，则检验实例被分到正类，否则分到负类。

# 7.3　Python 实现支持向量机

支持向量机是针对线性可分情况进行分析，对于线性不可分的情况，通过使用一个核函数将低维输入空间线性不可分的样本转化到高维特征空间中使其线性可分，从数据上来看就是把数据映射到多维，例如从一维映射到四维。常用的核函数有线性核函数、多项式核函数、高斯核函数和 Sigmoid 核函数。

sklearn 机器学习库提供了三种支持向量机分类模型：sklearn.svm.SVC、sklearn.svm.NuSVC、sklearn.svm.LinearSVC。SVC 和 NuSVC 类似，区别仅仅在于对损失的度量方式不同。而 LinearSVC 是线性分类，不支持各种低维到高维的核函数，仅仅支持线性核函数，对线性不可分的数据不能使用。

### 7.3.1　SVC 支持向量机分类模型

sklearn.svm.SVC 是一种基于 libsvm 的支持向量机,由于其时间复杂度为 $O(n^2)$,当样本数量超过两万时难以实现,其语法格式如下。

```
sklearn.svm.SVC(C=1.0, kernel='rbf', degree=3, gamma='auto', coef0=0.0,
probability=False, tol=0.001, class_weight=None, max_iter=-1, decision_
function_shape='ovr', random_state=None)
```

参数说明如下。

(1) C:错误项的惩罚系数,float 类型,默认值为 1.0。C 越大,即对分错样本的惩罚越大,因此在训练样本中准确率越高,但是泛化能力降低;相反,减小 C 的话,容许训练样本中有一些误分类错误样本,泛化能力强。对于训练样本带有噪声的情况,一般采用后者,把训练样本集中错误分类的样本作为噪声。

(2) kernel:用于选择模型所使用的核函数,str 类型,默认值为"rbf"。算法中常用的核函数有:linear,线性核函数;poly,多项式核函数;rbf,高斯核函数;sigmod,sigmod 核函数。

(3) degree:int 类型,默认值为 3。该参数只对 kernel='poly'(多项式核函数)有用,是指多项式核函数的阶数 n,如果给的核函数参数是其他核函数,则会自动忽略该参数。

(4) gamma:float 类型,默认值为'auto'。该参数为核函数系数,只对'rbf'、'poly'和'sigmod'有效。如果 gamma 设置为'auto',代表其值为样本特征数的倒数,即 1/n_features。

(5) coef0:float 类型,默认值为 0.0。该参数表示核函数中的独立项,只对'poly'和'sigmod'核函数有用,是指其中的参数 C。

(6) probability:boolean 类型,默认值为 False。该参数表示是否启用概率估计。这必须在调用 fit()之前启用,并且会使 fit()方法速度变慢。

(7) tol:float 类型,默认值为 1e-3。SVM 停止训练的误差精度,也即阈值。

(8) class_weight:字典类型或者'balance'字符串,默认值为 None。该参数表示给每个类别分别设置不同的惩罚系数 C,如果没有设置,则会对所有类别都设置 C=1,即前面参数指出的参数 C。如果给定参数'balance',则使用 y 的值自动调整与输入数据中的类频率成反比的权重。

(9) max_iter:int 类型,默认值为 −1。表示最大迭代次数,如果设置为 −1,则表示不受限制。

(10) random_state:其类型可以是 int、RandomState instance、None,默认为 None。该参数表示在清洗数据时所使用的伪随机数发生器的种子,如果选 int,则为随机数生成器种子;如果选 RandomState instance,则为随机数生成器;如果选 None,则随机数生成器使用的是 np.random。

SVC 模型对象的方法如下。

(1) decision_function(X):返回样本 X 到分离超平面的距离。

(2) fit(X, y[, sample_weight]):根据给定的训练数据拟合 SVM 模型。

(3) get_params([deep]):获取模型对象的参数并以字典形式返回,默认 deep=True。

（4）predict(X)：根据测试数据集进行预测。

（5）score(X，y[，sample_weight])：返回给定测试数据预测的平均精确度。

（6）predict_log_proba(X_test)和svc.predict_proba(X_test)：当sklearn.svm.SVC(probability=True)时，才会有这两个值，分别得到样本的对数概率以及普通概率。

SVC模型对象的属性如下。

（1）support_：以数组的形式返回支持向量的索引。

（2）support_vectors_：返回支持向量。

（3）n_support_：每个类别支持向量的个数。

（4）dual_coef_：支持向量系数。

（5）coef_：每个特征系数（重要性），只有核函数是LinearSVC的时候可用。

（6）intercept_：决策函数中的常数（截距）。

下面给出sklearn.svm.SVC的一个应用举例。

```python
from sklearn import svm
import numpy as np
import matplotlib.pyplot as plt              #Python中的绘图模块
#平面上的8个点
X = [[0.39,0.17],[0.49,0.71],[0.92,0.61],[0.74,0.89],[0.18,0.06],[0.41,0.26],
[0.94,0.81], [0.21,0.01]]
Y = [1,-1,-1,-1,1,1,-1,1]                     #标记数据点属于的类
clf = svm.SVC(kernel='linear')               #建立模型，linear为小写，线性核函数
clf.fit(X,Y)                                  #训练模型
w = clf.coef_[0]                              #取得w值，w是二维的
a = -w[0]/w[1]                                #计算直线斜率
x = np.linspace(0,1,50)                       #随机产生连续x值
y = a*x-(clf.intercept_[0])/w[1]             #根据随机x值得到y值
#计算与直线平行的两条直线
b = clf.support_vectors_[0]                   #获取一个支持向量
y_down = a*x+(b[1]-a*b[0])
c = clf.support_vectors_[-1]                  #获取一个支持向量
y_up = a*x+(c[1]-a*c[0])
print('模型参数 w:',w)
print('边缘直线斜率:',a)
print('打印出支持向量:',clf.support_vectors_)
#画出三条直线
plt.plot(x,y,'k-')
plt.plot(x,y_down,'k--')
plt.plot(x,y_up,'k--')
#绘制散点图
plt.scatter([s[0] for s in X],[s[1] for s in X],c=Y, cmap=plt.cm.Paired)
plt.show()
```

运行上述代码执行的结果如下。

模型参数 w: [-1.12374761 -1.65144735]

边缘直线斜率:－0.680462268214

打印出支持向量:[[ 0.49　0.71]

[ 0.92　0.61]

[ 0.74　0.89]

[ 0.39　0.17]

[ 0.18　0.06]

[ 0.41　0.26]]

生成的 SVM 如图 7-4 所示。

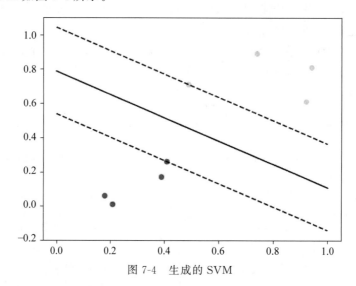

图 7-4　生成的 SVM

## 7.3.2　NuSVC 支持向量机分类模型

NuSVC 模型的语法格式如下。

```
sklearn.svm.NuSVC(nu=0.5, kernel='rbf', degree=3, gamma='auto', coef0=0.0,
probability=False, tol=0.001, class_weight=None, max_iter=-1, decision_
function_shape='ovr', random_state=None))
```

参数说明如下。

（1）nu：训练误差分数的上限和支持向量分数的下限,float 类型,默认值为 0.5。nu 值应该在区间(0,1)。

（2）kernel：核函数,string 类型,默认值为'rbf'。算法中常用的核函数有：linear,线性核函数;poly,多项式核函数;rbf,高斯核函数;sigmod,Sigmod 核函数。

（3）degree：int 类型,默认值为 3。当核函数是多项式核函数时,用来控制函数的最高次数。多项式核函数是将低维的输入空间映射到高维的特征空间。

NuSVC 模型对象的属性如下。

（1）support_：以数组的形式返回支持向量的索引。

（2）support_vectors_：返回支持向量。

（3）n_support_：每个类别支持向量的个数。

（4）dual_coef_：支持向量系数。

（5）coef_：每个特征系数（重要性），只有核函数是 LinearSVC 时可用。

（6）intercept_：决策函数中的常数。

NuSVC 模型对象的方法与 SVC 类似。

下面给出 sklearn.svm.NuSVC 的一个应用举例。

```
>>> import numpy as np
>>> from sklearn.svm import NuSVC
>>> X = np.array([[-1, -1], [-2, -1], [1, 1], [2, 1]])
>>> y = np.array([1, 1, 2, 2])
>>> clf = NuSVC()
>>> clf.fit(X, y)
NuSVC()
>>> print("predict :",clf.predict([[-0.8, -1]]))
predict : [1]
>>> print("support index :", clf.support_)
support index : [0 1 2 3]
>>> print("class label :",clf.classes_)
class label : [1 2]
```

### 7.3.3　LinearSVC 支持向量机分类模型

LinearSVC 实现了线性分类支持向量机，它是根据 liblinear 库实现的，可以用于二类分类，也可以用于多类分类。有多种惩罚参数和损失函数可供选择，训练集实例数量大（大于 1 万）时也可以很好地进行归一化，既支持稠密输入矩阵，也支持稀疏输入矩阵，多分类问题采用 one－vs－rest 方法实现。LinearSVC 模型的语法格式如下。

```
sklearn.svm.LinearSVC(penalty='l2', loss='squared_hinge', dual=True, tol=
0.0001, C=1.0, multi_class='ovr', fit_intercept=True, intercept_scaling=1,
class_weight=None, verbose=0, random_state=None, max_iter=1000)
```

参数说明如下。

（1）penalty：指明在惩罚中使用的范数，string 类型，默认值为'l2'，还可以取值'l1'。

（2）loss：表示损失函数，string 类型，默认值为'squared_hinge'，还可以取值'hinge'。'hinge'是标准的 SVM 损失函数，而'squared_hinge'是 hinge 的二次方。

（3）dual：boolean 类型，默认值为 True。如果为 True，则求解对偶问题；如果为 False，求解原始问题。当样本数量大于特征数量时，倾向采用求解原始问题。

（4）multi_class：指定多分类问题的策略，string 类型，默认值为'ovr'。'ovr'采用 one-vs-rest 分类策略；取值'crammer_singer'时为多类联合分类策略，很少用，因为它的计算量大，而且精度不会更佳，此时忽略 loss、penalty、dual 参数。

（5）fit_intercept：布尔值。如果为 True，则计算截距，即决策函数中的常数项；否则忽略截距。

LinearSVC 模型对象的属性如下。

（1）support_：以数组的形式返回支持向量的索引。

（2）support_vectors_：返回支持向量。

（3）n_support_：每个类别支持向量的个数。

（4）dual_coef_：支持向量系数。

（5）coef_：每个特征系数(重要性)，只有核函数是 LinearSVC 时可用。

（6）intercept_：决策函数中的常数。

LinearSVC 模型对象的方法与其他两种模型类似。

（1）decision_function(X)：返回样本 X 到分离超平面的距离。

（2）fit(X，y[，sample_weight])：根据给定的训练数据拟合 SVM 模型。

（3）get_params([deep])：获取模型对象的参数并以字典形式返回，默认 deep=True。

（4）predict(X)：根据测试数据集进行预测。

（5）score(X，y[，sample_weight])：返回给定测试数据预测的平均精确度。

下面给出 sklearn.svm. LinearSVC 的一个应用举例。

```
import matplotlib.pyplot as plt
import numpy as np
from sklearn import datasets,cross_validation,svm
iris=datasets.load_iris()                          #加载鸢尾花数据集
X_train = iris.data[:,[0,2]]                        #获取属性数据的前两列
y_train = iris.target                              #获取类别数据
#切分数据集,取数据集的 80%作为训练数据,20%作为测试数据
X_train,X_test, y_train, y_test=cross_validation.train_test_split(X_train,y_
train,test_size=0.2,random_state=1)
lsvc=svm.LinearSVC()
lsvc.fit(X_train,y_train)
print("分类器评分:%.2f" %lsvc.score(X_test,y_test))
print("预测的类别:",lsvc.predict(X_test))
print("实际的类别:",y_test)
```

运行上述代码得到的输出结果如下。

```
分类器评分:0.83
预测的类别: [0 1 1 0 2 1 2 0 0 2 1 0 2 1 1 0 1 2 0 0 2 2 2 0 2 1 0 0 2 2]
实际的类别: [0 1 1 0 2 1 2 0 0 2 1 0 2 1 1 0 1 1 0 0 1 1 1 0 2 1 0 0 1 2]
```

# 7.4　本章小结

本章主要讲解支持向量机分类。先讲解支持向量机分类原理。然后，讲解了线性可分支持向量机的线性决策边界、线性分类器边缘、模型训练。最后，讲解了 sklearn 机器学习库提供的三种支持向量机分类模型。

# 第8章

# 感知器分类

感知器是由美国学者罗森布拉特于1957年提出的,感知器是最早的人工神经网络。单层感知器是指只有一层处理单元、采用阈值激活函数的前向网络,如果包括输入层在内,应为两层。通过对网络权值的训练,可以使感知器对一组输入矢量的响应值为0或1,从而实现对输入矢量分类的目的。

## 8.1 人工神经元

### 8.1.1 神经元概述

在人们的大脑中,有数十亿个称为神经元的细胞,它们互相连接形成了一个神经网络。人工神经网络是对生物神经网络的模拟,人工神经网络的基本工作单元是人工神经元。

生物学上的神经元结构如图8-1所示。人类大脑神经元细胞的树突用于接收来自外部的多个强度不同的刺激,并在神经元细胞体内进行处理,然后将其转化为一个输出结果。神经元有兴奋和抑制两种状态。一般情况下,大多数的神经元处于抑制状态,一旦某个神经元受到刺激,导致它的电位超过一个阈值,那么这个神经元就会被激活,处于兴奋状态,进而向其他的神经元传播化学物质。神经元可被理解为生物大脑中神经网络的子结点,输入信号抵达树突并在神经细胞体内聚集,当聚集的信号强度超过一定的阈值,就会产生一个输出信号,并通过轴突进行传递,传递给下一个神经元。

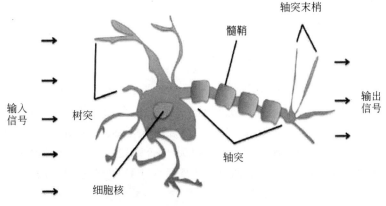

图 8-1　生物学上的神经元结构

人工神经元是对生物神经元的抽象与模拟,所谓抽象是从数学角度而言的;所谓模拟是从其结构和功能角度而言的。人工神经元是人工神经网络操作的基本信息处理单位,$m$ 个输入特征(可以是来自其他 $m$ 个神经元传递过来的输入信号)的人工神经元的模型如图 8-2 所示,这就是所谓的"M-P 神经元模型",神经元先获得 $m$ 个输入,这些输入通过带权重的连接进行传递,神经元将接收到的总输入值与神经元的阈值进行比较,然后通过激活函数处理以产生神经元的输出。

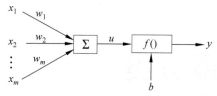

图 8-2　$m$ 个输入特征的人工神经元模型

人工神经元模型可以被看成由三种基本元素组成:

(1)一组连接权值,权值可以取正值也可以取负值,权值为正表示激活,权值为负表示抑制。$w_i$ 是输入特征 $x_i$ 对应的权重,代表了特征 $x_i$ 的重要程度,影响着输入 $x_i$ 的刺激强度。

(2)一个加法器,用于求输入信号的加权和。

(3)一个激活函数,用来限制神经元的输出振幅。激活函数也称为压制函数,因为它将输入信号压制(限制)到允许范围之内的一定值。通常,一个神经元输出的正常幅度范围可以写成单位闭区间 $[0,1]$,或者另一种区间 $[-1,1]$。

另外,可以给一个神经元模型加一个外部偏置(阈值),记为 $b$。偏置的作用是根据其为正或负,相应地增加或降低激活函数的输入,用来影响输出结果。一个人工神经元可以用以下公式表示:

$$u = \sum_{i=1}^{m} w_i x_i$$

$$y = f(u + b)$$

其中 $x_i (i=1,2,\cdots,m)$ 为输入信号,$w_i$ 为连接权值,$m$ 为输入信号的数目,$u$ 为输入信号与连接权值的乘积和,$f$ 为激活函数,$b$ 为神经元的偏置(阈值),$y$ 为神经元输出信号。

## 8.1.2　激活函数

激活函数主要有以下两种形式。

### 1. 阶跃函数

阶跃函数如下所示。

$$f(x) = \begin{cases} 0, & x < 0 \\ 1, & x \geqslant 0 \end{cases}$$

阶跃函数通常只在单层感知器上有用,单层感知器是神经网络的早期形式,可用于分类线性可分的数据。该函数可用于二元分类任务。它的两个输出值 1 和 0,分别代表神经元的兴奋和抑制状态。当 $x \geqslant 0$,即神经元输入的加权和达到或超过给定的阈值时,该神经元被激活,进入兴奋状态,其激活函数 $f(x)$ 的值为 1;否则,当 $x < 0$,即神经元输入的加权和不超过给定的阈值时,该神经元不被激活,神经元处于抑制状态,其激活函数 $f(x)$ 的值为 0。

然而,阶跃函数具有不连续、不光滑等不太好的性质,因此实际上常用 Sigmoid 函数作为激活函数。

### 2. Sigmoid 函数

Sigmoid 函数是一个非线性函数,输出值是在某个范围内连续取值的。Sigmoid 函数常用指数函数、对数函数或双曲正切函数等表示。

典型的 Sigmoid 函数如下所示。

$$f(x) = \frac{1}{1 + \mathrm{e}^{-x}}$$

其函数图像如图 8-3 所示,其把可能在较大范围内变化的输入值压缩到$(0,1)$输出值范围内。

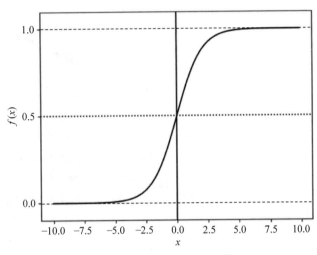

图 8-3  典型的 Sigmoid 函数

## 8.2  感知器

感知器

感知器是美国学者罗森布拉特在研究大脑的存储、学习和认知过程中提出的一类具有自学习能力的神经网络模型。根据网络中拥有的计算单元的层数的不同,感知器可以分为单层感知器和多层感知器。本章只讲单层感知器。

### 8.2.1  感知器模型

单层感知器是指只有一层处理单元的感知器,如果包括输入层在内,应为两层,其拓扑结构如图 8-4 所示。

图 8-4 中输入层也称感知层,有 $n$ 个神经元结点,这些结点只负责引入外部信息,自身无信息处理能力,每个结点接收一个输入信号,$n$ 个输入信号构成输入列向量 $\boldsymbol{X}$。输出层也称为处理层,有 $m$ 个神经元结点,每个结点均具有信息处理能力,$m$ 个结点向外部输出处理信息,构成输出列向量 $\boldsymbol{Y}$。输入层输入到相应神经元的连接权值分别是 $w_{ij}(i=1,2,\cdots,n;j=1,2,\cdots,m)$。假设各神

图 8-4  单层感知器的拓扑结构

经元的阈值分别是 $\theta_j$ ( $j=1,2,\cdots,m$ ),则各神经元的输出分别为

$$y_j = f\left(\sum_{i=1}^{n} w_{ij}x_i + \theta_j\right)$$

## 8.2.2 感知器学习算法

罗森布拉特基于神经元模型提出了第一个感知器(称为罗森布拉特感知器)学习规则,并给出一个自学习算法,此算法可以自动通过优化得到权重系数,此系数与输入值的乘积决定了神经元是否被激活。在监督学习与分类中,该类算法可用于预测样本所属的类别。若把其看作是一个二分类任务,可把两类分别记为1(正类别)和−1(负类别)。

为便于直观分析,考虑图 8-5 中单计算结点感知器的情况,计算结点的阈值设为 $w_0$。

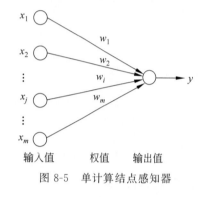

图 8-5   单计算结点感知器

不难看出,单计算结点感知器实际上就是一个 M-P 神经元模型。

图 8-5 中感知器实现样本的线性分类的主要过程是:将一个输入样本数据的属性 $x_1$、$x_2$、$\cdots$、$x_m$ 与相应的权值 $w_1$、$w_2$、$\cdots$、$w_m$ 分别相乘,乘积相加后再与阈值 $w_0$ 相加,相加的结果通过激活函数 $f$ 进行激活,当自变量小于 0 时,$f$ 的函数值为−1;当自变量大于 0 时,$f$ 的函数值为 1。这样根据 $f$ 函数输出值 $y$,把相应的样本数据分成两类。其数学形式表示如下。

称 $w_1x_1 + w_2x_2 + \cdots + w_mx_m$ 为净输入,增加一个阈值权重 $w_0 = -\theta$($\theta$ 称为阈值)且设 $x_0 = 1$,将净输入更新为包含阈值 $\theta$ 的输入 $w_0x_0 + w_1x_1 + w_2x_2 + \cdots + w_mx_m$,记为 $z$,则感知器的线性分类可表示为

$$f(z) = \begin{cases} 1, & z \geqslant 0 \\ -1, & \text{其他} \end{cases}$$

罗森布拉特感知器最初的规则比较简单,主要包括以下步骤。

(1) 将权重初始化为零或一个极小的随机数。

(2) 迭代所有训练样本 $x^{(i)}$,执行如下操作。

① 计算输出值 $y$。

② 更新权重。

这里的输出值是指 $f(z)$预测得出的类标(1 或−1),而每次对权重向量中每一项权重 $w_j$ 的更新方式为

$$w_j = w_j + \Delta w_j$$

对于用于更新权重 $w_j$ 的值 $\Delta w_j$,可以通过感知器学习规则计算获得:

$$\Delta w_j = \eta(y^{(i)} - \hat{y}^{(i)})x_j^{(i)}$$

其中,$\eta$ 为学习速率(一个介于 0.0~1.0 的常数),$y^{(i)}$ 为第 $i$ 个样本的真实类标,$\hat{y}^{(i)}$ 为预测得到的类标。对于一个二维数据集,可通过以下公式进行权重更新:

$$\Delta w_0 = \eta(y^{(i)} - \hat{y}^{(i)})$$

$$\Delta w_1 = \eta(y^{(i)} - \hat{y}^{(i)})x_1^{(i)}$$

$$\Delta w_2 = \eta(y^{(i)} - \hat{y}^{(i)}) x_2^{(i)}$$

对于上述三个式子,若感知器对于类标的预测正确,权重可不做更新:

$$\Delta w_0 = \eta(1-1) = 0$$

$$\Delta w_0 = \eta(-1-(-1)) = 0$$

$$\Delta w_j = \eta(1-1) x_j^{(i)} = 0$$

$$\Delta w_j = \eta(-1-(-1)) x_j^{(i)} = 0$$

但当类标预测错误时,权重的值会分别趋向于正类别或者负类别的方向改变:

$$\Delta w_j = \eta(1-(-1)) x_j^{(i)} = \eta(2) x_j^{(i)}$$

$$\Delta w_j = \eta(-1-1) x_j^{(i)} = \eta(-2) x_j^{(i)}$$

为了对乘法因子 $x_j^{(i)}$ 有个直观的认识,下面给出一个简单的例子,假定 $x_j^{(i)} = 0.5$,其中 $\hat{y}^{(i)} = 1, y^{(i)} = -1, \eta = 1$。模型将样本错误地分到了 1 类别内,在此情况下,应将相应的权重值减 1,以保证下次遇到此样本时使得模型将其更多地判定为负类别,这也相当于减小其值大于单位阶跃函数阈值的概率,以使得此样本被判定为 $-1$ 类。

$$\Delta w_j = (-1-1) x_j^{(i)} = (-2) \times 0.5 = -1$$

权重的更新与 $x_j^{(i)}$ 的值成比例,例如,如果有另外一个样本 $x_j^{(i)} = 2$ 被错误地分到了 1 类别中,我们应更大幅度地移动决策边界,以保证下次遇到此样本时能正确分类。

$$\Delta w_j = (-1-1) x_j^{(i)} = (-2) \times 2 = -4$$

需要注意的是,感知器收敛的前提是两个类别必须是线性可分的,且学习速率足够小,如果两个类别无法通过一个线性决策边界进行划分,可以为模型在训练数据集上的学习迭代次数设置一个最大值,或者设置一个错误分类样本数量的阈值,否则,感知器训练算法将永远不停地更新权重值。

感知器更新权重值的过程如图 8-6 所示。

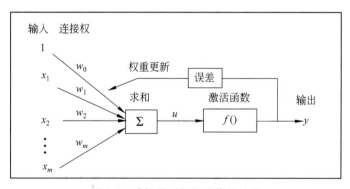

图 8-6 感知器更新权重值的过程

图 8-6 说明了感知器如何接收样本 $x$ 的输入,并将其与权重 $w$ 进行加权求和,进而将加权求和的结果值传递给激活函数(这里为单位阶跃函数),然后生成值为 1 或者 $-1$ 的二值输出,并以其作为样本的预测类标。在学习阶段,此输出用来计算预测的误差并更新权重。

## 8.3　Python 实现感知器学习算法概述

### 8.3.1　Python 实现感知器学习算法

使用面向对象编程的方式,通过定义一个感知器类来实现感知器的分类功能,使用定义的感知器类实例化一个对象,通过对象调用在感知器类中定义的 fit 方法从数据中学习权重,通过对象调用在感知器类中定义的 predict 方法预测样本的类标。定义的感知器类所在文件命名为 Perceptron.py,其内容如下。

```python
import numpy as np
#eta 是学习速率, n_iter 是迭代次数
#errors_用来记录每次迭代错误分类的样本数
#w_是权重
class Perceptron(object):                          #定义感知器类
    def __init__(self,eta=0.01,n_iter=10):         #初始化方法
self.eta=eta                                        #定义学习速率 eta,为类的对象属性
        self.n_iter=n_iter                          #定义权重向量的训练次数,为类的对象属性
    def fit(self,X,y):
'''定义属性权重并初始化为一个长度为 m+1 的一维 0 向量,m 为特征数量,1 为增加的 0 权重列
(即阈值)
    '''
        self.w_=np.zeros(1+X.shape[1])             #X 的列数+1
        self.errors_=[]                            #初始化错误列表,用来记录每次迭代错误分类样本数量
        for k in range(self.n_iter):               #迭代次数
            errors=0
            for xi,target in zip(X,y):
                #计算预测与实际值之间的误差再乘以学习速率
                update=self.eta * (target-self.predict(xi))
                self.w_[1:]+=update * xi           #更新属性权重
                self.w_[0]+=update * 1             #更新阈值
                errors += int(update!=0)           #记录这次迭代的错误分类数
            self.errors_.append(errors)
        return self
    def input(self,X):                             #计算属性、权重的数量积,结合阈值得到激活函数的输入
        X_dot=np.dot(X,self.w_[1:])+self.w_[0]
        return X_dot                               #返回激活函数的输入
    #定义预测函数
    def predict(self,X):
        #若 self.input(X)>=0.0,target_pred 的值为 1,否则为-1
        target_pred=1 if self.input(X)>=0.0 else -1
        return target_pred
```

在使用感知器实现线性分类时,首先通过 Perceptron 类实例化一个对象,在实例化时指定学习速率 eta 的大小和在训练集上进行迭代的最大次数 n_iter 的大小。然后通过调用

实例化对象的 fit 方法进行样本数据的学习,即通过样本数据训练模型。

在对模型训练之前,首先给权重一个初始化值,然后就可以通过 fit 方法训练模型更新权重。更新权重的过程中使用 predict 方法计算样本属性数据的类标,在完成模型训练后,该方法用来预测未知数据的类标。此外,在每次迭代过程中,记录每轮迭代中错误分类的样本数量,并将其存放在 self.errors_ 列表中,以便后续用于评价感知器性能好坏的判断依据,或用于根据设置的错误分类样本数量的阈值来决定何时终止训练。

### 8.3.2 使用感知器分类鸢尾花数据

为了测试前面定义的感知器算法的好坏,下面从鸢尾花数据集中挑选山鸢尾(Setosa)和变色鸢尾(Versicolor)两种花的 SepalLength(花萼长度)、PetalLength(花瓣长度)作为特征数据。虽然感知器并不将样本数据的特征数量限定为两个,但出于可视化的原因,这里只考虑数据集中 SepalLength(花萼长度)和 PetalLength(花瓣长度)这两个特征。

可以从网络上下载鸢尾花数据集,也可以通过从机器学习库 sklearn.datasets 直接加载 Iris 数据集。

```
>>> import matplotlib.pyplot as plt
>>> import matplotlib
>>> matplotlib.rcParams['font.family'] = 'STSong'
>>> import numpy as np
>>> from sklearn.datasets import load_iris
>>> iris = load_iris()
>>> data = iris.data                    #特征数据
>>> target = iris.target                #类标数据
>>> data[0:5]                           #显示前 5 行特征数据
array([[5.1, 3.5, 1.4, 0.2],
       [4.9, 3. , 1.4, 0.2],
       [4.7, 3.2, 1.3, 0.2],
       [4.6, 3.1, 1.5, 0.2],
       [5. , 3.6, 1.4, 0.2]])
>>> target[0:5]                         #显示前 5 行类标数据
array([0, 0, 0, 0, 0])
>>> target[95:100]                      #显示后 5 行类标数据
array([1, 1, 1, 1, 1])
```

接下来,从中提取 100 个类标,其中包括 50 个山鸢尾类标和 50 个变色鸢尾类标,并将这些类标分别用-1 和 1 来替代,提取 100 个训练样本的第一个特征列(花萼长度)和第三个特征列(花瓣长度),然后据此绘制散点图。

```
>>> X = data[0:100,[0,2]]               #获取前 100 条数据的第 1 列和第 3 列
>>> y = target[0:100]                   #获取类别属性数据的前 100 条数据
>>> label = np.array(y)
>>> index_0 = np.where(label==0)        #获取 label 中数据值为 0 的索引
>>> plt.scatter(X[index_0,0],X[index_0,1],marker='x',color = 'k',label = '山鸢尾')
```

```
<matplotlib.collections.PathCollection object at 0x0000000019607748>
>>> index_1 = np.where(label==1)                    #获取label中数据值为1的索引
>>> plt.scatter(X[index_1,0],X[index_1,1],marker='o',color = 'k',label = '变色
鸢尾')
<matplotlib.collections.PathCollection object at 0x0000000019607BA8>
>>> plt.xlabel('花萼长度',fontsize=13)
Text(0.5,0,'花萼长度')
>>> plt.ylabel('花瓣长度',fontsize=13)
Text(0,0.5,'花瓣长度')
>>> plt.legend(loc = 'lower right')
<matplotlib.legend.Legend object at 0x0000000019607B38>
>>> plt.show()                                      #显示绘制的散点图,如图8-7所示
```

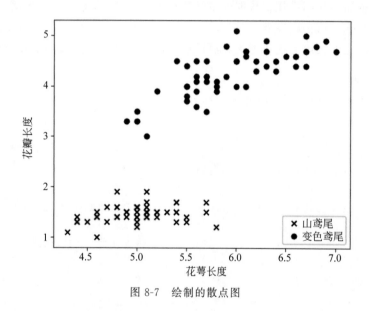

图 8-7　绘制的散点图

　　下面,可以利用抽取出的鸢尾花数据子集来训练前面定义的感知器模型,最后绘制出每次迭代的错误分类样本数量的折线图,以查看算法是否收敛。

```
y=np.where(y==0,-1,1)
ppn=Perceptron(eta=0.1,n_iter=10)
ppn.fit(X,y)
plt.plot(range(1,len(ppn.errors_)+1),ppn.errors_,marker='o',color = 'k')
plt.xlabel('迭代次数',fontsize=13)
plt.ylabel('错误分类样本数量',fontsize=13)
plt.show()
```

运行上述代码得到的输出结果如图 8-8 所示。

如图 8-8 所示,线性分类器在第 6 次迭代后就已经收敛,具备了对训练样本进行正确分类的能力。

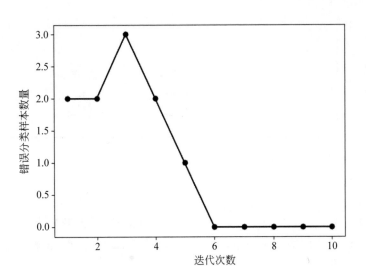

图 8-8 错误分类样本数量

## 8.4 本章小结

本章主要讲解感知器分类。先讲解人工神经元与激活函数。然后,讲解了感知器模型和感知器学习算法。最后,讲解了 Python 实现感知器学习算法和使用感知器分类鸢尾花数据。

# 第 9 章

# 回　　归

回归是数据挖掘的核心算法之一。回归基于统计原理,对大量统计数据进行数学处理,并确定变量(或属性)之间的相关关系,建立一个相关性的回归方程(函数表达式),用于预测今后的因变量的变化。

## 9.1　回归概述

### 9.1.1　回归的概念

分类算法用于离散型分布预测,前面讲过的决策树、朴素贝叶斯、支持向量机都是分类算法;回归算法用于连续型分布预测,针对的是数值型的样本。"回归"用于表明一个变量的变化,会导致另一个变量的变化,即有着前因后果的变量之间的相关关系。回归分析研究某一随机变量(因变量)与其他一个或几个普通变量(自变量)之间的数量变动的关系。回归的目的就是建立一个回归方程来预测目标值,回归的求解就是求这个回归方程的参数。

### 9.1.2　回归处理流程

回归分析的基本思路:从一组样本数据出发,确定变量之间的数学关系式,对这些关系式的可信程度进行各种统计检验,并从影响某一特定变量的诸多变量中找出哪些变量的影响显著,哪些变量的影响不显著。然后利用所求的关系式,根据一个或几个变量的取值来预测另一个特定变量的取值。

### 9.1.3　回归的分类

根据自变量数目的多少,回归模型可以分为一元回归模型和多元回归模型;根据模型中自变量与因变量之间是否线性,可以分为线性回归模型和非线性回归模型;根据回归模型是否带有虚拟变量,回归模型可以分为普通回归模型和带虚拟变量的回归模型。

## 9.2　一元线性回归

一元线性回归

### 9.2.1　一元线性回归模型

一元线性回归(Linear Regression)只研究一个自变量与一个因变量之间的线性关系,

一元线性回归模型可表示为 $y=f(x;w,b)=wx+b$，其图形为一条直线。用数据寻找一条直线的过程也叫作拟合一条直线。为了选择在某种方式下最好的 $w$ 和 $b$ 值，需要定义模型最好的意义是什么。所谓最好的模型是由 $w$ 和 $b$ 的值组成，该值可以产生一条能尽可能与所有数据点接近的直线。衡量一个特定的线性模型 $y=wx+b$ 与数据点接近程度的普遍方法是真实值与模型预测值之间差值的平方：

$$(y_1-(wx_1+b))^2$$

这个数值越小，模型在 $x_1$ 处越接近 $y_1$。这个表达式称为平方损失函数，因为它描述了使用 $f(x_1;w,b)$ 模拟 $y_1$ 所损失的精度，在本章中，用 $L_n()$ 表示损失函数，在这种情况下：

$$L_n(y_n,f(x_n;w,b))=(y_n-f(x_n;w,b))^2$$

这是第 $n$ 个点处的损失。损失总是正的，并且损失越小，模型描述这个数据就越好。对于所有 $n$ 个样本示例，想要有一个低的损失，可考虑在整个样本示例集上的平均损失（均方误差），即：

$$L=\frac{1}{n}\sum_{i=1}^{n}L_i(y_i,f(x_i;w,b))$$

这是 $n$ 个样本示例的平均损失值，它越小越好。因此，可通过调整 $w$ 和 $b$ 值来产生一个模型，此模型得到的平均损失值最小。寻找 $w$ 和 $b$ 的最好值，用数学表达式可以表示为：

$$(w^*,b^*)=\underset{(w,b)}{\operatorname{argmin}}\frac{1}{n}\sum_{i=1}^{n}L_i(y_i,f(x_i;w,b))$$

argmin 是数学上"找到最小化参数"的缩写，$w^*$、$b^*$ 表示 $w$ 和 $b$ 的解。

将均方误差作为模型质量评估的损失函数有着非常好的几何意义，它对应了常用的欧几里得距离。基于均方误差最小化来进行模型参数求解的方法称为"最小二乘法"。在线性回归中，最小二乘法就是试图找到一条直线 $y=wx+b$，使所有样本到该直线的欧几里得距离之和最小。

求解 $w$ 和 $b$ 使 $E(w,b)=\sum_{i=1}^{n}(y_i-(wx_i+b))^2$ 最小化的过程，称为线性回归模型的最小二乘"参数估计"，为此，分别求 $E(w,b)$ 对 $w$ 和 $b$ 的偏导并令它们等于 0，求这两个方程就可以求出符合要求的待估参数 $w$ 和 $b$：

$$w=\frac{n\sum_{i=1}^{n}x_iy_i-\sum_{i=1}^{n}x_i\sum_{i=1}^{n}y_i}{n\sum_{i=1}^{n}x_i^2-\left(\sum_{i=1}^{n}x_i\right)^2},\quad b=\frac{1}{n}\left(\sum_{i=1}^{n}y_i-w\sum_{i=1}^{n}x_i\right)$$

其中，$n$ 为样本的数量，$y_i$ 为样本的真实值。

【例 9-1】　设有 10 个厂家的投入和产出如表 9-1 所示，根据这些数据，可以认为投入和产出之间存在线性相关性吗？

表 9-1　有 10 个厂家的投入和产出

| 厂　　家 | 投　　入 | 产　　出 |
| --- | --- | --- |
| 1 | 20 | 30 |
| 2 | 40 | 60 |

续表

| 厂　　家 | 投　　入 | 产　　出 |
|---|---|---|
| 3 | 20 | 40 |
| 4 | 30 | 60 |
| 5 | 10 | 30 |
| 6 | 10 | 40 |
| 7 | 20 | 40 |
| 8 | 20 | 50 |
| 9 | 20 | 30 |
| 10 | 30 | 70 |

下面给出使用 sklearn.linear_model 模块下的 LinearRegression 线性回归模型求解例 9-1 投入、产出所对应的回归方程的参数。

LinearRegression 线性回归模型的语法格式如下。

```
LinearRegression(copy_X=True, fit_intercept=True, n_jobs=1, normalize=False)
```

其功能是用于创建一个回归模型,返回值为 coef_ 和 intercept_,coef_存储 $b_1 \sim b_m$ 的值,与回归模型将要训练的数据集 X 中每条样本数据的维数一致,intercept_存储 $b_0$ 的值,即线性回归方程的常数项。

参数说明如下。

copy_X:布尔型,默认为 True,copy_X 用来指定是否对训练数据集 X 复制(即经过中心化、标准化后,是否把新数据覆盖到原数据上),如果选择 False,则直接对原数据进行覆盖。

fit_intercept:用来指定是否对训练数据进行中心化,如果该变量为 False,则表明输入的数据已经进行了中心化,在下面的过程里不进行中心化处理;否则,对输入的训练数据进行中心化处理。

n_jobs:整型,默认为 1,n_jobs 用来指定计算时设置的任务个数。如果选择 −1 则代表使用所有的 CPU。

normalize:布尔型,默认为 False,normalize 用来指定是否对数据进行标准化处理。

LinearRegression 线性回归模型对象的主要方法有以下几个。

fit(X, y[, sample_weight]):对训练数据集 X、y 进行训练,sample_weight 为[n_samples]形式的向量,可以指定对于某些样本数据 sample 的权值,如果觉得某些样本数据 sample 比较重要,可以将这些数据的权值设置得大一些。

get_params([deep]):获取回归模型的参数。

predict(X):使用训练得到的回归模型对 X 进行预测。

score(X, y[, sample_weight]):返回对于以 X 为样本数据 samples,以 y 为实际结果 target 的预测效果评分,最好的得分为 1.0,一般的得分都比 1.0 低,得分越低代表模型的预测结果越差。

set_params(**params)：设置 LinearRegression 模型的参数值。

求解例 9-1 的线性回归模型的参数的代码如下。

```python
import matplotlib.pyplot as plt
import matplotlib
import numpy as np
matplotlib.rcParams['font.family'] = 'FangSong'    #指定字体的中文格式
#定义一个画图函数
def runplt():
    plt.figure()
    plt.title('10 个厂家的投入和产出',fontsize=15)
    plt.xlabel('投入',fontsize=15)
    plt.ylabel('产出',fontsize=15)
    plt.axis([0,50,0,80])
    plt.grid(True)
    return plt
#投入、产出训练数据
X = [[20],[40],[20],[30],[10],[10],[20],[20],[20],[30]]
y = [[30],[60],[40],[60],[30],[40],[40],[50],[30],[70]]
from sklearn.linear_model import  LinearRegression
model = LinearRegression()                          #建立线性回归模型
model.fit(X,y)                                      #用训练数据进行模型训练
runplt()
X2 = [[0],[20],[25],[30],[35],[50]]
#利用通过 fit()训练的模型对输入值的产出值进行预测
y2 = model.predict(X2)                              #预测数据
plt.plot(X,y,'k.')                                  #根据观察到的投入、产出值绘制点
plt.plot(X2,y2,'k-')                                #根据 X2、y2 绘制拟合的回归直线
plt.show()                                          #显示绘制的一元线性回归图,如图 9-1 所示
```

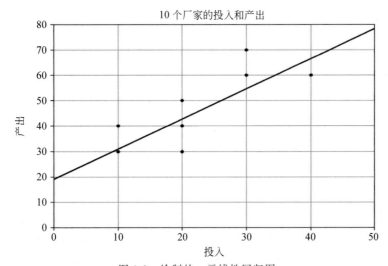

图 9-1 绘制的一元线性回归图

```
print('求得的一元线性回归方程的 b0 值为:%.2f'%model.intercept_)
print('求得的一元线性回归方程的 b1 值为:%.2f'%model.coef_)
print('预测投入 25 的产出值:%.2f'%model.predict([[25]]))  #输出投入 25 的预测值
```

运行上述代码,得到的输出结果如下。

```
求得的一元线性回归方程的 b0 值为:18.95
求得的一元线性回归方程的 b1 值为:1.18
预测投入 25 的产出值:48.55
```

## 9.2.2 使用一元线性回归预测房价

波士顿房价数据集是由 Harrison 和 Rubinfeld 于 1978 年收集的波士顿郊区房屋的信息,数据集包含 506 行,每行包含 14 个字段,前 13 个字段(称为房屋的属性)用来描述房屋相关的各种信息,如周边犯罪率、是否在河边等相关信息,其中最后一个字段是房屋均价,14 个字段具体描述如下。

CRIM:房屋所在镇的人均犯罪率。

ZN:用地面积超过 25000 平方英尺(1 平方英尺约为 $9.29\times10^{-8}$ 平方千米)的住宅所占比例。

INDUS:房屋所在镇无零售业务区域所占比例。

CHAS:是否邻近查尔斯河,1 是邻近,0 是不邻近。

NOX:一氧化氮浓度(千万分之一)。

RM:每处寓所的平均房间数。

AGE:自住且建于 1940 年前的房屋比例。

DIS:房屋距离波士顿五大就业中心的加权距离。

RAD:距离高速公路的便利指数。

TAX:每一万美元全额财产税金额。

PTRATIO:房屋所在镇的师生比。

MEDV:自住房的平均房价(以 1000 美元为单位)。

B:代表城镇中黑人的比例。

LSTAT:人口中地位低下者所占的比例。

【例 9-2】 使用 sklearn.linear_model 的 LinearRegression 模型拟合波士顿房价数据集。在下面的内容中,我们将以房屋价格(MEDV)作为目标变量。

1) 数据集的数据结构分析

```
>>> from sklearn.datasets import load_boston
>>> import pandas as pd
>>> import numpy as np
>>> import matplotlib.pyplot as plt                      #Python 中的绘图模块
>>> from sklearn.linear_model import LinearRegression    #导入线性回归模型
>>> boston=load_boston()                                 #加载波士顿房价数据集
>>> x=boston.data                                        #加载波士顿房价属性数据集
>>> y=boston.target                                      #加载波士顿房价数据集
```

```
>>> boston.keys()
dict_keys(['data', 'target', 'feature_names', 'DESCR'])
>>> x.shape
(506, 13)
>>> boston_df=pd.DataFrame(boston['data'],columns=boston.feature_names)
>>> boston_df['Target']=pd.DataFrame(boston['target'],columns=['Target'])
>>> boston_df.head(3)                                    #显示完整数据集的前 3 行数据
      CRIM    ZN  INDUS  CHAS    NOX     RM   AGE     DIS  RAD    TAX  \
0  0.00632  18.0   2.31   0.0  0.538  6.575  65.2  4.0900  1.0  296.0
1  0.02731   0.0   7.07   0.0  0.469  6.421  78.9  4.9671  2.0  242.0
2  0.02729   0.0   7.07   0.0  0.469  7.185  61.1  4.9671  2.0  242.0

   PTRATIO       B  LSTAT  Target
0     15.3  396.90   4.98    24.0
1     17.8  396.90   9.14    21.6
2     17.8  392.83   4.03    34.7
```

## 2）分析数据并可视化

房屋有 13 个属性，也就是说 13 个变量决定了房子的价格，这就需要计算这些变量和房屋价格的相关性。

```
>>> boston_df.corr().sort_values(by=['Target'],ascending=False)
              CRIM        ZN     INDUS      CHAS       NOX        RM       AGE \
Target   -0.385832  0.360445 -0.483725  0.175260 -0.427321  0.695360 -0.376955
RM       -0.219940  0.311991 -0.391676  0.091251 -0.302188  1.000000 -0.240265
ZN       -0.199458  1.000000 -0.533828 -0.042697 -0.516604  0.311991 -0.569537
B        -0.377365  0.175520 -0.356977  0.048788 -0.380051  0.128069 -0.273534
DIS      -0.377904  0.664408 -0.708027 -0.099176 -0.769230  0.205246 -0.747881
CHAS     -0.055295 -0.042697  0.062938  1.000000  0.091203  0.091251  0.086518
AGE       0.350784 -0.569537  0.644779  0.086518  0.731470 -0.240265  1.000000
RAD       0.622029 -0.311948  0.595129 -0.007368  0.611441 -0.209847  0.456022
CRIM      1.000000 -0.199458  0.404471 -0.055295  0.417521 -0.219940  0.350784
NOX       0.417521 -0.516604  0.763651  0.091203  1.000000 -0.302188  0.731470
TAX       0.579564 -0.314563  0.720760 -0.035587  0.668023 -0.292048  0.506456
INDUS     0.404471 -0.533828  1.000000  0.062938  0.763651 -0.391676  0.644779
PTRATIO   0.288250 -0.391679  0.383248 -0.121515  0.188933 -0.355501  0.261515
LSTAT     0.452220 -0.412995  0.603800 -0.053929  0.590879 -0.613808  0.602339
              DIS       RAD       TAX   PTRATIO         B     LSTAT    Target
Target   0.249929 -0.381626 -0.468536 -0.507787  0.333461 -0.737663  1.000000
RM       0.205246 -0.209847 -0.292048 -0.355501  0.128069 -0.613808  0.695360
ZN       0.664408 -0.311948 -0.314563 -0.391679  0.175520 -0.412995  0.360445
B        0.291512 -0.444413 -0.441808 -0.177383  1.000000 -0.366087  0.333461
DIS      1.000000 -0.494588 -0.534432 -0.232471  0.291512 -0.496996  0.249929
CHAS    -0.099176 -0.007368 -0.035587 -0.121515  0.048788 -0.053929  0.175260
AGE     -0.747881  0.456022  0.506456  0.261515 -0.273534  0.602339 -0.376955
RAD     -0.494588  1.000000  0.910228  0.464741 -0.444413  0.488676 -0.381626
CRIM    -0.377904  0.622029  0.579564  0.288250 -0.377365  0.452220 -0.385832
```

```
NOX      -0.769230 0.611441 0.668023 0.188933 -0.380051 0.590879 -0.427321
TAX      -0.534432 0.910228 1.000000 0.460853 -0.441808 0.543993 -0.468536
INDUS    -0.708027 0.595129 0.720760 0.383248 -0.356977 0.603800 -0.483725
PTRATIO  -0.232471 0.464741 0.460853 1.000000 -0.177383 0.374044 -0.507787
LSTAT    -0.496996 0.488676 0.543993 0.374044 -0.366087 1.000000 -0.737663
```

从输出结果可以看出相关系数最高的是 RM,高达 0.69,也就是说房间数和房价有强相关性。下面绘制房间数(RM)与房屋价格(MEDV)的散点图。

```
>>> import matplotlib
>>> matplotlib.rcParams['font.family'] = 'FangSong'    #设置中文字体格式为仿宋
>>> plt.scatter(boston_df['RM'],y)
<matplotlib.collections.PathCollection object at 0x000000001924C550>
>>> plt.xlabel('房间数(RM)',fontsize=15)
Text(0.5,0,'房间数(RM)')
>>> plt.ylabel('房屋价格(MEDV)',fontsize=15)
Text(0,0.5,'房屋价格(MEDV)')
>>> plt.title('房间数(RM)与房屋价格(MEDV)的关系',fontsize=15)
Text(0.5,1,'房间数(RM)与房屋价格(MEDV)的关系')
>>> plt.show()    #显示绘制的房间数与房屋价格的散点图,如图 9-2 所示
```

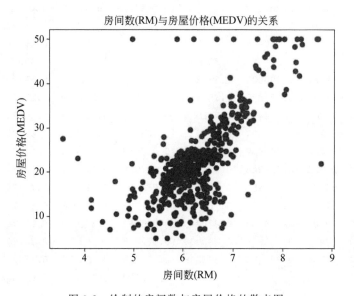

图 9-2　绘制的房间数与房屋价格的散点图

3)一元线性回归

(1)去掉一些脏数据,例如去掉房价大于或等于 50 的数据和房价小于或等于 10 的数据。

```
>>> X=boston.data
>>> y=boston.target
>>> X=X[y<50]
>>> y=y[y<50]
```

```
>>> X=X[y>10]
>>> y=y[y>10]
>>> X.shape
(466, 13)
>>> y.shape
(466,)
```

（2）构建线性回归模型。

```
>>> from sklearn.model_selection import train_test_split
# 切分数据集，取数据集的 75% 作为训练数据，25% 作为测试数据
>>> X_train, X_test, y_train, y_test = train_test_split(X, y, random_state=1)
>>> LR =LinearRegression()
>>> LR.fit(X_train,y_train)
LinearRegression(copy_X=True, fit_intercept=True, n_jobs=1, normalize=False)
```

（3）算法评估。

```
>>> pre = LR.predict(X_test)
>>> print("预测结果", pre[3:8])                           # 选取 5 个结果进行显示
预测结果 [27.48834701 21.58192891 20.36438243 22.980885  24.35103277]
>>> print(u"真实结果", y_test[3:8])                        # 选取 5 个结果进行显示
真实结果 [22.   22.   24.3 22.2 21.9]
>>> LR.score(X_test,y_test)                              # 模型评分
0.7155555361911698
```

这个模型的准确率只有 71.5%。

## 9.3 多元线性回归

### 9.3.1 多元线性回归模型

在一元线性回归中，将一个属性的样本集扩展到 $d$ 个属性的样本集，即一个样本由 $d$ 个属性描述，对 $d$ 个属性的样本集的线性回归，我们试图学得

$$f(\boldsymbol{x}_i) = \boldsymbol{w}^{\mathrm{T}}\boldsymbol{x}_i + b$$

使得模型在 $\boldsymbol{x}_i$ 处的函数值 $f(\boldsymbol{x}_i)$ 接近 $y_i$，其中 $\boldsymbol{x}_i = [x_{i1}, x_{i2}, \cdots, x_{id}]^{\mathrm{T}}$ 为样本 $d$ 个属性的列向量，$\boldsymbol{w} = [w_1, w_2, \cdots, w_d]^{\mathrm{T}}$ 为属性权重，这种多个属性的线性回归称为多元线性回归。

类似地，可利用最小二乘法来对 $\boldsymbol{w}$ 和 $b$ 进行估计求值，为便于下面的讨论，将 $b$ 合并到 $\boldsymbol{w}$，即 $\boldsymbol{w} = [w_1, w_2, \cdots, w_d, b]^{\mathrm{T}}$，相应的每个样本 $\boldsymbol{x}_i$ 也增加一维，变为 $\boldsymbol{x}_i = [x_{i1}, x_{i2}, \cdots, x_{id}, 1]^{\mathrm{T}}$。

于是，用于求解多元线性回归参数的 $E(\boldsymbol{w}, b) = \sum\limits_{i=1}^{n} (y_i - (\boldsymbol{w}x_i + b))^2$ 可以写成以下形式：

$$E(\boldsymbol{w}) = (\boldsymbol{y} - X\boldsymbol{w})^{\mathrm{T}} (\boldsymbol{y} - X\boldsymbol{w})$$

其中 $\boldsymbol{y}$ 是样本的标记向量，$\boldsymbol{y} = [y_1, y_2, \cdots, y_n]^{\mathrm{T}}$，$\boldsymbol{X}$ 为样本矩阵，$\boldsymbol{X}$ 的形式如下。

$$\boldsymbol{X} = \begin{pmatrix} x_{11} & x_{12} & \cdots & x_{1d} & 1 \\ x_{21} & x_{22} & \cdots & x_{2d} & 1 \\ \vdots & \vdots & \ddots & \vdots & \vdots \\ x_{n1} & x_{n2} & \cdots & x_{nd} & 1 \end{pmatrix} = \begin{pmatrix} \boldsymbol{x}_1^{\mathrm{T}} & 1 \\ \boldsymbol{x}_2^{\mathrm{T}} & 1 \\ \vdots & \vdots \\ \boldsymbol{x}_n^{\mathrm{T}} & 1 \end{pmatrix}$$

$E(\boldsymbol{w}) = (\boldsymbol{y} - \boldsymbol{Xw})^{\mathrm{T}}(\boldsymbol{y} - \boldsymbol{Xw})$ 对参数 $\boldsymbol{w}$ 进行求导,求得的结果如下:

$$\frac{\partial E(\boldsymbol{w})}{\partial \boldsymbol{w}} = 2\boldsymbol{X}^{\mathrm{T}}(\boldsymbol{Xw} - \boldsymbol{y})$$

令 $2\boldsymbol{X}^{\mathrm{T}}(\boldsymbol{Xw} - \boldsymbol{y})$ 为零可求得 $\boldsymbol{w}$ 的值为

$$\boldsymbol{w}^* = (\boldsymbol{X}^{\mathrm{T}}\boldsymbol{X})^{-1}\boldsymbol{X}^{\mathrm{T}}\boldsymbol{y}$$

从 $\boldsymbol{w}^* = (\boldsymbol{X}^{\mathrm{T}}\boldsymbol{X})^{-1}\boldsymbol{X}^{\mathrm{T}}\boldsymbol{y}$ 可以发现 $\boldsymbol{w}^*$ 的计算涉及矩阵的求逆,只有在 $\boldsymbol{X}^{\mathrm{T}}\boldsymbol{X}$ 为满秩矩阵或者正定矩阵时,才可以使用以上式子计算。但在现实任务中,$\boldsymbol{X}^{\mathrm{T}}\boldsymbol{X}$ 往往不是满秩矩阵,这样的话就会导致有多个解,并且这多个解都能使均方误差最小化,但并不是所有的解都适合于做预测任务,因为某些解可能会产生过拟合的问题。

求出 $\boldsymbol{w}^*$ 后,线性回归模型的表达式为 $f(\boldsymbol{x}_i) = \boldsymbol{x}_i^{\mathrm{T}}(\boldsymbol{X}^{\mathrm{T}}\boldsymbol{X})^{-1}\boldsymbol{X}^{\mathrm{T}}\boldsymbol{y}$。

选择合适的自变量是正确进行多元回归预测的前提之一,多元回归模型自变量的选择可以利用变量之间的相关矩阵来解决。

多元线性回归模型可表示为

$$\boldsymbol{y} = \beta_0 + \beta_1\boldsymbol{x}_1 + \beta_2\boldsymbol{x}_2 + \cdots + \beta_m\boldsymbol{x}_m$$

回归模型中的回归参数(也称回归系数)$\beta_0, \beta_1, \cdots, \beta_m$ 利用样本数据去估计,将得到的相应估计值 $b_0, b_1, \cdots, b_m$ 代替回归模型中的未知参数 $\beta_0, \beta_1, \cdots, \beta_m$,即得到估计的回归方程:

$$\hat{\boldsymbol{y}} = b_0 + b_1\boldsymbol{x}_1 + b_2\boldsymbol{x}_2 + \cdots + b_m\boldsymbol{x}_m$$

下面给出使用 sklearn.linear_model 模块中的 LinearRegression 模型实现多元线性回归的例子。

【例 9-3】 求训练数据集 $\boldsymbol{X} = [[0,0],[1,1],[2,2]]$、$\boldsymbol{y} = [0,1,2]$ 的二元线性回归方程。

```
>>> from sklearn.linear_model import LinearRegression
>>> clf = LinearRegression()        #建立线性回归模型
>>> X = [[0,0],[1,1],[2,2]]
>>> y = [0,1,2]
>>> clf.fit(X,y)                    #对建立的回归模型 clf 进行训练
LinearRegression(copy_X=True, fit_intercept=True, n_jobs=1, normalize=False)
>>> clf.coef_                       #获取训练模型的 b₁ 和 b₂
array([ 0.5,   0.5])
>>> clf.intercept_                  #获取训练模型的 b₀
1.1102230246251565e-16
>>> clf.get_params()               #获取训练所得的回归模型的参数
{'copy_X': True, 'fit_intercept': True, 'n_jobs': 1, 'normalize': False}
>>> clf.predict([[3, 3]])          #使用训练得到的回归模型对[3,3]进行预测
array([ 3.])
>>> clf.score(X, y)                #返回对于以 X 为样本数据、以 y 为实际结果的预测效果评分
```

1.0

## 9.3.2　使用多元线性回归分析广告媒介与销售额之间的关系

为了增加商品销售量,商家通常会在电视、广播和报纸上进行商品宣传,在这三种媒介上的相同投入所带来的销售效果是不同的,如果我们能分析出广告媒体与销售额之间的关系,就可以更好地分配广告开支并且使销售额最大化。

【例9-4】　Advertising 数据集包含了 200 条不同市场的产品销售额,每个销售额对应 3 种广告媒体的投入,分别是 TV、radio 和 newspaper,前 8 条数据如表 9-2 所示。

表 9-2　Advertising 数据集前 8 条数据

| 序号 | TV | radio | newspaper | sales |
|---|---|---|---|---|
| 1 | 230.1 | 37.8 | 69.2 | 22.1 |
| 2 | 44.5 | 39.3 | 45.1 | 10.4 |
| 3 | 17.2 | 45.9 | 69.3 | 9.3 |
| 4 | 151.5 | 41.3 | 58.5 | 18.5 |
| 5 | 180.8 | 10.8 | 58.4 | 12.9 |
| 6 | 8.7 | 48.9 | 75 | 7.2 |
| 7 | 57.5 | 32.8 | 23.5 | 11.8 |
| 8 | 120.2 | 19.6 | 11.6 | 13.2 |

下面给出多元线性回归分析广告媒介与销售额之间关系的代码实现。

```
import pandas as pd
import matplotlib
matplotlib.rcParams['font.family'] = 'Kaiti'            #Kaiti 是中文楷体
from sklearn import linear_model
from sklearn.cross_validation import train_test_split   #这里是引用了交叉验证
data = pd.read_csv('D:/Python/Advertising.csv')
feature_cols = ['TV', 'radio', 'newspaper']            #指定特征属性
X = data[feature_cols]              #得到数据集的三个属性 TV、radio、newspaper 列
y = data['sales']                   #得到数据集的目标列,即 sales 列
#切分数据集,取数据集的 75%作为训练数据,25%作为测试数据
X_train,X_test, y_train, y_test = train_test_split(X, y, random_state=1)
clf = linear_model.LinearRegression()   #建立线性回归模型
clf.fit(X_train,y_train)                 #训练模型
print('回归方程的非常数项系数 coef_值为:',clf.coef_)
print('回归方程的常数项 intercept_值为:',clf.intercept_)
print(list(zip(feature_cols, clf.coef_)))   #输出每个特征相应的回归系数
#模型评价
y_pred = clf.predict(X_test)
print('预测效果评分:',clf.score(X_test, y_test))
```

```
#以图形的方式表示所得到的模型质量
import matplotlib.pyplot as plt
plt.figure()
plt.plot(range(len(y_pred)),y_pred,'k',label="预测值")
plt.plot(range(len(y_pred)),y_test,'k--',label="测试值")
plt.legend(loc="upper right")              #显示图中的标签
plt.xlabel("测试数据序号",fontsize=15)
plt.ylabel('销售额',fontsize=15)
plt.show()                                 #绘制的预测值与测试值的线性图,如图 9-3 所示
```

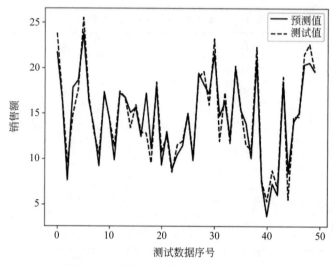

图 9-3　绘制的预测值与测试值的线性图

运行上述程序代码得到的结果如下。

回归方程的非常数项系数 coef_值为: [ 0.04656457  0.17915812  0.00345046]

回归方程的常数项 intercept_值为: 2.87696662232

[('TV', 0.046564567874150295), ('radio', 0.1791581224508883), ('newspaper', 0.0034504647111804065)]

预测效果评分:0.915621361379

### 9.3.3　多元线性回归模型预测电能输出

下面用 UCI 大学公开的循环发电场的数据来建模多元线性回归模型,共有 9568 个样本数据,每个样本数据包含 5 个字段,分别是 AT(温度)、V(压力)、AP(湿度)、RH(压强)和 PE(输出电力)。多元线性回归分析是从数据集中得到一个线性的关系,PE 是样本的输出,而 AT、V、AP、RH 这 4 个是样本特征,所要求解的线性回归模型如下:

$$PE = \theta_0 + \theta_1 \times AT + \theta_2 \times V + \theta_3 \times AP + \theta_4 * RH$$

【例 9-5】　对 UCI 大学公开的循环发电场的数据进行多元线性回归分析。

#### 1. 获取数据并整理数据

数据下载地址为 http://archive.ics.uci.edu/ml/machine-learning-databases/00294/。

下载后得到的是一个压缩文件,解压后可以看到里面有一个 xlsx 文件,先用 Excel 把它打
开,接着"另存为"csv 格式,文件名命名为 ccpp.csv,后面就用这个 csv 格式的数据来求解线
性回归模型的参数。打开这个 csv 文件可以发现数据已经整理好,没有非法数据,但是这些
数据并没有归一化,也就是转化为均值 0、方差 1 的格式。暂时可以不对这些数据进行归一
化,后面使用 sklearn 线性回归时会先进行归一化。

**2. 用 pandas 来读取数据**

```
import matplotlib.pyplot as plt
import numpy as np
import pandas as pd
data = pd.read_csv('ccpp.csv')              #读取 ccpp.csv 文件,其存储在 Python 默认路径下
#读取前五行数据,如果是最后五行,用 data.tail()
data.head()
```

运行结果如下。

```
      AT      V       AP      RH      PE
0   8.34   40.77  1010.84  90.01  480.48
1  23.64   58.49  1011.40  74.20  445.75
2  29.74   56.90  1007.15  41.91  438.76
3  19.07   49.69  1007.22  76.79  453.09
4  11.80   40.66  1017.13  97.20  464.43
```

**3. 将数据集分解为样本特征数据集和样本输出数据集**
查看数据的维度。

```
data.shape
```

运行的结果是(9568,5),说明数据集有 9568 个样本,每个样本有 5 列。
现在抽取样本特征 X,选用 AT、V、AP 和 RH 这 4 个列作为样本特征。

```
X = data[['AT', 'V', 'AP', 'RH']]          #抽取特征数据集
X.head()                                    #查看前 5 条数据
```

可以看到 X 的前 5 条数据,如下所示。

```
      AT      V       AP      RH
0   8.34   40.77  1010.84  90.01
1  23.64   58.49  1011.40  74.20
2  29.74   56.90  1007.15  41.91
3  19.07   49.69  1007.22  76.79
4  11.80   40.66  1017.13  97.20
```

接着抽取样本输出 y,选用 PE 作为样本输出。

```
y = data[['PE']]                           #抽取样本输出数据集
y.head()                                    #查看前 5 条数据
```

可以看到 y 的前 5 条数据,如下所示。

```
      PE
0     480.48
1     445.75
2     438.76
3     453.09
4     464.43
```

### 4. 划分训练集和测试集

我们把 X 和 y 的样本组合划分成两部分：一部分是训练集,一部分是测试集,代码如下。

```
from sklearn.cross_validation import train_test_split
X_train, X_test, y_train, y_test = train_test_split(X, y, random_state=1)
```

查看训练集和测试集的维度。

```
print(X_train.shape)
print(y_train.shape)
print(X_test.shape)
print(y_test.shape)
```

结果如下。

```
(7176, 4)
(7176, 1)
(2392, 4)
(2392, 1)
```

可以看到 75％的样本数据被作为训练集,25％的样本被作为测试集。

### 5. 使用 LinearRegression 构建多元线性回归模型

可以用 sklearn 的线性模型来拟合我们的问题。sklearn 的线性回归算法使用的是最小二乘法来实现的。

```
from sklearn.linear_model import LinearRegression
linreg = LinearRegression()                 #建立回归模型
linreg.fit(X_train, y_train)                #训练回归模型
```

查看回归模型的系数。

```
print(linreg.intercept_)                    #输出回归方程的常数项
print(linreg.coef_)                         #输出回归方程的非常数项系数
```

输出如下。

```
[ 447.06297099]
[[-1.97376045 -0.23229086  0.0693515  -0.15806957]]
```

这样就得到了所要求解的线性回归模型里面需要求得的 5 个值,得到的 PE 和其他 4 个变量的关系如下:

$$PE = 447.06297099 - 1.97376045 \times AT - 0.23229086 \times V + 0.0693515 \times AP - 0.15806957 \times RH$$

### 6. 模型评价

下面评估所构建的多元线性回归模型的质量,对于线性回归来说,可采用均方误差(Mean Squared Error,MSE)或者均方根误差(Root Mean Squared Error,RMSE)对模型进行评价。

```
from sklearn import metrics
y_pred = linreg.predict(X_test)              #用得到的模型对25%的测试集进行预测
#获取均方误差
print( "MSE:",metrics.mean_squared_error(y_test, y_pred))
#获取均方根误差 RMSE
print( "RMSE:",np.sqrt(metrics.mean_squared_error(y_test, y_pred)))
```

输出如下。

```
MSE: 20.0804012021
RMSE: 4.48111606657
```

### 7. 通过画图观察结果

这里通过画图观察真实值和预测值的变化关系,离中间的直线 $y = x$ 越近的点代表预测损失越低。代码如下。

```
plt.scatter(y, predicted)
plt.plot([y.min(), y.max()], [y.min(), y.max()], 'k--', lw=4)
plt.xlabel('Measured')     #给 x 轴添加标签
plt.ylabel('Predicted')    #给 y 轴添加标签
plt.show()                 #显示循环发电场数据的多元线性回归,如图 9-4 所示
```

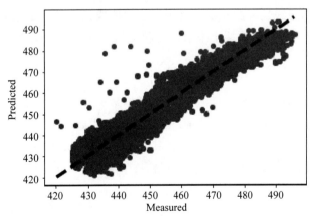

图 9-4　循环发电场数据的多元线性回归

## 9.4 非线性回归

### 9.4.1 多项式回归

线性回归的局限性是只能应用于存在线性关系的数据中,但是在实际生活中,很多数据

之间是非线性关系,虽然也可以用线性回归拟合非线性回归,但是效果将会很差,这时就需要对线性回归模型进行改进,使之能够拟合非线性数据。

两个数据拟合的例子如图 9-5 所示,图 9-5(a)中数据呈现出线性关系,用线性回归可以得到较好的拟合效果。图 9-5(b)中数据呈现非线性关系,需要用多项式回归模型。多项式回归是在线性回归基础上进行改进,相当于为样本再添加特征项。如图 9-5(b)所示,为样本添加一个 $x^2$ 的特征项,可以较好地拟合非线性的数据。

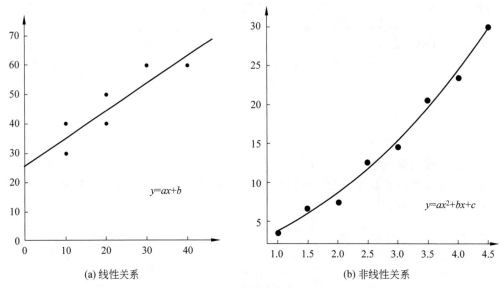

(a) 线性关系　　　　　　　　　　　(b) 非线性关系

图 9-5　两个数据拟合的例子

多项式回归和多元线性回归相似。对于用二次曲线拟合数据的求解,先假设一个二次曲线 $f(x)=w_0+w_1x+w_2x^2$,接下来求出它和实际 $y$ 值的损失函数:

$$J(w)=\frac{1}{2n}\sum_{i=1}^{n}(f(x^i)-y^i)^2$$

其中,$y^i$ 为第 $i$ 个样本数据的实际目标值,$n$ 为样本数。和线性回归一样,接下来通过梯度下降法求出 $J(w)$ 达到最小值时对应的 $w$。具体求解过程如下。

对于 $f(x)=w_0+w_1x+w_2x^2$,可以将其看作 $f(x)=w_0+w_1x_1+w_2x_2$,其中 $x_1=x$,$x_2=x^2$,这样就将问题转化为多元线性回归,接下来对 $J(w)$ 求偏导:

$$\frac{\partial J(w)}{\partial w_0}=\frac{1}{n}\sum_{i=1}^{n}(f_w(x^i)-y^i)$$

$$\frac{\partial J(w)}{\partial w_1}=\frac{1}{n}\sum_{i=1}^{n}(f_w(x^i)-y^i)x_1^i$$

$$\frac{\partial J(w)}{\partial w_2}=\frac{1}{n}\sum_{i=1}^{n}(f_w(x^i)-y^i)x_2^i$$

迭代 $w$:

$$w_0=w_0-\alpha\frac{1}{n}\sum_{i=1}^{n}(f_w(x^i)-y^i)$$

$$w_1 = w_1 - \alpha \frac{1}{n} \sum_{i=1}^{n} (f_w(x^i) - y^i) x_1^i$$

$$w_2 = w_2 - \alpha \frac{1}{n} \sum_{i=1}^{n} (f_w(x^i) - y^i) x_2^i$$

其中，$\alpha$ 为学习速率，经过迭代，求出拟合曲线的参数。

【例 9-6】 多项式回归举例。

```python
import numpy as np
from matplotlib import pyplot as plt
import matplotlib
a = np.random.standard_normal((1, 300))    #生成 1 行 300 列的标准正态分布随机数
x = np.arange(0, 30, 0.1)                   #生成从 0 开始、步长为 0.1 的 300 个数的等差数组
y = x**2 + x * 2 + 5
y = y - a * 80
y = y[0]
x1 = x
x2 = x * x                                  #增加一维属性数据
#对两种属性数据进行归一化
def normalization(x1, x2):
    n_x1 = (x1 - np.mean(x1))/30
    n_x2 = (x2 - np.mean(x2))/900
    return n_x1, n_x2
def optimization(x1, x2, y, w, learning_rate):
    for i in range(iterations):
        w = update(x1, x2, y, w, learning_rate)
    return w
def update(x1, x2, y, w, learning_rate):
    m = len(x2)
    sum0 = 0.0
    sum1 = 0.0
    sum2 = 0.0
    n_x1, n_x2 = normalization(x1, x2)
    alpha = learning_rate
    h = 0
    for i in range(m):
        h = w[0] + w[1] * x1[i] + w[2] * x2[i]
        sum0 += (h - y[i])
        sum1 += (h - y[i]) * n_x1[i]
        sum2 += (h - y[i]) * n_x2[i]
    w[0] -= alpha * sum0 / m
    w[1] -= alpha * sum1 / m
    w[2] -= alpha * sum2 / m
    return w
learning_rate = 0.0005                      #设定学习速率
w = [0, 0, 0]                               #设定梯度优化的起始值
```

```
iterations = 2000                                    #设定最大迭代次数
w = optimization(x1,x2,y,w,learning_rate)
matplotlib.rcParams['font.family'] = 'KaiTi'         #设置字体格式为中文楷体
matplotlib.rcParams['axes.unicode_minus'] = False
b = np.arange(0,30)
c = w[0] + w[1] * b + w[2] * b**2
plt.figure()
plt.scatter(x,y,marker='o',color='k')
plt.plot(b,c,color='k')
plt.xticks(fontsize=18)
plt.yticks(fontsize=18)
plt.xlabel('样本特征 X',fontsize=18)
plt.ylabel("目标值 Y", rotation=0, fontsize=18)
plt.title("拟合结果", fontsize=18)
plt.show()                                           #显示绘图结果
```

运行上述程序代码输出的结果如图 9-6 所示。

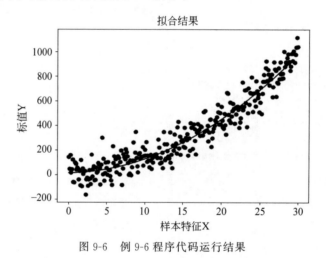

图 9-6　例 9-6 程序代码运行结果

【**例 9-7**】　使用 LinearRegression 实现多项式回归举例。

```
import numpy as np
import matplotlib.pyplot as plt
from sklearn.linear_model import LinearRegression
x = np.random.uniform(-3,3, size=100)
X = x.reshape(-1,1)                    #接下来的代码要区分好 X 和 x
y = 0.5 * x**2 +x +2 + np.random.normal(0,1,size=100)
x2 = np.hstack([X,X**2])               #数据拼接,给样本 X 引入一个特征,现在的特征就有两个
lin_reg2 = LinearRegression()
lin_reg2.fit(x2,y)
y_predict2 = lin_reg2.predict(x2)
plt.scatter(x,y)
#由于 xx 是无序的,需要先将 x 进行排序,y_predict2 按照 x 从小到大的顺序进行取值
```

```
plt.plot(np.sort(x),y_predict2[np.argsort(x)],color='r')
plt.xticks(fontsize=18)
plt.yticks(fontsize=18)
plt.show()                    #显示绘图结果
```

运行上述程序代码,输出的结果如图 9-7 所示。

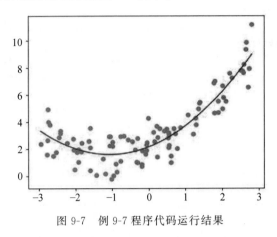

图 9-7  例 9-7 程序代码运行结果

## 9.4.2  非多项式的非线性回归

scipy 的 optimize 模块提供了函数最小值(标量或多维)、曲线拟合和寻找等式的根的函数。optimize 模块的 curve_fit() 函数用来将设定的函数 f 拟合已知的数据集。curve_fit() 函数的语法格式如下。

```
scipy.optimize.curve_fit(f, xdata, ydata)
```

其功能是使用非线性最小二乘法将函数 f 拟合数据。

参数说明如下。

f:用来拟合数据的函数,它必须将自变量作为第一个参数,函数待确定的系数作为独立的剩余参数。

xdata:自变量。

ydata:xdata 自变量对应的函数值。

### 1. e 的 b/x 次方拟合

下面采用 scipy 的 optimize 模块提供的 curve_fit() 函数进行 e 的 b/x 次方拟合。利用 curve_fit() 函数拟合数据的核心步骤如下。

第一步,定义需要拟合的函数。

```
def func(x, a, b):
    return a * np.exp(b/x)
```

第二步,进行函数拟合,获取 popt 里面的拟合系数。

```
popt, pcov = curve_fit(func, x, y)          #进行函数拟合
```

得到的拟合系数存储在 popt 中,a 的值存储在 popt[0] 中,b 的值存储在 popt[1] 中。

pcov 存储的是最优参数的协方差估计矩阵。

```
>>> import numpy as np
>>> import matplotlib.pyplot as plt
>>> from scipy.optimize import curve_fit
>>> def func(x, a, b):
        return a * np.exp(b/x)
>>>                                              #定义 x、y 散点坐标
>>> x = np.arange(1, 11, 1)
>>> y = np.array([3.98, 5.1, 5.85, 6.4, 7.4,8.6, 10, 10.2, 13.1, 14.5])
>>>                                              #非线性最小二乘法拟合
>>> popt, pcov = curve_fit(func, x, y)
>>>                                              #获取 popt 里面的拟合系数
>>> a = popt[0]
>>> b = popt[1]
>>> y1 = func(x,a,b)                             #获取拟合值
>>> print('系数 a:', a)
系数 a: 16.036555526
>>> print('系数 b:', b)
系数 b: -2.9088756676
>>> plt.plot(x, y, 'o',label='original values')  #绘制 x、y 点
[<matplotlib.lines.Line2D object at 0x00000000143064E0>]
>>> plt.plot(x, y1, 'k',label='polyfit values')  #绘制拟合曲线
[<matplotlib.lines.Line2D object at 0x000000000EFA8D68>]
>>> plt.xlabel('x')
Text(0.5,0,'x')
>>> plt.xlabel('y')
Text(0.5,0,'y')
>>> plt.title('curve_fit')
Text(0.5,1,'curve_fit')
>>> plt.legend(loc=4)                            #指定 legend 的位置在右下角
<matplotlib.legend.Legend object at 0x0000000014306F98>
>>> plt.show()    #显示 e 的 b/x 次方拟合的绘图结果,如图 9-8 所示
```

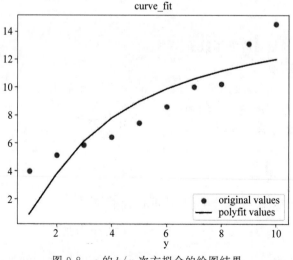

图 9-8　e 的 $b/x$ 次方拟合的绘图结果

## 2. a * e**(b/x) + c 的拟合

```
>>> import numpy as np
>>> import matplotlib.pyplot as plt
>>> from scipy.optimize import curve_fit
>>> def func(x, a, b, c):
       return a * np.exp(-b * x) + c
>>> x = np.linspace(0, 4, 50)
>>> y = func(x, 2.5, 1.3, 0.5)
>>> y1 = y + 0.2 * np.random.normal(size=len(x))   #为数据加入噪声
>>> plt.plot(x, y1, 'o', label='original values')
[<matplotlib.lines.Line2D object at 0x0000000013B9E710>]
>>> popt, pcov = curve_fit(func, x, y1)
>>> plt.plot(x, func(x, * popt), 'k--', label='fit')
[<matplotlib.lines.Line2D object at 0x000000000ED56B70>]
>>> plt.xlabel('x')
Text(0.5,0,'x')
>>> plt.ylabel('y')
Text(0,0.5,'y')
>>> plt.legend()
<matplotlib.legend.Legend object at 0x0000000013B9EDD8>
>>> plt.show()   #显示 a * e**(b/x)+c 拟合的绘图结果，如图 9-9 所示
```

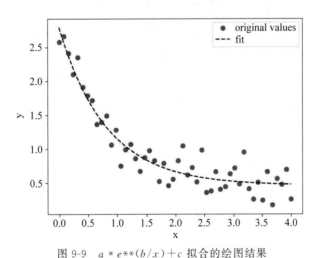

图 9-9　$a * e**(b/x) + c$ 拟合的绘图结果

## 3. a * sin(x) + b 的拟合

```
import numpy as np
from matplotlib import pyplot as plt
from scipy.optimize import curve_fit
def f(x):
    return 2 * np.sin(x)+3
def f_fit(x,a,b):
```

```
    return a * np.sin(x)+b
x=np.linspace(-2 * np.pi,2 * np.pi)
y=f(x)+0.5 * np.random.randn(len(x))            #加入噪声
popt,pcov=curve_fit(f_fit,x,y)                  #曲线拟合
print('最优参数:',popt)                          #最优参数
print(pcov)                                     #输出最优参数的协方差估计矩阵
a = popt[0]
b = popt[1]
y1 = f_fit(x,a,b)                               #获取拟合值
plt.plot(x,f(x),'r',label='original')
plt.scatter(x,y,c='g',label='original values')  #散点图
plt.plot(x,y1,'b--',label='fitting')
plt.xlabel('x')
plt.ylabel('y')
plt.legend()
plt.show()        #显示绘制 a * sin(x)+b 拟合的绘图,如图 9-10 所示
```

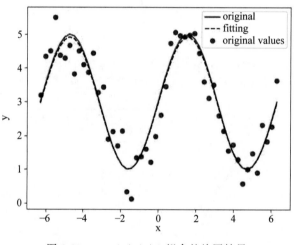

图 9-10　$a * \sin(x) + b$ 拟合的绘图结果

运行上述代码得到的输出结果如下。

最优参数: [1.95980894 2.96039244]
最优参数的协方差估计矩阵:
[[1.19127360e-02 4.32976874e-13]
 [4.32976874e-13 5.83724065e-03]]

逻辑回归

# 9.5　逻辑回归

在前面的线性回归模型中,处理的因变量都是数值型区间变量,建立的模型描述的是因变量与自变量之间的线性关系。而在采用回归模型分析实际问题中,所研究的变量往往不全是区间变量,还可能是离散变量。通过分析年龄、性别、体质指数、平均血压、疾病指数等

指标,判断一个人是否患糖尿病,$Y=0$ 表示未患糖尿病,$Y=1$ 表示患糖尿病,这里的因变量是一个两点(0-1)分布变量,它不能用线性回归函数连续的值来预测因变量 $Y$,因为 $Y$ 只能取 0 或 1。

总之,线性回归模型通常是处理因变量是连续变量的问题,如果因变量是定性变量,线性回归模型就不再适用了,需采用逻辑回归模型解决。

逻辑回归(Logistic Regression)分析是用于处理因变量为分类变量的回归分析。逻辑回归分析根据因变量取值类别不同,又可以分为二分类回归分析和多分类回归分析。二分类回归模型中,因变量 $Y$ 只有"是"和"否"两个取值,分别记为 1 和 0,而多分类回归模型中因变量可以取多个值。这里我们只讨论二分类回归,并简称逻辑回归。

### 9.5.1 逻辑回归模型

考虑二分类问题,其输出标记 $y\in\{0,1\}$,而线性回归模型产生的预测值 $z=\boldsymbol{w}^{\mathrm{T}}\boldsymbol{x}+b$ 是连续的实数值,于是,我们需要将实数值 $z$ 转换为 0 或 1,即需要选择一个函数将 $z$ 映射到 0 或 1,这样的函数常选用对数概率函数,也称为 Sigmoid 函数,其函数表达式为

$$y=\mathrm{Sigmoid}(z)=\frac{1}{1+\mathrm{e}^{-z}}$$

Sigmoid 函数图形如图 9-11 所示。

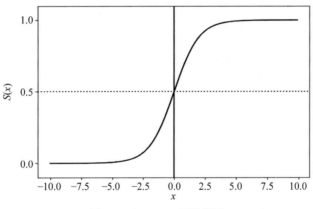

图 9-11 Sigmoid 函数图形

绘制 Sigmoid 函数图形的代码如下。

```
import matplotlib.pyplot as plt
import numpy as np
def sigmoid(x):
    return 1.0 / (1.0 + np.exp(-x))
x = np.arange(-10, 10, 0.1)                    #定义 x 的范围,增量为 0.1
s_x = sigmoid(x)
plt.plot(x, s_x, 'k')
#在坐标轴上加一条竖直的线,0.0 为竖直线在坐标轴上的位置
plt.axvline(0.0, color='k')
#加水平间距通过坐标轴
```

```
plt.axhspan(0.0, 1.0, facecolor='1.0', alpha=1.0, ls='dotted')
plt.axhline(y=0.5, ls='dotted', color='k')        #加水平线通过坐标轴
plt.yticks([0.0, 0.5, 1.0])                        #加 y 轴刻度
plt.ylim(-0.1, 1.1)                                #加 y 轴范围
plt.xlabel('x')
plt.ylabel('S(x)')
plt.show()
```

Sigmoid 函数的定义域为全体实数,当 $x$ 趋近于负无穷时,$y$ 趋近于 $0$;当 $x$ 趋近于正无穷时,$y$ 趋近于 $1$;当 $x=0$ 时,$y=0.5$。

将 $z = \boldsymbol{w}^{\mathrm{T}}\boldsymbol{x} + b$ 带入 $\mathrm{Sigmoid}(z) = 1/(1 + \mathrm{e}^{-}z)$,可得

$$\mathrm{Sigmoid}(\boldsymbol{w}^{\mathrm{T}}\boldsymbol{x} + b) = \frac{1}{(1 + \mathrm{e}^{-}\boldsymbol{w}^{\mathrm{T}}\boldsymbol{x} - b)}$$

函数值是一个 $0 \sim 1$ 的数,这样就将线性回归的输出值映射为 $0 \sim 1$ 的值。

之所以使用 Sigmoid 函数,是因为以下几点。

(1) 可以将 $\boldsymbol{w}^{\mathrm{T}}\boldsymbol{x} + b \in (-\infty, +\infty)$ 映射到 $(0,1)$ 区间,作为概率。

(2) $\boldsymbol{w}^{\mathrm{T}}\boldsymbol{x} + b < 0$,$\mathrm{Sigmoid}(\boldsymbol{w}^{\mathrm{T}}\boldsymbol{x} + b) < 1/2$,可以认为是 $0$ 类问题;$\boldsymbol{w}^{\mathrm{T}}\boldsymbol{x} + b > 0$,$\mathrm{Sigmoid}(\boldsymbol{w}^{\mathrm{T}}\boldsymbol{x} + b) > 1/2$,可以认为是 $1$ 类问题;$\boldsymbol{w}^{\mathrm{T}}\boldsymbol{x} + b = 0$,$\mathrm{Sigmoid}(\boldsymbol{w}^{\mathrm{T}}\boldsymbol{x} + b) = 1/2$,则可以划分至 $0$ 类或 $1$ 类。通过 Sigmoid 函数可以将 $\frac{1}{2}$ 作为决策边界,将线性回归的问题,转化为二分类问题。

(3) 数学特性好,求导容易 $\mathrm{Sigmoid}'(z) = \mathrm{Sigmoid}(z)(1 - \mathrm{Sigmoid}(z))$。

称上述将输入变量 $\boldsymbol{x}$ 的线性回归值进行 Sigmoid 映射作为最终的预测输出值的算法为逻辑回归算法,即逻辑回归采用 Sigmoid 函数作为预测函数,将逻辑回归预测函数记为 $h_{\boldsymbol{\beta}}(x)$

$$h_{\boldsymbol{\beta}}(\boldsymbol{x}) = \mathrm{Sigmoid}(\boldsymbol{w}^{\mathrm{T}}\boldsymbol{x} + b) = \frac{1}{1 + \mathrm{e}^{-}\boldsymbol{w}^{\mathrm{T}}\boldsymbol{x} - b}$$

其中,$h_{\boldsymbol{\beta}}(\boldsymbol{x})$ 表示在输入值为 $\boldsymbol{x}$、参数为 $\boldsymbol{\beta}$ 的条件下 $y=1$ 的概率,用概率公式可以写成 $h_{\boldsymbol{\beta}}(\boldsymbol{x}) = P(y=1|\boldsymbol{x},\boldsymbol{\beta})$,设 $P(y=1|\boldsymbol{x},\boldsymbol{\beta})$ 的值为 $p$,则 $y$ 取 $0$ 的条件概率 $P(y=0|\boldsymbol{x},\boldsymbol{\beta}) = 1-p$。对 $P(y=1|\boldsymbol{x},\boldsymbol{\beta})$ 进行线性模型分析,将其表示成如下所示的线性表达式:

$$P(y=1 \mid \boldsymbol{x},\boldsymbol{\beta}) = \beta_0 + \beta_1 x_1 + \beta_2 x_2 + \cdots + \beta_m x_m$$

而实际应用中,概率 $p$ 与自变量往往是非线性的,为了解决该类问题,引入 logit 变换,也称对数单位转换,其转换形式如下:

$$\mathrm{logit}(p) = \ln\left(\frac{p}{1-p}\right)$$

使得 $\mathrm{logit}(p)$ 与自变量之间存在线性相关的关系,逻辑回归模型定义如下:

$$\mathrm{logit}(p) = \ln\left(\frac{p}{1-p}\right) = \beta_0 + \beta_1 x_1 + \beta_2 x_2 + \cdots + \beta_m x_m$$

通过推导,上面的式子可变换为下面所示的式子:

$$p = \frac{1}{1 + \mathrm{e}^{-(\beta_0 + \beta_1 x_1 + \beta_2 x_2 + \cdots + \beta_m x_m)}}$$

这与通过 Sigmoid 函数对线性回归输出值进行映射进而转化为二分类相符,同时也体现了概率 $p$ 与自变量之间的非线性关系,以 0.5 为界限,预测 $p$ 大于 0.5 时,判断此时类别为 1,否则类别为 0。得到所需的包含 $\beta_0 + \beta_1 x_1 + \beta_2 x_2 + \cdots + \beta_m x_m$ 的 Sigmoid 函数后,接下来只需要和前面的线性回归一样,拟合出该式中 $m+1$ 个参数 $\beta$ 即可。

## 9.5.2 对鸢尾花数据进行逻辑回归分析

逻辑回归求解步骤如下。

(1) 根据分析目的设置因变量和自变量,然后收集数据集。

(2) 用 $\ln\left(\dfrac{p}{1-p}\right) = \beta_0 + \beta_1 x_1 + \beta_2 x_2 + \cdots + \beta_m x_m$ 列出线性回归方程,并估计模型中的回归参数。

(3) 进行模型的有效性检验。模型有效性的检验指标有很多,最基本的是正确率。

(4) 模型应用。为求出的模型输入自变量的值,就可以得到因变量的预测值。

sklearn.linear_model 提供了 LogisticRegression 逻辑回归模型来实现逻辑回归,其语法格式如下。

```
LogisticRegression(penalty='l2', class_weight=None, solver='liblinear', multi_
class='ovr')
```

参数说明如下。

penalty:正则化选择参数,字符类型。penalty 参数可选择的值为'l1'和'l2',分别对应 L1 的正则化和 L2 的正则化,默认是 L2 的正则化。调参的主要目的是为了解决过拟合,一般 penalty 选择 L2 正则化就够了。但是如果选择 L2 正则化发现还是过拟合,即预测效果差的时候,就可以考虑 L1 正则化。另外,如果模型的特征非常多,我们希望一些不重要的特征系数归零,从而让模型系数稀疏化的话,也可以使用 L1 正则化。

solver:优化算法选择参数,solver 参数决定了我们对逻辑回归损失函数的优化方法,有 4 种算法可以选择,分别是:liblinear,使用开源的 liblinear 库实现,内部使用了坐标轴下降法来迭代优化损失函数;lbfgs,拟牛顿法的一种,利用损失函数二阶导数矩阵即海森矩阵来迭代优化损失函数;newton-cg,也是牛顿法家族的一种,利用损失函数二阶导数矩阵即海森矩阵来迭代优化损失函数;sag,随机平均梯度下降,是梯度下降法的变种,和普通梯度下降法的区别是每次迭代仅仅用一部分的样本来计算梯度,适合于样本数据多的时候。

multi_class:分类方式选择参数,字符类型,可选参数为 ovr 和 multinomial,默认为 ovr。ovr 相对简单,但分类效果相对略差,而 multinomial 分类相对精确,但是分类速度没有 ovr 快。如果选择了 ovr,则 4 种损失函数的优化方法 liblinear、newton-cg、lbfgs 和 sag 都可以选择。但是如果选择了 multinomial,则只能选择 newton-cg、lbfgs 和 sag 了。

class_weight:类型权重参数,用于标识分类模型中各种类型的权重,可以是一个字典或者"balanced"字符串,默认为不输入,也就是不考虑权重,即为 None。如果选择输入的话,可以选择 balanced 让类库自己计算类型权重,或者自己输入各个类型的权重,比如对于 0、1 的二元模型,例如可以定义 class_weight={0: 0.9, 1: 0.1},这样类型 0 的权重为 90%,而类型 1 的权重为 10%。

LogisticRegression 逻辑回归模型对象的常用方法如下。

fix(X,y[,sample_weight])：训练模型。

predict(X)：用训练好的模型对 X 进行预测，返回预测值。

score(X,y[,sample_weight])：返回(X,y)上的预测准确率。

predict_log_proba(X)：返回一个数组，数组的元素依次是 X 预测为各个类别的概率的对数值。

predict_proba(X)：返回一个数组，数组元素依次是 X 预测为各个类别的概率的概率值。

【例 9-8】 对鸢尾花数据进行逻辑回归分析，实现逻辑回归的二分类。

分析：利用 sklearn 对鸢尾花数据进行逻辑回归分析，只取划分属性中的"花萼长度"和"花萼宽度"作为逻辑回归分析的数据特征，取类别属性中的 0 和 1 作为数据的类别，即前 100 个数据的花卉类型列。

```python
from sklearn.datasets import load_iris
from sklearn.linear_model import LogisticRegression as LR
import matplotlib.pyplot as plt
import numpy as np
import matplotlib
from sklearn.cross_validation import train_test_split   #这里引用了交叉验证
matplotlib.rcParams['font.family'] = 'Kaiti'       #Kaiti 是中文楷体
#加载数据
iris = load_iris()                                 #加载鸢尾花数据
data = iris.data                                   #获取鸢尾花属性数据
target = iris.target                               #获取鸢尾花类别数据
X = data[0:100, [0,2]]                             #获取前 100 条数据的前两列
y = target[0:100]                                  #获取类别属性数据的前 100 条数据
label = np.array(y)
index_0 = np.where(label==0)                       #获取 label 中数据值为 0 的索引
#按选取的两个特征绘制散点图
plt.scatter(X[index_0,0],X[index_0,1],marker='x',color = 'k',label = '0')
index_1 = np.where(label==1)                       #获取 label 中数据值为 1 的索引
plt.scatter(X[index_1,0],X[index_1,1],marker='o',color = 'k',label = '1')
plt.xlabel('花萼长度',fontsize=15)
plt.ylabel('花萼宽度',fontsize=15)
plt.legend(loc = 'lower right')
plt.show()
```

执行上述代码绘制的前 100 个 Iris 数据的散点图如图 9-12 所示。

```python
#切分数据集，取数据集的 75%作为训练数据，25%作为测试数据
X_train,X_test, y_train, y_test = train_test_split(X, y, random_state=1)
lr=LR()                                            #建立逻辑回归模型
lr.fit(X_train,y_train)                            #训练模型
print('模型在(X_test, y_test)上的预测准确率为:', lr.score(X_test, y_test))
```

执行上述代码得到的输出如下。

模型在(X_test, y_test)上的预测准确率为:1.0

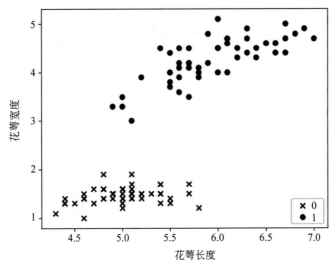

图 9-12　前 100 个 Iris 数据的散点图

## 9.6　本章小结

本章主要讲解回归分析。先讲解回归的相关概念。然后,讲解了一元线性回归方程的参数求解过程,多元线性回归方程的参数求解过程,以及非线性回归方程的参数求解过程。最后,讲解了逻辑回归。

# 第 10 章

# 聚　类

"物以类聚，人以群分"，聚类（Clustering）是人类认识世界的一种重要方法。所谓聚类就是按照事物的某些属性，把事物聚集成簇，使簇内的对象之间具有较高的相似性，而不同簇的对象之间差别较大。聚类是一个无监督的学习过程，它同分类的根本区别在于：分类是需要事先知道所依据的对象特征，而聚类是要找到这个对象特征。

## 10.1　聚类概述

### 10.1.1　聚类的概念

聚类是将对象集合中的对象分类到不同的类或者簇这样的一个过程，使得同一个簇中的对象有很大的相似性，而不同簇间的对象有很大的相异性。簇内的相似性越大，簇间差别越大，聚类就越好。

虽然聚类也起到了分类的作用，但和大多数分类是有差别的，大多数分类都是人们事先已确定某种事物分类的准则或各类别的标准，分类的过程就是比较分类的要素与各类别标准，然后将各数据对象划归于各类别中。聚类是归纳的，不需要事先确定分类的准则，不考虑已知的类标记。

聚类结果的好坏取决于该聚类方法采用的相似性评估方法以及该方法的具体实现，聚类方法的好坏还取决于该方法是能发现某些还是所有的隐含模式。数据挖掘对聚类算法的典型要求如下。

**1. 可伸缩性**

可伸缩性指的是算法不论对于小数据集还是对于大数据集都应是有效的。

**2. 处理不同字段类型的能力**

算法不仅要能处理数值型数据，还要有处理其他类型数据的能力，包括分类、标称类型，序数类型、二元类型，或者这些数据类型的混合。

**3. 能发现任意形状的簇**

有些簇具有规则的形状，如矩形和球形，但是，更一般地，簇可以具有任意形状。

**4. 用于决定输入参数的领域知识最小化**

许多聚类算法要求用户输入一定的参数，如希望簇的数目。聚类结果对于输入参数很敏感，通常参数较难确定，尤其是对于含有高维对象的数据集更是如此。

### 5. 能够处理噪声数据

现实世界中的数据集常常包含了孤立点、空缺、未知数据或有错误的数据。一些聚类算法对于这样的数据敏感,可能导致低质量的聚类结果。所以,人们希望算法可以在聚类过程中检测代表噪声和离群的点,然后删除它们或者消除它们的负面影响。

### 6. 对输入数据对象的顺序不敏感

一些聚类算法对于输入数据的顺序是敏感的。对于同一个数据集合,以不同的顺序提交给同一个算法,可能产生差别很大的聚类结果,这是人们不希望的。

### 7. 可解释性和可用性

聚类的结果最终都是要面向用户的,用户期望聚类得到的结果是可解释的、可理解的和可用的。也就是说,聚类结果可能需要与特定的语义解释和应用相联系。重要的是研究应用目标如何影响聚类特征和聚类方法的选择。

## 10.1.2　聚类方法类型

按照聚类方法的主要思路的不同,聚类方法可以分为划分聚类、层次聚类、基于密度的聚类等。

### 1. 划分聚类

对于给定的数据集,划分聚类方法首先创建一个初始划分,然后采用一种迭代的重定位技术,尝试通过对象在划分间的移动来改进划分,直到使评价聚类性能的评价函数的值达到最优为止。划分聚类方法以距离作为数据集中不同数据间的相似性度量,将数据集划分成多个簇。划分聚类方法是最基本的聚类方法,属于这样的聚类方法有 $k$ 均值($k$-means)、$k$ 中心点($k$-medoids)等。

划分聚类方法的主要思想:给定一个包含 $n$ 个数据对象的数据集,划分聚类方法将数据对象的数据集进行 $k$ 个划分,每个划分表示一个簇(类),并且 $k \leqslant n$,同时满足下面两个条件:每个簇至少包含一个对象,每个对象属于且仅属于一个簇。对于给定的要构建的划分的数目 $k$,划分方法首先给出一个初始的划分,然后采用一种迭代的重定位技术,尝试通过对象在划分间移动来改进划分,使得每一次改进之后的划分方案都较前一次更好。好的划分是指同一簇中的对象之间尽可能"接近",不同簇中的对象之间尽可能"远离"。

划分聚类方法的评价函数:评价划分聚类效果的评价函数着重考虑两方面,即每个簇中的对象应该是紧凑的,各个簇间的对象的距离应该尽可能远。实现这种考虑的一种直接方法就是观察聚类 $C$ 的类内差异 $w(C)$ 和类间差异 $b(C)$。类内差异衡量类内的对象之间的紧凑性,类间差异衡量不同类之间的距离。

类内差异可以用距离函数来表示,最简单的就是计算类内的每个对象点到它所属类的中心的距离的平方和,即

$$w(C) = \sum_{i=1}^{k} w(C_i) = \sum_{i=1}^{k} \sum_{x \in C_i} d(x, \bar{x}_i)^2 \tag{10.1}$$

类间差异定义为类中心之间距离的平方和,即

$$b(C) = \sum_{1 \leqslant j < i \leqslant k} d(\bar{x}_j, \bar{x}_i)^2 \tag{10.2}$$

式(10.1)和式(10.2)中的 $\bar{x}_i$、$\bar{x}_j$ 分别是类 $C_i$、$C_j$ 的类中心。

聚类 $C$ 的聚类质量可用 $w(C)$ 和 $b(C)$ 的一个单调组合来表示,比如 $w(C)/b(C)$。

**2. 层次聚类**

划分聚类获得的是单级聚类,而层次聚类是将数据集分解成多级进行聚类,层的分解可以用树状图来表示。根据层次的分解方法不同,层次聚类可以分为凝聚层次聚类方法和分裂层次聚类。凝聚的方法也称为自底向上的方法,一开始将每个对象作为单独的一簇,然后不断地合并相近的对象或簇。分裂的方法也称为自顶向下的方法,一开始将所有的对象置于一个簇中,在迭代的每一步中,一个簇被分裂为更小的簇,直到每个对象在一个单独的簇中,或者达到算法终止条件。

**3. 基于密度的聚类**

绝大多数划分聚类基于对象之间的距离进行聚类,这样的方法只能发现球状的类,而在发现任意形状的类上遇到了困难。基于密度的聚类的主要思想:只要临近区域的密度(对象或数据点的数目)超过某个阈值就继续聚类。这样的方法可以用来过滤噪声和孤立点数据,发现任意形状的类。

## 10.1.3　聚类应用领域

聚类的典型应用领域如下。

**1. 商业**

聚类分析被用来发现不同的客户群,并且通过购买模式刻画不同的客户群的特征。聚类分析是细分市场的有效工具,同时也可用于研究消费者行为,寻找新的潜在市场、选择实验的市场。

**2. 保险**

对购买了汽车保险的客户,标识哪些是较高平均赔偿成本的客户。

**3. 城市规划**

根据类型、价格、地理位置等来划分不同类型的住宅。

**4. 搜索引擎**

对搜索引擎返回的结果进行聚类,使用户迅速定位到所需要的信息。

**5. 电子商务**

在电商网站中,通过分组聚类出具有相似浏览行为的客户,并分析客户的共同特征,可以更好地帮助电商用户了解自己的客户,向客户提供更合适的服务。

*k* 均值聚类

# 10.2　*k* 均值聚类

## 10.2.1　*k* 均值聚类的原理

$k$ 均值聚类算法也被称为 $k$ 平均聚类算法,是一种最为广泛使用的聚类算法。$k$ 均值用质心来表示一个簇,质心就是一组数据对象点的平均值。$k$ 均值算法以 $k$ 为输入参数,将 $n$ 个数据对象划分为 $k$ 个簇,使得簇内数据对象具有较高的相似度。

$k$ 均值聚类的算法思想:从包含 $n$ 个数据对象的数据集中随机地选择 $k$ 个对象,每个对象代表一个簇的平均值或质心或中心,其中 $k$ 是用户指定的参数,即所期望的要划分成的簇的个数;对剩余的每个数据对象点根据其与各个簇中心的距离,将它指派到最近的簇;然后,根据指派到簇的数据对象点,更新每个簇的中心;重复指派和更新步骤,直到簇不发生变化,或直到中心不发生变化,或度量聚类质量的目标函数收敛。

$k$ 均值算法的目标函数 $E$ 定义如下。

$$E = \sum_{i=1}^{k} \sum_{x \in C_i} [d(x, \bar{x}_i)]^2 \tag{10.3}$$

其中 $x$ 是空间中的点,表示给定的数据对象,$\bar{x}_i$ 是簇 $C_i$ 的数据对象的平均值,$d(x, \bar{x}_i)$ 表示 $x$ 与 $\bar{x}_i$ 之间的距离。例如 3 个二维点 (1, 3)、(2, 1) 和 (6, 2) 的质心是 $((1+2+6)/3, (3+1+2)/3) = (3, 2)$。$k$ 均值算法的目标就是最小化目标函数 $E$,这个目标函数可以保证生成的簇尽可能紧凑。

**算法 10.1** $k$ 均值算法。

输入:所期望的簇的数目 $k$,包含 $n$ 个对象的数据集 $D$

输出:$k$ 个簇的集合

① 从 $D$ 中任意选择 $k$ 个对象作为初始簇中心;

② repeat

③ 将每个点指派到最近的中心,形成 $k$ 个簇;

④ 重新计算每个簇的中心;

⑤ 计算目标函数 $E$;

⑥ until 目标函数 $E$ 不再发生变化或中心不再发生变化。

算法分析:$k$ 均值算法的步骤③和步骤④试图直接最小化目标函数 $E$,步骤③通过将每个点指派到最近的中心形成簇,最小化关于给定中心的目标函数 $E$;而步骤④重新计算每个簇的中心,进一步最小化 $E$。

**【例 10-1】** 假设要进行聚类的数据集为 {2, 4, 10, 12, 3, 20, 30, 11, 25},要求的簇的数量为 $k=2$。

应用 $k$ 均值算法进行聚类的步骤如下。

第 1 步:初始时用前两个数值作为簇的质心,这两个簇的质心记作:$m_1=2, m_2=4$。

第 2 步:对剩余的每个对象,根据其与各个簇中心的距离,将它指派给最近的簇中,可得:$C_1 = \{2, 3\}$,$C_2 = \{4, 10, 12, 20, 30, 11, 25\}$。

第 3 步:计算簇的新质心:$m_1 = (2+3)/2 = 2.5$,$m_2 = (4+10+12+20+30+11+25)/7 = 16$。

重新对簇中的成员进行分配可得 $C_1 = \{2, 3, 4\}$ 和 $C_2 = \{10, 12, 20, 30, 11, 25\}$,不断重复这个过程,均值不再变化时最终可得到两个簇:$C_1 = \{2, 3, 4, 10, 11, 12\}$ 和 $C_2 = \{20, 30, 25\}$。

$k$ 均值算法的优点:$k$ 均值算法快速、简单;当处理大数据集时,$k$ 平均算法有较高的效率并且是可伸缩的,算法的时间复杂度是 $O(nkt)$,其中 $n$ 是数据集中对象的数目,$t$ 是算法迭代的次数,$k$ 是簇的数目;当簇是密集的、球状或团状的,且簇与簇之间区别明显时,算法的聚类效果更好。

$k$ 均值算法的缺点:$k$ 是事先给定的,$k$ 值的选定是非常难以估计的,很多时候,事先并不知道给定的数据集应该分成多少个类别才最合适;在 $k$ 均值算法中,首先需要选择 $k$ 个数据作为初始聚类中心来确定一个初始划分,然后对初始划分进行优化,这个初始聚类中心的选择对聚类结果有较大的影响,对于不同的初始值,可能会导致不同的聚类结果;仅适合对数值型数据聚类,只有当簇均值有定义的情况下才能使用(如果有非数值型数据,需另外处理);不适合发现非凸形状的簇,因为使用的是欧几里得距离,适合发现凸状的簇;对噪声和孤立点数据敏感,少量的该类数据能够对中心产生较大的影响。

### 10.2.2　Python 实现对鸢尾花的 $k$ 均值聚类

使用 sklearn.cluster 中的 $k$-Means 模型可实现 $k$ 均值聚类,$k$-Means 模型的语法格式如下。

```
sklearn.cluster.KMeans(n_clusters=8,init='k-means++',n_init=10, max_iter=
300,tol=0.0001,precompute_distances='auto',n_jobs=1)
```

模型参数说明如下。

n_clusters:整型,默认值为 8,拟打算生成的聚类数,一般需要选取多个 $k$ 值进行运算,并用评估标准判断所选 $k$ 值的好坏,从中选择最好的 $k$。

init:簇质心初始值的选择方式,有 k-means++、random 以及一个 ndarray 三种可选值,默认值为 k-means++。k-means++ 用一种巧妙的方式选定初始质心从而能加速迭代过程的收敛。random 随机从训练数据中选取初始质心。如果传递的是一个 ndarray,其形式为(n_clusters,n_features),并给出初始质心。

n_init:用不同的初始化质心运行算法的次数,这是因为 k-means 算法是受初始值影响的局部最优的迭代算法,因此需要多运行几次以选择一个较好的聚类效果,默认是 10,最后返回最好的结果。

max_iter:整型,默认值为 300,$k$ 均值算法所进行的最大迭代数。

tol:容忍的最小误差,当误差小于 tol 就会退出迭代,认为达到收敛。

precompute_distances:三个可选值,auto、True 或者 False。预计算距离,计算速度快但占用更多内存。auto,如果样本数乘以聚类数大于 12million,则不预先计算距离;True,总是预先计算距离;False,不预先计算距离。

n_jobs:整型,指定计算所用的进程数。若值为 -1,则用所有的 CPU 进行运算;若值为 1,则不进行并行运算,这样方便调试。

模型的属性说明如下。

cluster_centers_:输出聚类的质心,数据形式是数组。

labels_:输出每个样本点对应的类别。

inertia_:浮点型,每个点到其簇的质心的距离的平方和。

模型的方法说明如下。

fit(X):在数据集 $X$ 上进行 $k$ 均值聚类。

predict(X):对 $X$ 中的每个样本预测其所属的类别。

fit_predict(X):计算 $X$ 的聚类中心,并预测 $X$ 中每个样本的所属的类别,相当于先调用 fit(X)再调用 predict(X)。

fit_transform(X[,y]):进行 $k$ 均值聚类模型训练,并将 $X$ 转化到聚类距离空间(方便计算距离)。

score(X[,y]):X 中每一点到聚类中心的距离平方和的相反数。

set_params(**params):根据传入的 params 构造模型的参数。

transform(X[,y]):将 X 转换到聚类距离空间,在新空间中,每个维度都是到簇中心的距离。

【例 10-2】 使用 $k$-Means 模型对鸢尾花数据集进行 $k$ 均值聚类。

```
>>>from sklearn.datasets import load_iris
>>>from sklearn.cluster import KMeans
>>>import matplotlib.pyplot as plt
>>>import numpy as np
>>>import matplotlib
>>>from sklearn.cross_validation import train_test_split   #引用了交叉验证
>>>iris = load_iris()                    #加载数据
>>> target = iris.target                 #提取数据集中的标签(花的类别)
>>> set(target)                          #查看数据集中的标签的不同值
{0, 1, 2}
>>> iris['feature_names']                #查看数据的特征名
['sepal length (cm)', 'sepal width (cm)', 'petal length (cm)', 'petal width (cm)']
>>>data = iris.data                      #提取数据集中的特征数据
>>>X = data[:,[0,2]]                     #提取第 1 列和第 3 列数据,即花萼长度与花瓣长度
>>>y = iris.target                       #获取类别属性数据
>>>label = np.array(y)                   #转换数据类型
>>>index_0 = np.where(label==0)          #获取类别为 0 的数据索引
#按选取的两个特征绘制散点
>>>plt.scatter(X[index_0,0],X[index_0,1],marker='o',color = 'red', edgecolors
='k', label='label0')
>>>index_1 =np.where(label==1)           #获取类别为 1 的数据索引
>>>plt.scatter(X[index_1,0],X[index_1,1], marker=' * ', color = 'purple', label
= 'label1')
>>>index_2 =np.where(label==2)           #获取类别为 2 的数据索引
>>>plt.scatter(X[index_2,0],X[index_2,1], marker='+', color = 'blue', label =
'label2')
>>>plt.xlabel('sepal length', fontsize=15)
>>>plt.ylabel('petal length',fontsize=15)
>>>plt.legend(loc = 'lower right')
>>>plt.show()   #显示按鸢尾花的花萼长度与花瓣长度绘制的散点图,如图 10-1 所示
#切分数据集,取数据集的 75% 作为训练数据,25% 作为测试数据
>>>X_train, X_test, y_train, y_test = train_test_split(X, y, random_state=1)
>>>kms = KMeans(n_clusters=3)            #构造 k 均值聚类模型,设定生成的聚类数为 3
>>> kms.fit(X_train)                     #在数据集 X_train 上进行 k 均值聚类
KMeans(algorithm='auto', copy_x=True, init='k-means++', max_iter=300,
    n_clusters=3, n_init=10, n_jobs=1, precompute_distances='auto',
    random_state=None, tol=0.0001, verbose=0)
>>>label_pred = kms.labels_              #获取聚类标签
```

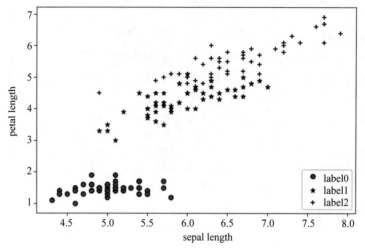

图 10-1　按花萼长度与花瓣长度绘制的散点图

```
#绘制 k 均值结果
>>>x0 = X_train[label_pred ==0]
>>>x1 = X_train[label_pred ==1]
>>>x2 = X_train[label_pred ==2]
>>>plt.scatter(x0[:,0], x0[:,1], color = 'red', marker='o',edgecolors='k',
label='label0')
>>>plt.scatter(x1[:,0], x1[:,1], color = 'blue', marker=' * ', edgecolors='k',
label='label1')
>>>plt.scatter(x2[:, 0], x2[:, 1], c = "k", marker='+', label='label2')
>>> plt.xlabel('sepal length', fontsize=15)
>>> plt.ylabel('petal length',fontsize=15)
>>> plt.legend(loc = 'lower right')
>>>plt.show()          #显示鸢尾花数据集 k 均值聚类的结果,如图 10-2 所示
```

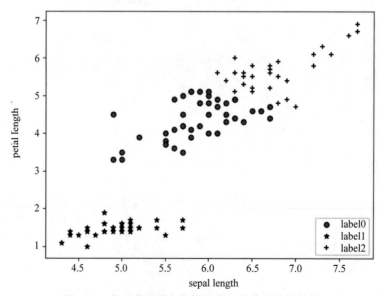

图 10-2　按花萼长度与花瓣长度 k 均值聚类的结果

## 10.3 层次聚类方法

### 10.3.1 层次聚类的原理

层次聚类是通过递归地对数据对象进行合并或者分裂,直到满足某种终止条件为止。根据层次分解是自底向上(合并)还是自顶向下(分裂)形成,层次聚类方法分为凝聚型聚类方法和分裂型聚类方法。单纯的层次聚类方法无法对已经做的合并或分裂进行调整,如果在某一步没有很好地选择合并或分裂的话,就可能导致低质量的聚类结果。但是层次聚类算法没有使用准则函数,对数据结构的假设较少,所以它的通用性更强。

**1. 自底向上的凝聚层次聚类**

这种自底向上的策略首先将每个对象作为一个簇,然后合并这些原子簇为越来越大的簇,直到所有的对象都在一个簇中,或者达到了某个终止条件。绝大多数的层次聚类方法都属于这一类,只是在簇间相似度的定义上有所不同。经典的凝聚层次聚类算法以 AGNES 算法为代表。

AGNES 算法描述如下。

输入:$n$ 个对象,终止条件簇的数目 $k$

输出:$k$ 个簇

1:将每个对象当成一个初始簇

2:repeat

3:根据两个簇中最近的数据点找到最近的两个簇

4:合并两个簇,生成新的簇的集合

5:until 达到定义的簇的数目

【**例 10-3**】 使用 AGNES 算法将表 10-1 包含两个属性的数据集聚为 2 个簇。

表 10-1 包含两个属性的数据集

| 序 号 | 属 性 1 | 属 性 2 |
| --- | --- | --- |
| 1 | 1 | 1 |
| 2 | 1 | 2 |
| 3 | 2 | 1 |
| 4 | 2 | 2 |
| 5 | 3 | 4 |
| 6 | 3 | 5 |
| 7 | 4 | 4 |
| 8 | 4 | 5 |

使用 AGNES 算法将表 10-1 包含两个属性的数据集聚为 2 个簇的过程如表 10-2 所示。

第 1 步:根据初始簇计算簇之间的距离,最小距离为 1,随机找出距离最小的两个簇进行合并,将 1、2 两个点合并为一个簇。

第 2 步：对上一次合并后的簇计算簇间距离，找出距离最近的两个簇进行合并，这次将 3、4 两个点合并为一个簇。

第 3 步：重复第 2 步，5、6 两个点合并为一个簇。

第 4 步：重复第 2 步，7、8 两个点合并为一个簇。

第 5 步：合并{1,2}、{3,4}使之成为一个包含 4 个点的簇。

第 6 步：合并{5,6}、{7,8}，由于合并后的簇的数目达到用户输入的终止条件，程序终止。

表 10-2　将表 10-1 包含两个属性的数据集聚为 2 个簇

| 步骤 | 最近的簇距离 | 选取最近的两个簇 | 合并后的新簇 |
| --- | --- | --- | --- |
| 1 | 1 | {1}、{2} | {1,2}、{3}、{4}、{5}、{6}、{7}、{8} |
| 2 | 1 | {3}、{4} | {1, 2}、{3,4}、{5}、{6}、{7}、{8} |
| 3 | 1 | {5}、{6} | {1, 2}、{3, 4}、{5, 6}、{7}、{8} |
| 4 | 1 | {7}、{8} | {1, 2}、{3, 4}、{5, 6}、{7, 8} |
| 5 | 1 | {1,2}、{3,4} | {1, 2, 3, 4}、{5, 6}、{7, 8} |
| 6 | 1 | {5,6}、{7,8} | {1, 2, 3, 4}、{5, 6, 7, 8} |

**2. 自顶向下的分裂层次聚类**

这种自顶向下的策略与凝聚的层次聚类相反，它首先将所有对象置于一个簇中，然后逐渐细分为越来越小的簇，直到每个对象自成一簇，或者达到了某个终止条件，例如达到了某个希望的簇数目，或者两个最近的簇之间的距离超过了某个阈值。经典的分裂层次聚类算法以 DIANA 算法为代表。

图 10-3 描述了一种凝聚层次聚类算法 AGNES(AGglomerative NESting)和一种分裂层次聚类算法 DIANA(DIvisive ANAlysis)对一个包含五个数据对象的数据集合{a,b,c,d,e}的处理过程。

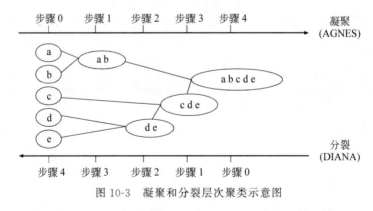

图 10-3　凝聚和分裂层次聚类示意图

AGNES 凝聚层次聚类算法最初将每个对象看作一个簇，然后将这些簇根据某些准则逐步合并。例如，如果簇 $C_1$ 中的一个对象和簇 $C_2$ 中的一个对象之间的距离是所有属于不同簇的对象间欧几里得距离中最小的(簇间的相似度用属于不同簇中最近的数据点对之间的欧几里得距离来度量)，则合并 $C_1$ 和 $C_2$，称为簇间最小距离簇合并准则。凝聚层次聚类的合并过程反复进行,直到所有的对象最终合并形成一个簇,或达到规定的簇数目。

在 DIANA 分裂层次聚类方法的处理过程中,所有的对象初始都放在一个簇中。根据一些原则(比如最邻近的最大欧几里得距离),将该簇分裂。簇的分裂过程反复进行,直到最终每个新的簇只包含一个对象,或达到规定的簇数目。

**3. 簇间距离度量方法**

四个广泛采用的簇间距离度量方法如下,其中 $p$ 和 $p'$ 是隶属于两个不同簇的两个数据对象点,$|p-p'|$ 表示对象点 $p$ 和 $p'$ 之间的距离,$m_i$ 是簇 $C_i$ 中的数据对象点的均值,$n_i$ 是簇 $C_i$ 中数据对象的数目。

1)簇间最小距离

簇间最小距离是指用两个簇中所有数据点的最近距离代表两个簇的距离。簇间最小距离度量方法的直观图如图 10-4 所示。

$$簇间最小距离:d_{\min}(C_i,C_j) = \min_{p \in C_i,p' \in C_j} |p-p'|$$

2)簇间最大距离

簇间最大距离是指用两个簇所有数据点的最远距离代表两个簇的距离。簇间最大距离度量方法的直观图如图 10-5 所示。

$$簇间最大距离:d_{\max}(C_i,C_j) = \max_{p \in C_i,p' \in C_j} |p-p'|$$

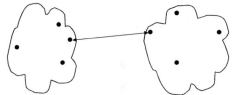 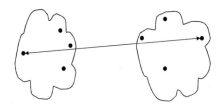

图 10-4　簇间最小距离示意图　　　　图 10-5　簇间最大距离示意图

3)簇间均值距离

簇间均值距离是指用两个簇各自中心点之间的距离代表两个簇的距离。簇间均值距离度量方法的直观图如图 10-6 所示。

$$簇间均值距离:d_{\mathrm{mean}}(C_i,C_j) = |m_i - m_j|$$

4)簇间平均距离

簇间平均距离是指用两个簇所有数据点间的距离的平均值代表两个簇的距离。簇间平均距离 $d_{\mathrm{average}}(C_i,C_j)$ 度量方法的直观图如图 10-7 所示。

$$簇间平均距离:d_{\mathrm{average}}(C_i,C_j) = \frac{1}{n_i n_j} \sum_{p \in C_i} \sum_{p' \in C_j} |p-p'|$$

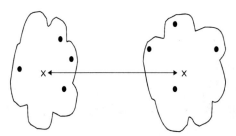 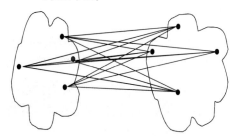

图 10-6　簇间均值距离示意图　　　　图 10-7　簇间平均距离示意图

当聚类算法使用最小距离 $d_{\min}(C_i,C_j)$ 衡量簇间距离时,称为最近邻聚类算法,其计算每一对簇中最相似(最接近)两个样本的距离,并合并距离最近的两个样本所属簇。此外,如果当最近的簇之间的距离超过某个任意的阈值时聚类过程就会终止,则称其为单连接算法。

当一个算法使用最大距离 $d_{\max}(C_i,C_j)$ 度量簇间距离时,称为最远邻聚类算法,其计算两个簇中最不相似两个样本(距离最远的样本)的距离,并合并两个最接近(距离最近)的簇。如果当最近簇之间的最大距离超过某个任意阈值时聚类过程便终止,则称其为全连接算法。

最小度量和最大度量代表了簇间距离度量的两个极端,它们趋向对离群点或噪声数据过分敏感。使用均值距离和平均距离是对最小和最大距离之间的一种折中方法,而且可以克服离群点敏感性问题。尽管均值距离计算简单,但是平均距离也有它的优势,因为它既能处理数值数据又能处理分类数据。

### 10.3.2 Python 实现凝聚层次聚类

#### 1. Python 实现簇间最大距离的凝聚层次聚类算法

下面给出簇间最大距离的凝聚层次聚类的算法实现。

```
import pandas as pd
import numpy as np
np.random.seed(150)
features=['f1','f2','f3']                       #设置特征的名称
labels = ["s0","s1","s2","s3","s4"]             #设置数据样本编号
X = np.random.random_sample([5,3]) * 10         #生成一个(5,3)的数组
#通过 pandas 将数组转换成一个 DataFrame 类型
df=pd.DataFrame(X,columns=features,index=labels)
print(df)                                       #查看生成的数据
```

运行上述代码得到的输出结果如下。

```
        f1          f2          f3
s0   9.085839    2.579716    8.776551
s1   7.389655    6.980765    5.172086
s2   9.521096    9.136445    0.781745
s3   7.823205    1.136654    6.408499
s4   0.797630    2.319660    3.859515
```

下面使用 scipy 库中 spatial.distance 子模块下的 pdist() 函数来计算距离矩阵,将矩阵用一个 DataFrame 对象进行保存。

```
'''
pdist:计算两两样本间的欧几里得距离,返回的是一个一维数组
squareform:将数组转成一个对称矩阵
'''
from scipy.spatial.distance import pdist,squareform
dist_matrix = pd.DataFrame(squareform(pdist(df,metric='euclidean')),
columns=labels,index=labels)
print(dist_matrix)                              #查看距离矩阵
```

在上述代码中,基于样本的特征 f1、f2 和 f3,使用欧几里得距离计算了两两样本间的距离,运行上述代码得到的结果如下。

|     | s0 | s1 | s2 | s3 | s4 |
| --- | --- | --- | --- | --- | --- |
| s0 | 0.000000 | 5.936198 | 10.348772 | 3.047023 | 9.640502 |
| s1 | 5.936198 | 0.000000 | 5.335269 | 5.989184 | 8.179458 |
| s2 | 10.348772 | 5.335269 | 0.000000 | 9.926725 | 11.490870 |
| s3 | 3.047023 | 5.989184 | 9.926725 | 0.000000 | 7.566738 |
| s4 | 9.640502 | 8.179458 | 11.490870 | 7.566738 | 0.000000 |

下面通过 scipy 的 linkage() 函数,获取一个以簇间最大距离作为距离判定标准的关系矩阵。

```
from scipy.cluster.hierarchy import linkage
#linkage()以簇间最大距离作为距离判断标准,得到一个关系矩阵,实现层次聚类
#linkage()返回长度为 n-1 的数组,其包含每一步合并的信息,n 为数据集的样本数
row_clusters = linkage(pdist(df,metric='euclidean'),method="complete")
print(row_clusters)                    #输出合并簇的过程信息
```

输出结果如下。

```
[[ 0.          3.          3.04702252  2.          ]
 [ 1.          2.          5.33526865  2.          ]
 [ 4.          5.          9.6405024   3.          ]
 [ 6.          7.          11.49086965 5.          ]]
```

这个矩阵的每一行的格式是[idx1,idx2,dist,sample_count]。在第一步[0. 3. 3.04702252 2. ]中,linkage() 决定合并簇 0 和簇 3,因为它们之间的距离为 3.04702252,为当前最短距离。这里的 0 和 3 分别代表簇在数组中的下标。在这一步中,一个具有两个实验样本的簇(该簇在数组中的下标为 5)诞生了。在第二步中,linkage() 决定合并簇 1 和簇 2,因为它们之间的距离为 5.33526865,为当前最短距离。在这一步中,另一个具有两个实验样本的簇(该簇在数组中的下标为 6)诞生了。

```
#将关系矩阵转换成一个 DataFrame 对象
clusters = pd.DataFrame(row_clusters,columns=["label 1","label 2","distance",
"sample size"],index=["cluster %d"%(i+1) for i in range(row_clusters.shape[0])])
print(clusters)
```

输出结果如下。

|           | label 1 | label 2 | distance | sample size |
| --- | --- | --- | --- | --- |
| cluster 1 | 0.0 | 3.0 | 3.047023 | 2.0 |
| cluster 2 | 1.0 | 2.0 | 5.335269 | 2.0 |
| cluster 3 | 4.0 | 5.0 | 9.640502 | 3.0 |
| cluster 4 | 6.0 | 7.0 | 11.490870 | 5.0 |

上面输出结果的第 1 列表示合并过程中新生成的簇,第 2 列和第 3 列表示被合并的两个簇,第 4 列表示的是两个簇的欧几里得距离,最后一列表示的是合并后的簇中的样本的

数量。

下面使用 scipy 的 dendrogram 通过关系矩阵绘制层次聚类的树状图,树状图展现了层次聚类中簇合并的顺序以及合并时簇间的距离。

```
from scipy.cluster.hierarchy import dendrogram
import matplotlib.pyplot as plt
dendrogram(row_clusters,labels=labels)
plt.tight_layout()
plt.ylabel('Euclidean distance')
plt.show()        #显示层次聚类的树状图,如图 10-8 所示
```

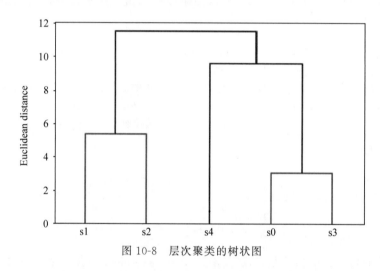

图 10-8  层次聚类的树状图

此树状图描述了采用凝聚层次聚类合并生成不同簇的过程。在树状图中,$x$ 轴上的标记代表数据点,$y$ 轴标明簇间的距离。图 10-8 中,横线所在高度表明簇合并时的距离。从图中可以看出,首先是 s0 和 s3 合并,接下来是 s1 和 s2 合并。

**2. 使用 sklearn.cluster 模块的 AgglomerativeClustering 实现凝聚聚类**

sklearn.cluster 模块下的 AgglomerativeClustering 模型也可以实现凝聚聚类,可指定返回簇的数量。

```
>>> from sklearn.cluster import AgglomerativeClustering
>>> import numpy as np
>>> X = np.array([[1, 2], [1, 4], [1, 0],[4, 2], [4, 4], [4, 0]])
'''n_clusters:设置簇的个数
    linkage:设置簇间距离的判定标准,可以是{"ward"(最小化合并的簇的方差)、"complete"
(即全连接距离)、"average"(即簇间平均距离), "single"(即单连接距离)}中之一,默认是
"ward"
'''
>>> clustering = AgglomerativeClustering(n_clusters=2,affinity="euclidean",
linkage="complete")                           #构建凝聚聚类模型
>>> clustering.fit(X)                         #在数据集 X 上进行凝聚聚类
AgglomerativeClustering(affinity='euclidean', compute_full_tree='auto',
```

```
connectivity=None, linkage='complete', memory=None,
n_clusters=2,
pooling_func=<function mean at 0x0000000005B47F28>)
>>> clustering.labels_                    #返回每个样本所属的簇标号
array([0, 0, 1, 0, 0, 1], dtype=int64)
```

层次聚类法的优点是可以通过设置不同的相关参数值,得到不同粒度上的层次聚类结构;在聚类形状方面,层次聚类适用于任意形状的聚类,并且对样本的输入顺序是不敏感的。

层次聚类算法的困难在于合并或分裂点的选择。这样的决定是非常关键的,因为一旦一组对象被合并或者分裂,下一步的处理将在新生成的簇上进行。已做的处理不能被撤销,簇之间也不能交换对象。如果在某一步没有很好地选择合并或分裂的决定,就可能会导致低质量的聚类结果。此外,这种聚类方法不具有很好的可伸缩性,因为合并或分裂的决定需要检查和估算大量的对象或簇。改进层次聚类质量的一个方向是将层次聚类和其他的聚类技术相结合,形成多阶段聚类。下面介绍的 BIRCH 聚类算法就是一种这样的聚类算法。

## 10.3.3    BIRCH 聚类的原理

BIRCH(Balanced Iterative Reducing and Clustering Using Hierarchies,采用层次方法的平衡迭代归约和聚类),是一种针对大规模数据集的聚类算法,该算法中引入"聚类特征(Clustering Feature,CF)"和"聚类特征树(CF 树)"两个概念,通过这两个概念对簇进行概括,利用各个簇之间的距离,采用层次方法的平衡迭代归约和聚类对数据集聚类。首先用树结构对数据对象进行层次划分,其中叶结点或低层次的非叶结点可以看作是由分辨率决定的"微簇",然后使用其他的聚类算法对这些微簇进行宏聚类,这可克服凝聚聚类方法所面临的两个困难: ①可伸缩性; ②不能撤销前一步所做的工作。BIRCH 聚类算法最大的特点是能利用有限的内存资源完成对大数据集高质量地聚类,通过单遍扫描数据集最小化 I/O 代价。

BIRCH 使用聚类特征来概括一个簇,使用聚类特征树(CF 树)来表示聚类的层次结构,这些结构可帮助聚类方法在大型数据库中取得好的速度和伸缩性,对新对象增量和动态聚类也非常有效。

BIRCH 算法的特点: BIRCH 采用了多阶段聚类技术,数据集的单边扫描产生了一个基本的聚类,一或多遍的额外扫描可以进一步改进聚类质量;BIRCH 是一种增量的聚类方法,因为它对每一个数据点的聚类的决策都是基于当前已经处理过的数据点,而不是基于全局的数据点;如果簇不是球形的,BIRCH 不能很好地工作,因为它用了半径或直径的概念来控制聚类的边界。

1) 聚类特征

给定由 $n$ 个 $d$ 维数据对象或点组成的簇,可以用以下公式定义该簇的质心 $x_0$、半径 $R$ 和直径 $D$:

$$x_0 = \frac{\sum_{i=1}^{n} x_i}{n}$$

$$R = \sqrt{\frac{\sum_{i=1}^{n} (x_i - x_0)^2}{n}}$$

$$D = \sqrt{\frac{\sum_{i=1}^{n}\sum_{j=1}^{n}(x_i - x_j)^2}{n(n-1)}}$$

其中,$R$ 是簇中数据对象到质心的平均距离,$D$ 是簇中逐对对象的平均距离。$R$ 和 $D$ 都反映了质心周围簇的紧凑程度。

CF 是 BIRCH 聚类算法的核心,CF 树中的结点都是由 CF 组成。考虑一个由 $n$ 个 $d$ 维数据对象或点组成的簇,簇的聚类特征 CF 可用一个三元组来表示 $CF = < n, LS, SS >$,这个三元组就代表了簇的所有信息,其中,$n$ 是簇中点的数目,LS 是 $n$ 个点的线性和(即 $\sum_{i=1}^{n} x_i$),SS 是数据点的平方和(即 $\sum_{i=1}^{n} x_i^2$)。

聚类特征本质上是给定簇的统计汇总:从统计学的观点来看,它是簇的零阶矩、一阶矩和二阶矩。使用聚类特征,可以很容易地推导出簇的许多有用的统计量,如簇的质心 $x_0$、半径 $R$ 和直径 $D$ 分别为

$$x_0 = \frac{\sum_{i=1}^{n} x_i}{n} = \frac{LS}{n}$$

$$R = \sqrt{\frac{\sum_{i=1}^{n}(x_i - x_0)^2}{n}} = \sqrt{\frac{nSS - 2LS^2}{n^2}}$$

$$D = \sqrt{\frac{\sum_{i=1}^{n}\sum_{j=1}^{n}(x_i - x_j)^2}{n(n-1)}} = \sqrt{\frac{2nSS - 2LS^2}{n(n-1)}}$$

使用聚类特征概括簇,可以避免存储个体对象或点的详细信息,只需要固定大小的空间来存放聚类特征。

聚类特征是可加的。也就是说,对于两个不相交的簇 $C_1$ 和 $C_2$,其聚类特征分别为 $CF_1 = <n_1, LS_1, SS_1>$ 和 $CF_2 = <n_2, LS_2, SS_2>$,那么由 $C_1$ 和 $C_2$ 合并而成的簇的聚类特征就是 $CF_1 + CF_2 = <n_1+n_2, LS_1+LS_2, SS_1+SS_2>$。

【例 10-4】 假设簇 $C_1$ 中有三个数据点 $(2, 4)$、$(4, 5)$ 和 $(5, 6)$,则 $CF_1 = <3, (2+4+5, 4+5+6), (2^2+4^2+5^2, 4^2+5^2+6^2)> = <3, (11, 15), (45, 77)>$,设簇 $C_2$ 的 $CF_2 = <4, (40, 42), (100, 101)>$,那么,由簇 $C_1$ 和簇 $C_2$ 合并而来的簇 $C_3$ 的聚类特征 $CF_3$ 计算如下:

$$CF_3 = < 3+4, (11+40, 15+42), (45+100, 77+101) >$$
$$= < 7, (51, 57), (145, 178) >$$

2) 聚类特征树

CF 树是一棵高度平衡的树,它存储了层次聚类的聚类特征。图 10-9 给出了一个例子。根据定义,树中的非叶结点有后代或"子女"。非叶结点存储了其子女的 CF 的总和,因而汇总了关于其子女的聚类信息。CF 树有两个参数:分支因子 $B$ 和阈值 $T$。分支因子定义了每个非叶结点子女的最大数目,而阈值参数 $T$ 给出了存储在树的叶结点中的子簇的最大直

径。这两个参数会影响聚类特征树的大小。

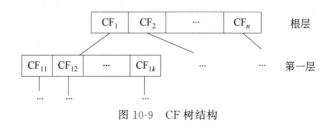

图 10-9 CF 树结构

从图 10-9 中可以看出,根结点的 $CF_1$ 的三元组的值,可以由它指向的 $k$ 个子结点 $(CF_{11}, CF_{12}, \cdots, CF_{1k})$ 的值相加得到,即 $CF_1 = CF_{11} + CF_{12} + \cdots + CF_{1k}$。这样在更新 CF 树时,可以很高效。

BIRCH 算法主要包括两个阶段。

阶段 1:BIRCH 扫描数据库,建立一棵存放于内存的初始 CF 树,它可以看作数据的多层压缩,试图保留数据的内在的聚类结构。

阶段 2:BIRCH 采用某个(选定的)聚类算法对 CF 树的叶结点进行聚类,把稀疏的簇当作离群点删除,而把稠密的簇合并为更大的簇。

在阶段 1 中,随着对象被插入,CF 树被动态地构造,因而可支持增量聚类。一个对象被插入到最近的叶子结点(子簇)。如果在插入后,存储在叶结点中的子簇的直径大于阈值,则该叶子结点和其他可能的结点被分裂。新对象插入后,关于该对象的信息向树根结点传递。通过修改阈值,CF 树的大小可以改变。如果存储 CF 树需要的内存大于主存的大小,可以定义较大的阈值,并重建 CF 树。在重建 CF 树过程中,通过利用老树的叶子结点来重新构建一棵新树,因而树的重建过程不需要访问所有点,即构建 CF 树只需访问数据一次就行。

可以在阶段 2 使用任意聚类算法,例如典型的划分方法。

**算法 10.2** BIRCH 算法

输入:数据集 $\{x_1, x_2, \cdots, x_n\}$,阈值 $T$

输出:$m$ 个簇

① for each $i \in \{1, 2, \cdots, n\}$

② 将 $x_i$ 插入到与其最近的一个叶子结点中;

③ if 插入后的簇小于或等于阈值

④ 将 $x_i$ 插入到该叶子结点,并重新调整从根到此叶子结点路径上的所有三元组;

⑤ else if 插入后结点中有剩余空间

⑥ 把 $x_i$ 作为一个单独的簇插入并重新调整从根到此叶子结点路径上的所有三元组;

⑦ else 分裂该结点并调整从根到此叶结点路径上的三元组。

BIRCH 算法的优点有:节约内存,所有的对象都在磁盘上;聚类速度快,只需要一遍扫描训练集就可以建立 CF 树,CF 树的增删改都很快;可以识别噪声点,还可以对数据集进行初步分类的预处理。

BIRCH 算法的缺点有:由于 CF 树对每个结点的 CF 个数有限制,导致聚类的结果可能和真实的类别分布不同;对高维特征的数据聚类效果不好;如果簇不是球形的,则聚类效果不好。

## 10.3.4 Python 实现 BIRCH 聚类

可用 sklearn.cluster 模块下的 Birch 模型来实现 BIRCH 聚类算法,Birch 模型的语法格式如下。

```
Birch(threshold=0.5,branching_factor=50,n_clusters=3,compute_labels=True)
```

参数说明如下。

threshold:叶子结点每个 CF 的最大样本半径阈值 $T$,它决定了每个 CF 里所有样本形成的超球体的半径阈值。一般来说 threshold 越小,则 CF 树的建立阶段的规模会越大,即 BIRCH 算法第一阶段所花的时间和内存会越多。但是选择多大以达到聚类效果,则需要通过调参来实现。默认值是 0.5,如果样本的方差较大,则一般需要增大这个默认值。

branching_factor:每个结点中 CF 子簇的最大数目。如果一个新样本加入使得结点中子簇的数目超过 branching_factor,那么该结点将被拆分为两个结点,子簇将在两个结点中重新分布。

n_clusters:类别数 $k$,在 BIRCH 算法中是可选的,如果类别数非常多,人们也没有先验知识,则一般输入 None。但是如果人们有类别的先验知识,则推荐输入这个先验的类别值。默认值是 3。

compute_labels:布尔值,表示是否计算数据集中每个样本的类标号,默认是 True。

Birch 模型的常用属性如下。

root_:CF 树的根。

subcluster_labels_:分配给子簇质心的标签。

labels_:返回输入数据集中每个样本所属的类标号。

下面给出一个 Birch 模型的使用举例。

```
import numpy as np
import matplotlib.pyplot as plt
from sklearn.datasets.samples_generator import make_blobs
from sklearn.cluster import Birch
'''生成样本数据集,X 为样本特征,Y 为样本簇类别,共 1000 个样本,每个样本 2 个特征,共 4 个
簇,簇中心在[-1,-1], [0,0],[1,1], [2,2]'''
X, y = make_blobs(n_samples=1000, n_features=2, centers=[[-1,-1], [0,0], [1,1],
[2,2]], cluster_std=[0.4, 0.3, 0.4, 0.3], random_state=9)
#设置 Birch 聚类模型
birch = Birch(n_clusters = None)
#训练模型并预测每个样本所属的类别
y_pred = birch.fit_predict(X)
#绘制散点图
plt.scatter(X[:, 0], X[:, 1], c=y_pred)
plt.show()    #显示 BIRCH 聚类的结果,如图 10-10 所示
```

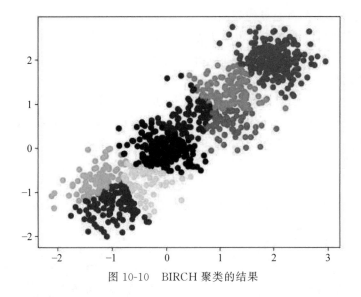

图 10-10　BIRCH 聚类的结果

# 10.4　密度聚类

## 10.4.1　密度聚类的原理

由于层次聚类算法和划分聚类算法往往只能发现"类圆形"的聚类。为弥补这一缺陷，发现各种任意形状的聚类，人们提出基于密度的聚类算法，该类算法认为在整个样本空间点中，各目标类簇是由一群的稠密样本点组成，而这些稠密样本点被低密度区域（噪声）分割，而算法的目的就是要过滤低密度区域，发现稠密样本点。

基于密度的聚类方法以数据集在空间分布上的稠密程度为依据进行聚类，不需要预先设定簇的数量，特别适合对于未知内容的数据集进行聚类。基于密度聚类方法的基本思想：只要一个区域中的点的密度大于某个阈值，就把它加到与之相近的聚类中去，对于簇中每个对象，在给定的半径 $\varepsilon$ 的邻域中至少要包含最小数目（MinPts）个对象。基于密度的聚类方法的代表算法为具有噪声的基于密度的聚类（Density-Based Spatial Clustering of Applications with Noise，DBSCAN）算法。

DBSCAN 算法将具有足够高密度的区域划分为簇，并在具有噪声的空间数据集中发现任意形状的簇，它将簇定义为密度相连的点的最大集合。DBSCAN 聚类算法所用到的基本术语如下。

对象的 $\varepsilon$ 邻域：给定对象半径为 $\varepsilon$ 内的区域称为该对象的 $\varepsilon$ 邻域。

MinPts：数据对象的 $\varepsilon$ 邻域中至少包含的对象数目。

核心对象：如果给定对象 $\varepsilon$ 邻域内的样本点数大于或等于 MinPts，则称该对象为核心对象。如在图 10-11 中，设定 $\varepsilon=1$、MinPts$=5$，$q$ 是一个核心对象。

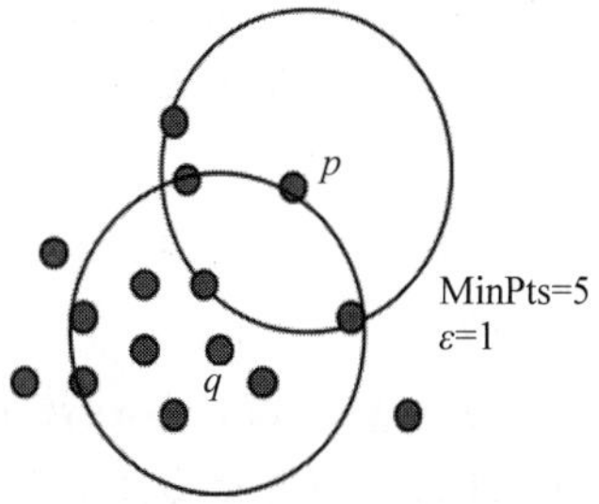

边界点：不是核心点，但落在某个核心点的 $\varepsilon$ 邻域

图 10-11　核心点、边界点和噪声点

内。边界点可能落在多个核心点的邻域内。

噪声点：噪声点是既非核心点也非边界点的任何点。

直接密度可达：如果 $p$ 在 $q$ 的 ε 邻域内，而 $q$ 是一个核心对象，则称对象 $p$ 从对象 $q$ 出发是直接密度可达的。

密度可达的：给定一个对象集合 $D$，如果存在一个对象链 $p_1, p_2, \cdots, p_n, q = p_1, p = p_n$，对 $p_i \in D, (1 \leqslant i \leqslant n)$，$p_{i+1}$ 是从 $p_i$ 关于 ε 和 MitPts 直接密度可达的，则对象 $p$ 是从对象 $q$ 关于 ε 和 MinPts 密度可达的，如图 10-12 所示。由一个核心对象和其密度可达的所有对象构成一个聚类。

密度相连的：如果对象集合 $D$ 中存在一个对象 $o$，使得对象 $p$ 和 $q$ 是从 $o$ 关于 ε 和 MinPts 密度可达的，那么对象 $p$ 和 $q$ 是关于 ε 和 MinPts 密度相连的，如图 10-13 所示。

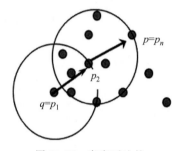

图 10-12　密度可达的

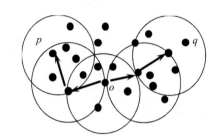

图 10-13　密度相连的

【例 10-5】假设半径 ε ＝3，MinPts＝3，点 $p$ 的 ε 领域中有点 $\{m, p, p_1, p_2, o\}$，点 $m$ 的 ε 领域中有点 $\{m, q, p, m_1, m_2\}$，点 $q$ 的 ε 领域中有点 $\{q, m\}$，点 $o$ 的 ε 领域中有点 $\{o, p, s\}$，点 $s$ 的 ε 领域中有点 $\{o, s, s_1\}$。

那么核心对象有 $p$、$m$、$o$、$s$（$q$ 不是核心对象，因为它对应的 ε 领域中点数量等于 2，小于 MinPts＝3）；点 $m$ 从点 $p$ 直接密度可达，因为 $m$ 在 $p$ 的 ε 领域内，并且 $p$ 为核心对象；点 $q$ 从点 $p$ 密度可达，因为点 $q$ 从点 $m$ 直接密度可达，并且点 $m$ 从点 $p$ 直接密度可达；点 $q$ 到点 $s$ 密度相连，因为点 $q$ 从点 $p$ 密度可达，并且 $s$ 从点 $p$ 密度可达。

给定核心点、边界点和噪声点的定义后，DBSCAN 算法思想可描述为：任意两个足够靠近（相互之间的距离在 ε 内）的核心点将放在同一个簇中；同样，任何与核心点足够靠近的边界点也放到与核心点相同的簇中；噪声点被丢弃。DBSCAN 算法将簇定义为密度相连的点的最大集合。

**算法 10.3**　DBSCAN 算法

输入：ε——半径，MinPts—— 给定点在 ε 邻域内成为核心对象时邻域内至少要包含的数据对象数，数据对象集合 $D = \{x_1, x_2. \cdots, x_n\}$

输出：簇划分 $C$

1：初始化核心对象集合 $\Omega = \varnothing$，初始化聚类簇数 $k = 0$，初始化未访问样本集合 $\Gamma = D$，簇划分 $C = \varnothing$；

2：对于 $j = 1, 2, \cdots, n$，按下面的步骤找出所有的核心对象：

1）通过距离度量方式，找到样本 $x_j$ 的 ε 邻域子样本集 $N_\varepsilon(x_j)$；

2）如果子样本集样本个数满足 $|N_\varepsilon(x_j)| \geqslant$ MinPts，将样本 $x_j$ 加入核心对象样本集合

$\Omega = \Omega \bigcup \{x_j\}$。

3：如果核心对象集合 $\Omega = \varnothing$，则算法结束，否则，$k = 0$，转入步骤4；

4：在核心对象集合 $\Omega$ 中，随机选择一个核心对象 $o$，初始化当前簇核心对象队列 $\Omega_{cur} = \{o\}$，初始化类别序号 $k = k + 1$，初始化当前簇样本集合 $C_k = \{o\}$，更新未访问样本集合 $\Gamma = \Gamma - \{o\}$

【例10-6】 下面给出一个样本数据集，其样本数据的属性信息如表10-3所示，对其进行 DBSCAN 计算，设 $n = 12$，$\varepsilon = 1$，$MinPts = 4$。

表 10-3　样本数据集

| 序　号 | 属　性　1 | 属　性　2 |
|:---:|:---:|:---:|
| 1 | 2 | 1 |
| 2 | 5 | 1 |
| 3 | 1 | 2 |
| 4 | 2 | 2 |
| 5 | 3 | 2 |
| 6 | 4 | 2 |
| 7 | 5 | 2 |
| 8 | 6 | 2 |
| 9 | 1 | 3 |
| 10 | 2 | 3 |
| 11 | 5 | 3 |
| 12 | 2 | 4 |

DBSCAN 计算过程如表10-4所示。

表 10-4　DBSCAN 计算过程

| 步骤 | 选择的点 | 在 $\varepsilon$ 中点的个数 | 通过计算可达点而找到的新簇 |
|:---:|:---:|:---:|:---|
| 1 | 1 | 2 | 无 |
| 2 | 2 | 2 | 无 |
| 3 | 3 | 3 | 无 |
| 4 | 4 | 5 | 簇 $C_1$：{1,3,4,5,9,10,12} |
| 5 | 5 | 3 | 已在一个簇 $C_1$ 中 |
| 6 | 6 | 3 | 无 |
| 7 | 7 | 5 | 簇 $C_2$：{2,6,7,8,11} |
| 8 | 8 | 2 | 已在一个簇 $C_2$ 中 |
| 9 | 9 | 3 | 已在一个簇 $C_1$ 中 |

续表

| 步骤 | 选择的点 | 在 ε 中点的个数 | 通过计算可达点而找到的新簇 |
|------|---------|----------------|--------------------------|
| 10 | 10 | 4 | 已在一个簇 $C_1$ 中 |
| 11 | 11 | 2 | 已在一个簇 $C_2$ 中 |
| 12 | 12 | 2 | 已在一个簇 $C_1$ 中 |

### 10.4.2  Python 实现 DBSCAN 密度聚类

sklearn.cluster 库提供了 DBSCAN 模型来实现 DBSCAN 聚类,DBSCAN 的语法格式如下。

```
DBSCAN(eps=0.5, min_samples=5, metric='euclidean', algorithm='auto', leaf_size
=30, p=None, n_jobs=1)
```

参数说明如下。

eps：ε 参数,float 型,可选,用于确定邻域大小。

min_samples：int 型,MinPts 参数,用于判断核心对象。

metric：string 型,用于计算特征向量之间的距离,可以用默认的欧几里得距离,还可以自己定义距离函数。

algorithm：{'auto', 'ball_tree', 'kd_tree', 'brute'},最近邻搜索算法参数,默认为 auto,brute 是蛮力实现,kd_tree 是 kd 树实现,ball_tree 是球树实现,auto 则会在三种算法中做权衡,选择一个最好的算法。

leaf_size：int 型,默认为 30,控制 kd 树或者球树中叶子中的最小样本个数。这个值越小,则生成的 kd 树或者球树就越大,层数越深,建树时间越长;反之,则生成的 kd 树或者球树会越小,层数较浅,建树时间较短。

p：最近邻距离度量参数。只用于闵可夫斯基距离和带权重闵可夫斯基距离中 p 值的选择,p=1 为曼哈顿距离,p=2 为欧几里得距离。

n_jobs：int 型,指定计算所用的进程数。若值为-1,则用所有的 CPU 进行运算;若值为 1,则不进行并行运算,这样方便调试。

DBSCAN 模型的属性如下。

core_sample_indices_：核心点的索引,核心样本在原始训练集中的位置。

components_：返回核心点,数据类型是 array,shape = [n_core_samples, n_features]。

labels_：返回每个点所属簇的标签,数据类型是 array,shape = [n_samples],-1 代表噪声。

DBSCAN 模型的方法如下。

fit(X[,y,sample_weight])：训练模型。

fit_predict(X[,y,sample_weight])：训练模型并预测每个样本所属的簇标记。

下面给出 DBSCAN 算法应用举例。

```
>>>from sklearn.cluster import DBSCAN
>>>from sklearn.datasets.samples_generator import make_blobs
```

```
>>>from sklearn.preprocessing import StandardScaler
>>> import matplotlib.pyplot as plt
>>>centers = [[1, 1], [-1, -1], [1, -1]]
#生成样本数据
>>>X, labels_true = make_blobs(n_samples=200, centers=centers, cluster_std=
0.4)
>>>db = DBSCAN(eps=0.3, min_samples=10,metric='euclidean')   #创建模型
>>> db.fit_predict(X)                    #训练模型并预测每个样本所属的簇标记
>>> db.labels_                           #返回每个点所属簇的标签
array([ 0, -1,  0,  2,  1,  1, -1,  1,  1,  0,  2, -1,  1,  1,  1,  1,  1,
       -1, -1,  1,  0,  0,  0,  2,  1, -1,  2,  2,  1,  0,  2,  2, -1,  0,
       ..................................................................,
        0,  2,  2,  2, -1,  1,  2, -1,  1,  1, -1, -1,  0], dtype=int64)
>>> db.core_sample_indices_              #返回核心点的索引
array([   2,    4,    5,    7,    9,   13,   14,   15,   16,   19,   22,   24,   26,
         31,   33,   36,   37,   40,   41,   43,   44,   47,   49,   51,   60,   64,
         66,   67,   70,   72,   78,   79,   80,   81,   82,   84,   89,   90,   91,
         92,   93,   94,   96,  101,  108,  109,  112,  113,  116,  125,  126,  128,
        130,  131,  134,  136,  137,  139,  140,  143,  144,  145,  147,  151,  152,
        153,  155,  156,  159,  162,  166,  169,  170,  171,  172,  174,  177,  178,
        179,  184,  188,  189,  190,  192,  193,  196], dtype=int64)
#绘制 DBSCAN 聚类结果
>>>plt.scatter(X[db.labels_==0,0],X[db.labels_==0,1],c='r',marker='o',
edgecolors='r', s=40, label='cluster 1')
>>>plt.scatter(X[db.labels_==1,0],X[db.labels_==1,1],c='b',marker='s',
edgecolors='b',s=40,label='cluster 2')
>>>plt.scatter(X[db.labels_==2,0],X[db.labels_==2,1],c='purple',marker='*',
edgecolors='purple',s=40,label='cluster 3')
>>>plt.legend()
>>>plt.show()      #显示 DBSCAN 聚类的结果,如图 10-14 所示
```

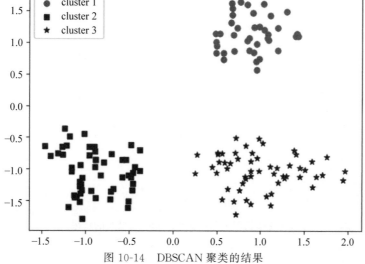

图 10-14　DBSCAN 聚类的结果

下面给出使用 DBSCAN 对鸢尾花数据集进行聚类的代码实现。

```
>>>import matplotlib.pyplot as plt
>>>import numpy as np
>>>from sklearn import datasets
>>> from sklearn.cluster import DBSCAN
>>>iris = datasets.load_iris()
>>>X = iris.data[:, [0,2]]                    #表示我们只取特征空间中的 2 个维度
>>> print(X.shape)
(150, 2)
>>>dbscan = DBSCAN(eps=0.3, min_samples=6)    #创建模型
>>>dbscan.fit(X)                              #训练模型
>>> dbscan.labels_                            #返回每个点所属簇的标签,可看出聚
                                              #成了两个簇
array([ 0,  0,  0,  0,  0,  0,  0,  0,  0,  0,  0,  0,  0,  0, -1,  0,  0,
        0,  0,  0,  0,  0, -1,  0,  0,  0,  0,  0,  0,  0,  0,  0,  0,  0,
        0,  0,  0,  0,  0,  0,  0,  0,  0,  0,  0,  0,  0,  0,  0,  1,
        1,  1,  1,  1,  1,  1, -1,  1, -1, -1,  1,  1,  1,  1,  1,  1,  1,
        1,  1,  1,  1,  1,  1,  1,  1,  1,  1,  1,  1,  1,  1,  1,  1,
        1,  1,  1,  1,  1,  1,  1,  1, -1,  1,  1,  1,  1, -1,  1,  1,  1,
        1,  1,  1, -1, -1,  1,  1,  1,  1,  1,  1,  1,  1,  1,  1, -1, -1,
        1,  1,  1, -1,  1,  1,  1,  1,  1,  1,  1, -1,  1,  1,  1, -1,
        1,  1,  1,  1,  1,  1,  1,  1,  1,  1,  1,  1,  1,  1],
      dtype=int64)
#绘制 DBSCAN 结果
>>>x0 = X[dbscan.labels_ ==0]
>>>x1 = X[dbscan.labels_ ==1]
>>>x2 = X[dbscan.labels_ ==2]
>>>plt.scatter(x0[:, 0], x0[:, 1], c="", marker='o', edgecolors='red', label=
'label0')
>>>plt.scatter(x1[:, 0], x1[:, 1], c="", marker=' * ', edgecolors='blue', label=
'label1')
>>>plt.scatter(x2[:, 0], x2[:, 1], c="k", marker='+', label='label2')
>>>plt.xlabel('sepal length')
>>>plt.ylabel('petal length')
>>>plt.legend()
>>>plt.show()    #显示按花萼长度和花瓣长度 DBSCAN 聚类的结果,如图 10-15 所示
```

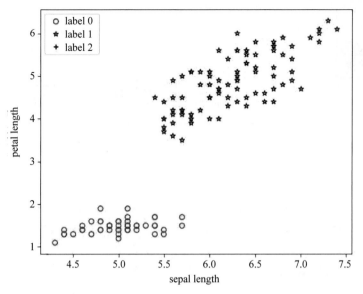

图 10-15 按花萼长度与花瓣长度 DBSCAN 聚类的结果

## 10.5 本章小结

本章主要讲解聚类。先讲解聚类的相关概念、聚类方法类型、聚类应用领域。然后,讲解了 $k$ 均值聚类原理,并给出鸢尾花 $k$ 均值聚类的 Python 实现。接着,讲解了层次聚类原理,并给出凝聚层次聚类的 Python 实现、BIRCH 聚类的 Python 实现。最后,讲解了密度聚类原理,并给出 DBSCAN 密度聚类的 Python 实现。

# 第 11 章

# 关联规则挖掘

关联规则挖掘是数据挖掘中最活跃的研究方法之一。在购物网站上购物时,网站通常会主动推荐一些商品以及赠送一些购物优惠券,这些推荐的商品和赠送的购物优惠券往往会迎合人们的购物需求,刺激人们的消费。这背后主要使用了关联分析技术,通过关联分析可发现隐藏在大型数据集中的令人感兴趣的联系,所发现的联系通常用关联规则或频繁项集的形式表示。

## 11.1 关联规则挖掘概述

### 11.1.1 购物篮分析

关联分析是数据挖掘体系中重要的组成部分之一,用于发现隐藏在大型数据集中的有意义的关系,这些关系有两种形式:频繁项集或者关联规则。频繁项集是经常出现在一块的物品的集合,关联规则暗示两种物品之间可能存在很强的关系。关联分析代表性的案例为"购物篮分析",通过发现顾客放入他们"购物篮"中的商品之间的关联,分析顾客的购物习惯。

关联分析最经典的案例是沃尔玛的啤酒与尿布的故事。沃尔玛的超市管理人员分析销售数据时发现了一个令人难以理解的现象:啤酒与尿布两件看上去毫无关系的商品会经常出现在同一个购物篮中。原来,年轻的父亲前去超市购买尿布的同时,往往会顺便为自己购买啤酒。

沃尔玛发现了这一独特的现象之后,开始在卖场尝试将啤酒与尿布摆放在同一区域,让年轻的父亲可以方便地同时找到这两件商品,这种独特的摆放法不仅为同时想要购买尿布和啤酒的年轻父亲提供了方便,也刺激了仅想单独购买啤酒或尿布的年轻父亲同时购买两种商品,而不是一种,从而获得了更多的销售收入。它向我们揭示商品之间是具有关联关系的,发现并利用这些商品之间的关联关系,可以在无法大幅增加卖场客户数的前提下,通过增加购物篮中的商品数量达到增加销售额的目的,从而获得更大的经营收益。

一般地,关联分析指的是从大量数据中发现事物、特征或者数据之间的频繁出现的相互依赖关系和关联关系,这些关联并不总是事先知道的,而是通过数据集中数据的关联分析获得的。通过对数据集进行关联分析可得出形如"由于某些事件的发生而引起另外一些事件的发生"之类的关联规则。例如,对于沃尔玛发现的啤酒与尿布常出现在同一个购物篮中的现象,通过合理的啤酒和尿布的货架摆放或捆绑销售可提高超市的服务质量和效益。再如,发现"C 语言"课程优秀的同学在学习"数据结构"时为优秀的可能性达 85%,那么就可以通过强化"C 语言"的学习来提高"数据结构"教学效果。另外,通过对用户银行信用卡账单的分析也可以得到用户的消费方式,这有助于对相应的商品进行市场推广。关联分析的数据挖掘方法已经涉及了人们生活的很多方面,为企业的生产和营销及人们的生活提供了极大的帮助。

## 11.1.2　关联规则相关概念

购物交易数据库又称为购物事务数据库,表 11-1 给出了一个简单的购物篮事务数据库。表中每一行对应一个事务,包含一个唯一标识和顾客购买的商品的集合(项集),每个顾客购买的商品集合看作是一个购物篮。作为超市管理人员关心的问题是顾客的购物习惯,他们想知道哪些商品经常被顾客同时购买,可以使用这种有价值的信息来支持各种商业中的实际应用,如市场促销、库存管理和顾客关系管理等。

表 11-1　购物篮事务数据库

| 标　　识 | 项　　　集 |
| --- | --- |
| $t_1$ | {面包,豆奶} |
| $t_2$ | {面包,尿布,啤酒,鸡蛋} |
| $t_3$ | {豆奶,尿布,啤酒,橙汁} |
| $t_4$ | {面包,尿布,啤酒,豆奶} |
| $t_5$ | {面包,豆奶,尿布,橙汁} |

对数据集进行关联分析,所发现的有意义的联系可以用关联规则或者频繁项集的形式表示。从表 11-1 所示的数据中可以提出如下关联规则:

$$\{尿布\} \rightarrow \{啤酒\}$$

该规则表明尿布和啤酒的销售之间存在着很强的联系,因为许多购买尿布的顾客也购买啤酒。

关联分析常用的一些基本概念如下。

### 1. 事务

每一条交易数据称为一个事务,例如,表 11-1 包含了 5 个事务,表示为 $D=\{t_1,t_2,\cdots,t_5\}$,每个事务对应一个项的集合,即把事务看作是项的集合。

### 2. 项集

交易的每一个物品称为一个项,如面包、尿布、啤酒等。包含零个或多个项的集合叫作项集,如{面包,牛奶}、{面包,尿布,啤酒,鸡蛋}。设 $I=\{i_1,i_2,\cdots,i_m\}$ 是购物篮数据库中所有项的集合,则每个事务 $t_i$ 的项集都是 $I$ 的子集。设 $A$ 是一个项集,事务 $t_i$ 包含 $A$,当且仅当 $A \subseteq t_i$。

如果一个项集包含 $k$ 个项,则称它为 $k$ 项集,例如,{牛奶,尿布,啤酒}叫作 3 项集。项集的一个重要性质是它的支持度计数,即包含该项集的事务个数。数学上,项集 $X$ 的支持度计数 Support_count($X$)可以表示为

$$Support\_count(X) = | \{t_i \mid X \subset t_i, t_i \in T\} |$$

其中,符号|·|表示集合中元素的个数。在表 11-1 显示的数据集中,项集{尿布,啤酒}的支持度计数为 3。

一个项集的支持度(support)被定义为数据集中包含该项集的记录所占的比例。

**3. 频繁项集**

如果项集 $U$ 的支持度满足预定义的最小支持度阈值,则称项集 $U$ 是频繁项集。

**4. 关联规则**

关联规则是形如 $X{\rightarrow}Y$ 的蕴涵表达式,其中 $X$ 和 $Y$ 是不相交的项集,即 $X\cap Y=\varnothing$。$X$ 称为规则的前提,$Y$ 称为规则的结果。关联规则反映 $X$ 中的项目出现时,$Y$ 中的项目也跟着出现的规律。

假定关联规则"尿布→啤酒"成立,则表示购买了尿布的顾客往往也会购买啤酒这一商品。

**5. 关联规则的支持度**

关联规则 $X{\rightarrow}Y$ 的支持度 Support 是交易集中同时包含 $X$ 和 $Y$ 的交易数与所有交易数之比,记为 support($X{\rightarrow}Y$),即 support($X{\rightarrow}Y$)=support($X\cup Y$)=$P(XY)$。支持度反映了 $X$ 和 $Y$ 中所含的项在事务集中同时出现的概率。{尿布,啤酒}出现在事务 $t_2$、$t_3$ 和 $t_4$ 中,则"{尿布}→{啤酒}"关联规则的支持度 3/5=0.6。

支持度很低的规则可能只是偶然出现,从商业角度看,低支持度的规则多半是无意义的,因为对顾客很少同时购买的商品进行促销可能并无益处。因此,支持度通常用来删去那些无意义的关联规则。

**6. 关联规则的置信度**

关联规则 $X{\rightarrow}Y$ 的置信度 Confidence 是交易集中包含 $X$ 和 $Y$ 的交易数与所有包含 $X$ 的交易数之比,记为 confidence($X{\rightarrow}Y$),即 confidence($X{\rightarrow}Y$)=$P(Y|X)$。置信度反映了包含 $X$ 的事务中,出现 $Y$ 的条件概率,置信度越高,$Y$ 在包含 $X$ 的事务中出现的可能性就越大。

**7. 关联规则最小支持度与最小置信度**

最小支持度:用户或专家定义的衡量关联规则支持度的一个阈值,描述了关联规则的最低重要程度。

最小置信度:用户或专家定义的衡量关联规则置信度的一个阈值,规定了关联规则必须满足的最低可靠性。

当 support($X{\rightarrow}Y$)、confidence($X{\rightarrow}Y$)分别大于或等于各自的阈值时,称规则 $X{\rightarrow}Y$ 为强关联规则,这两个阈值分别称为支持度阈值(min_sup)和置信度阈值(min_conf)。

关联规则的挖掘是一个两步的过程:①产生频繁项集,其目标是发现满足最小支持度阈值的所有项集,这些项集称作频繁项集;②产生规则,其目标是从上一步发现的频繁项集中提取所有强关联规则。

表 11-1 所示的购物篮数据可以用表 11-2 所示的二元形式来表示,其中每行对应一个事务,每列对应一个项。每个项用二元变量表示,如果项在事务中出现,则它的值为 1,否则为 0。

表 11-2　购物篮数据的二元 0/1 表示

| 标识 | 面包 | 豆奶 | 尿布 | 啤酒 | 鸡蛋 | 橙汁 |
|------|------|------|------|------|------|------|
| $t_1$ | 1 | 1 | 0 | 0 | 0 | 0 |
| $t_2$ | 1 | 0 | 1 | 1 | 1 | 0 |
| $t_3$ | 0 | 1 | 1 | 1 | 0 | 1 |
| $t_4$ | 1 | 1 | 1 | 1 | 0 | 0 |
| $t_5$ | 1 | 1 | 1 | 0 | 0 | 1 |

## 11.1.3　关联规则类型

### 1. 布尔型和数值型关联规则

基于规则中处理的变量的类别,关联规则可以分为布尔型和数值型关联规则。

布尔型关联规则只能处理某一个项(项目)是否在一个事务中出现。一般地,一个事务中,0表示项目没有出现在该事务中,1表示项目出现在该事务中。布尔型关联规则是基于支持度的,其假设重要的即频繁的,主要任务是找出所有的频繁项集,再从这些频繁项集中发现重要的规则。这种"重要的即频繁的"的假设会导致布尔型关联规则丢失一些重要模式。事实上,频繁发生的未必重要,重要的未必频繁。例如,性别="女"→职业="会计",是布尔型关联规则。

数据库中往往包含许多多值型属性,具体有数值型属性,如工资、年龄;类别型属性,如商标、颜色等。这些属性的特点是属性取值范围广,不再是 0 或 1,特别是对于数值型属性,用户不仅关心属性取某一个值时会得到什么关联规则,也关心属性在某个范围内取值时会得到什么样的关联规则。例如"<age:35-45>∧<married:yes>→<numCars:2>(40%,80%)",其含义是年龄在 35~45 的已婚人员中 80%拥有 2 辆汽车,这样的记录数占总记录数的 40%。这种用来描述数值型属性之间的关联关系规则称数值型关联规则。

注意,关联规则本身不能处理连续型数值变量,寻求这类变量的关联规则前要对它进行处理,常见处理即将该变量转换成类别变量,如高、中、低等。

### 2. 单层关联规则和多层关联规则

基于关联规则中数据的抽象层次,关联规则可以分为单层关联规则和多层关联规则。在单层关联规则中,所有的项都没有考虑现实的数据是具有多个不同的层次的;而在多层关联规则中,对数据的多层性已经进行了充分地考虑。例如,"IBM 台式机→Sony 打印机",是一个细节数据上的单层关联规则;"台式机→ Sony 打印机",是一个较高层次和细节层次之间的多层关联规则。

### 3. 单维关联规则和多维关联规则

在单维关联规则中,我们只涉及数据的一个维,如用户购买的物品;而在多维关联规则中,要处理的数据将会涉及多个维。换成另一句话,单维关联规则是处理单个属性中的一些关系;多维关联规则是处理多个属性之间的某些关系。例如,啤酒→尿布,这条规则只涉及用户购买的物品;性别="女"→职业="秘书",这条规则就涉及两个字段的信息,是两个维上的一条关联规则。

**关联规则挖掘**:给定事务的集合 $T$,关联规则挖掘指的是找出支持度大于或等于支持度阈值 minsup 并且置信度大于或等于置信度阈值 minconf 的所有关联规则。

假设想找到支持度大于或等于 0.8 的所有项集,应该如何去做? 一个办法是生成一个所有项可能组合的清单,然后对每一种组合统计它出现的频繁程度,但当物品成千上万时,上述做法非常慢。

因此,挖掘关联规则时,若计算每个可能规则的支持度和置信度,代价是非常大的。提高关联规则挖掘算法效率的第一步是拆分支持度和置信度要求,由关联规则支持度概念"关联规则 $X \rightarrow Y$ 的支持度是交易集中同时包含 $X$ 和 $Y$ 的交易数与所有交易数之比"可知,关联规则 $X \rightarrow Y$ 的支持度仅依赖于 $X \cup Y$ 对应的项集的支持度。例如,下面的规则有相同的支持度,因为它们所涉及的项都源自同一个项集{牛奶,尿布,啤酒}:

$$\{尿布,啤酒\} \rightarrow \{牛奶\}, \{牛奶,啤酒\} \rightarrow \{尿布\}$$
$$\{尿布,牛奶\} \rightarrow \{啤酒\}, \{牛奶\} \rightarrow \{尿布,啤酒\}$$
$$\{尿布\} \rightarrow \{啤酒,牛奶\}, \{啤酒\} \rightarrow \{尿布,牛奶\}$$

如果项集{牛奶,尿布,啤酒}是非频繁的,则可以立即删去这 6 个候选规则,而不必计算它们的置信度值。

因此,大多数关联规则挖掘算法通常将关联规则挖掘任务分解为如下两个子任务。

(1) 找出频繁项集:找出满足最小支持度阈值的所有项集,这些项集称作频繁项集。

(2) 提取强关联规则:从上一步找出的频繁项集中提取满足置信度阈值的关联规则,即强关联规则。

如何迅速高效地找出所有频繁项集,是关联规则挖掘的核心问题,也是衡量关联规则挖掘算法效率的重要问题。相对来说,找出所有频繁项集所产生的计算开销远大于提取强关联规则所产生的开销。

频繁项集的产生

## 11.2　频繁项集的产生

格结构常常用来枚举所有可能的项集,图 11-1 显示的是 $I = \{a,b,c,d\}$ 的项集格。包

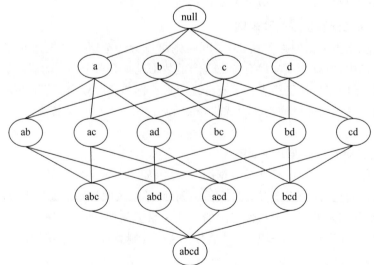

图 11-1　{a,b,c,d}的项集格

含 $k$ 个项的数据集可产生 $2^k-1$ 个非空子集,这些子集称为候选项集。

## 11.2.1　先验原理

使用支持度对候选项集进行剪枝基于如下先验原理(知识)。

**先验原理**:如果一个项集是频繁的,则它的所有子集也一定是频繁的。

先验原理成立是显而易见的,为了解释先验原理的基本思想,考虑图 11-2 所示的项集格。任何包含项集{b,c,d}的事务一定包含它的子集{b,c}、{b,d}、{c,d}、{b}、{c}和{d},如果{b,c,d}是频繁项集,则它的所有子集{b,c}、{b, d}、{c,d}、{b}、{c}和{d}也一定是频繁项集(见图 11-2 中的阴影项集)。因此,人们只需要找到最大频繁项的集合,这样所有最大频繁项集的子集合也是频繁项集。

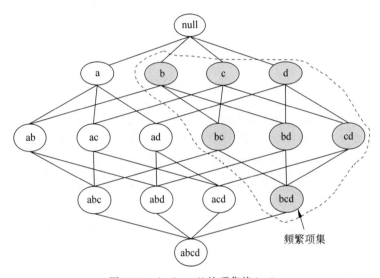

图 11-2　{a,b,c,d}的项集格(一)

相反,**如果一个项集是非频繁的,则它的所有超集也一定是非频繁的**。例如,如果发现{a,b}是非频繁项集,则包含{a,b}的{a,b,c}、{a,b,d}和{a,b,c,d}也是非频繁的(见图 11-3 中的阴影项集)。这也就是说,一旦计算出了{a,b}的支持度,知道它是非频繁的之后,就不需要再计算{a,b,c}、{a,b,d}和{a,b,c,d}的支持度,根据先验原理可以知道这些集合不会满足支持度阈值要求。这些子集结点可以被立即剪枝,可以避免项集数目的指数增长。这种基于支持度度量修剪候选项集搜索空间的策略称为基于支持度的剪枝。这种剪枝策略依赖于支持度度量的一个重要性质,即一个项集的支持度决不会超过它的子集的支持度。

## 11.2.2　Apriori 算法产生频繁项集

Apriori 算法是挖掘布尔关联规则频繁项集的算法,Apriori 的命名是由于其使用了频繁项集先验原理的原因。Apriori 算法利用先验原理,基于支持度阈值对项集格进行剪枝,通过逐层搜索的迭代方法,将频繁 $k$ 项集用于探索频繁 $k+1$ 项集,来穷尽数据集中的所有频繁项集。

Apriori 算法的目标是找到最大的频繁 $k$ 项集,它是一个逐层算法,即从频繁 1 项集到

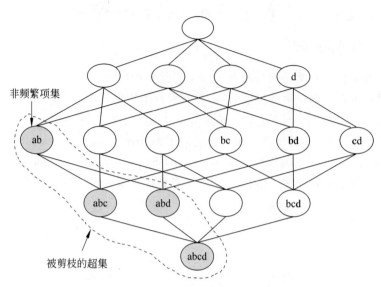

图 11-3　{a,b,c,d}的项集格(二)

最长的频繁项集,它每次遍历项集格中的一层。Apriori算法具体执行过程如下。

(1) 先求得候选 1 项集的支持度,之后根据支持度阈值剪枝去掉低于支持度的候选 1 项集,得到频繁 1 项集,然后对频繁 1 项集进行连接得到候选 2 项集。

(2) 求得候选 2 项集的支持度,进而去掉低于支持度阈值的候选 2 项集,得到频繁 2 项集,然后对频繁 2 项集进行连接得到候选 3 项集。

(3) 以此类推,迭代下去,直到无法找到频繁 $k+1$ 项集为止,对应的频繁 $k$ 项集的集合即为算法的输出结果。

对于表 11-1 中所示的事务,假定支持度阈值是 60%,相当于最小支持度计数为 3,使用 Apriori 算法产生频繁项集的过程如下。

(1) 生成频繁 1 项集 $L_1$。扫描表 11-1 生成候选 1 项集 $C_1$ 并得到它们的支持度计数 $C_1=\{(面包,4),(豆奶,4),(尿布,4),(啤酒,3),(鸡蛋,1),(橙汁,2)\}$,挑选支持度计数 $\geqslant 3$ 的项组成频繁 1 项集 $L_1=\{面包,豆奶,尿布,啤酒\}$,对频繁 1 项集进行连接得到候选 2 项集 $C_2=\{\{啤酒,面包\},\{啤酒,尿布\},\{啤酒,豆奶\},\{面包,豆奶\},\{面包,尿布\},\{尿布,豆奶\}\}$。

(2) 生成频繁 2 项集 $L_2$。扫描表 11-1 得到候选 2 项集 $C_2$ 的支持度计数候选 2 项集 $C_2$ 的支持度计数 $C_2=\{(\{啤酒,面包\},2),(\{啤酒,尿布\},3),(\{啤酒,豆奶\},2),(\{面包,豆奶\},3),(\{面包,尿布\},3),(\{尿布,豆奶\},3)\}$,挑选支持度计数 $\geqslant 3$ 的项组成频繁 2 项集 $L_2=\{\{啤酒,尿布\},\{面包,豆奶\},\{面包,尿布\},\{尿布,豆奶\}\}$,对频繁 2 项集进行连接得到候选 3 项集 $C_3=\{\{啤酒,面包,尿布\},\{啤酒,尿布,豆奶\},\{面包,尿布,豆奶\}\}$。

(3) 生成频繁 3 项集 $L_3$。扫描表 11-1 得到候选 3 项集 $C_3$ 的支持度计数 $C_3=\{(\{啤酒,面包,尿布\},2),(\{啤酒,尿布,豆奶\},2),(\{面包,尿布,豆奶\},3)\}$,挑选支持度计数 $\geqslant 3$ 的项组成频繁 3 项集 $L_3=\{\{面包,尿布,豆奶\}\}$。事实上,依据先验原理,只需要保留其子集都是频繁的候选 3 项集,符合这种条件的只有候选项{面包,尿布,豆奶}。由于此时无法再进行数据连接,进而得到候选 4 项集,最终的结果即为频繁 3 三项集{面包,尿布,豆奶}。

　　下面再看一个产生频繁项集的过程,如图 11-4 所示,数据集 $D$ 有 4 条记录,分别是{1,3,4}、{2,3,5}、{1,2,3,5}、{2,5},最小支持度设置为 50%,支持度计数为 2。

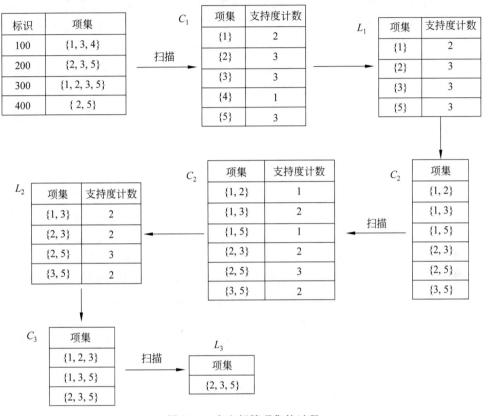

图 11-4　产生频繁项集的过程

　　现在用 Apriori 算法来寻找频繁 $k$ 项集。首先生成候选频繁 1 项集,包括所有的 5 个数据并计算 5 个数据的支持度,计算完毕后进行剪枝,数据 4 由于支持度只有 25% 被剪掉。最终得到的频繁 1 项集为{1}、{2}、{3}、{5},接着将其连接生成候选频繁 2 项集,包括{1,2}、{1,3}、{1,5}、{2,3}、{2,5}、{3,5}共 6 组。此时第一轮迭代结束。

　　进入第二轮迭代,扫描数据集计算候选频繁 2 项集的支持度,接着进行剪枝,由于{1,2}和{1,5}的支持度只有 25% 而被筛除,得到真正的频繁 2 项集,包括{1,3}、{2,3}、{2,5}、{3,5}。连接生成候选频繁 3 项集,包括{1,2,3}、{1,3,5}、{2,3,5}共 3 组。通过计算候选频繁 3 项集的支持度,发现{1,2,3}和{1,3,5}的支持度均为 25%,因此被剪枝,最终得到的真正频繁 3 项集为{2,3,5}一组。由于此时我们无法再进行数据连接,进而得到候选频繁 4 项集,最终的结果即为频繁 3 三项集{2,3,5}。

　　Apriori 算法如下。

　　输入:事务数据集 $D$,支持度阈值 min_sup

　　输出:最大的频繁 $k$ 项集

　　1:扫描整个事务数据集 $D$,得到所有项的集合,作为候选 1 项集。令 $k=1$,频繁 0 项集为空集。

2：挖掘频繁 $k$ 项集

① 扫描事务数据集 $D$，计算候选 $k$ 项集的支持度。

② 去除候选 $k$ 项集中支持度低于阈值的项集，得到频繁 $k$ 项集(如果得到的频繁 $k$ 项集为空，则直接返回频繁 $k-1$ 项集的集合作为算法结果，算法结束；如果得到的频繁 $k$ 项集只有一项，则直接返回该频繁 $k$ 项集的集合作为算法结果，算法结束)。

③ 频繁 $k$ 项集和自身连接生成候选 $k+1$ 项集，所谓连接，就是两个不同的频繁 $k$ 项集，当它们的前 $k-1$ 项都相同时，就进行合并。

3：令 $k=k+1$，转入步骤 2。

Apriori 算法的计算复杂度受如下因素影响。

(1) 支持度阈值。降低支持度阈值通常将产生更多的频繁项集，导致扫描数据集的次数也将增多。

(2) 项数(维度)。随着数据集的项的数量的增加，很可能产生更多的频繁项集。

(3) 事务数。由于 Apriori 算法反复扫描数据集，因此算法的运行时间随着事务数增加而增加。

(4) 事务的平均宽度。事务的平均宽度(事务的项集的项的数量)越大，频繁项集的最大长度可能越大，因而，在候选项集产生和支持度计数时必须探索更多的候选项集。

Apriori 算法是一个非常经典的频繁项集的挖掘算法，很多算法都是基于 Apriori 算法而产生的，包括 FP 树、GSP、CBA 等。这些算法利用了 Apriori 算法的思想，但是对算法做了改进，数据挖掘效率更好一些，因此现在一般很少直接用 Apriori 算法来挖掘数据了，但是理解 Apriori 算法是理解其他 Apriori 类算法的前提。

### 11.2.3　候选项集的产生与剪枝

11.2.2 节中 Apriori 算法使用前一次迭代发现的频繁 $k-1$ 项集产生新的候选 $k$ 项集，并基于支持度阈值的剪枝策略，去掉支持度小于阈值的候选 $k$ 项集。

**1. 候选项集的产生**

下面给出由 $k-1$ 项集产生候选 $k$ 项集的方法。

1) 蛮力方法

蛮力方法把所有的 $k$ 项集都看作是候选的，这样得到的 $k$ 项集的个数是 $C_m^k$，其中 $m$ 是项的总数。这种方法产生候选项集简单，但导致候选项集剪枝开销巨大，因为必须考察的项集数量太大。

2) $L_{k-1} \times L_1$ 方法

$L_{k-1} \times L_1$ 方法是用其他频繁项集来扩展每个频繁 $k-1$ 项集得到候选 $k$ 项集，如用"面包"扩展{尿布,豆奶}频繁 2 项集，产生候选 3 项集{面包,尿布,豆奶}。这种方法很难避免重复地产生候选项集。避免产生重复的候选项集的一种方法是确保每个频繁项集中的项是以字典序存储的，每个频繁 $k-1$ 项集 $X$ 只用字典序比 $X$ 中所有的项都大的频繁项集进行扩展。

3) $L_{k-1} \times L_{k-1}$ 方法

$L_{k-1} \times L_{k-1}$ 方法通过合并一对频繁 $k-1$ 项集(项集中的项是以字典序排序)得到候选

$k$ 项集,合并的前提是它们的前 $k-2$ 项都相同且最后一项不相同。设 $l_1$ 和 $l_2$ 是 $L_{k-1}$ 中的项集,项集中的项是以字典序排序,指的是 $l_i[1]<l_i[2]<\cdots<l_i[k-1]$,其中 $l_i[j]$ 表示 $l_i$ 的第 $j$ 项。$l_1$ 和 $l_2$ 是可连接的,如果它们满足前 $k-2$ 项都相同且 $l_1[k-1]<l_2[k-1]$,条件 $l_1[k-1]<l_2[k-1]$ 可确保不产生重复候选 $k$ 项集。连接 $l_1$ 和 $l_2$ 产生的 $k$ 项集是 $\{l_1[1],l_1[2],\cdots,l_1[k-1],l_2[k-1]\}$。

### 2. 候选项集的剪枝

对于候选 $k$ 项集 $X=\{i_1,i_2,\cdots,i_k\}$,检查它的所有 $k-1$ 项集是否都是频繁的,如果其中有一个是非频繁的,则 $X$ 一定不是频繁 $k$ 项集,$X$ 将会被立即剪枝,通过这种剪枝策略能够有效地减少进行支持度计算的候选 $k$ 项集的数量。事实上,并不需要检查候选 $k$ 项集 $X$ 的每个 $k-1$ 项子集,如果产生候选 $k$ 项集 $X$ 的 $k-1$ 项子集有 $m$ 个,则在判断是否剪枝 $X$ 时只需要检查剩下的 $k-m$ 个 $k-1$ 项集就可以了。

## 11.2.4 频繁项集及其支持度的 Python 实现

Apriori 算法生成频繁项集及其支持度的 Python 代码示例如下。

```
dataSet=[[1, 3, 4], [2, 3, 5], [1, 2, 3, 5], [2, 5]]
def createC1(dataSet):                          #生成候选 1 项集,存放到列表中
    C1 = []
    for transaction in dataSet:
        for item in transaction:
            if not [item] in C1:
                C1.append([item])
    #frozenset()返回一个不可变集合,不可变集合不能添加或删除元素
    #为了后面可以将这些值作为字典的键
    C1.sort()
    return list(map(frozenset, C1))
#从候选项集中找出支持度大于 minSupport 的频繁项集
#返回频繁项集的列表 frequentSetList,频繁项集及其支持度 frequentSet_support
def scanDataSet(dataSet, Ck, minSupport):
    candidateSet_support = {}
    for tran in dataSet:
        for itemSetk in Ck:
            if itemSetk.issubset(set(tran)): #判断 itemSetk 是不是 set(tran)的子集
    #统计该项集整个记录中出现的次数
                if itemSetk not in candidateSet_support.keys():
                    candidateSet_support[itemSetk]=0
                candidateSet_support[itemSetk] += 1
    numItems = float(len(dataSet))
    frequentSetList = []                        #记录频繁项集
    frequentSet_support = {}             #frequentSet_support 记录频繁项集及其支持度
    for key in candidateSet_support.keys():
        support = candidateSet_support[key]/numItems
```

```
            if support >=minSupport:
                frequentSetList.append(key)
                frequentSet_support[key] = support
        return frequentSetList, frequentSet_support
#由频繁 k-1 项集 Lk 生成候选 k 项集
def createCk(Lk, k):
    candidateKSet_List=[]
    Lk_length = len(Lk)
    for i in range(0,Lk_length-1):
        for j in range(i+1,Lk_length):
            L1 = list(Lk[i])[:k-2];L2 = list(Lk[j])[:k-2]
            L1.sort();L2.sort()
#取前 k-2 个元素相等的频繁项集组成元素个数为 k 的候选项集
            if L1 ==L2:
                candidateKSet_List.append(Lk[i] | Lk[j])
    return candidateKSet_List
#返回频繁项集及其支持度
def apriori(dataSet, minSupport = 0.5):
    recordsSet = list(map(set, dataSet))        #将列表记录转换为集合
    C1 = createC1(dataSet)                       #生成候选 1 项集
    frequentSet1, frequentSet_support = scanDataSet(recordsSet, C1, minSupport)
    frequentSet = [frequentSet1]
    k = 2
    while (len(frequentSet[k-2]) > 0):          #若仍有满足支持度的集合则继续做关联分析
        Ck = createCk(frequentSet[k-2], k)  #生成 Ck 候选项集
        frequentSetk, frequentKSet_support = scanDataSet(recordsSet, Ck, minSupport)
#把新生成的频繁项集及其支持度加入到 frequentSet_support
        frequentSet_support.update(frequentKSet_support)
        frequentSet.append(frequentSetk)
        k += 1                      #每次新组合的元素都只增加了一个,所以 k 也+1(k 表示元素个数)
    return frequentSet, frequentSet_support
frequentSet_,frequentSet_support_ = apriori(dataSet)
print("频繁项集:",frequentSet_)
print("频繁项集及其支持度:",frequentSet_support_)
```

运行上述代码得到的输出结果如下。

频繁项集: [[frozenset({1}), frozenset({3}), frozenset({2}), frozenset({5})],
[frozenset({1, 3}), frozenset({2, 3}), frozenset({3, 5}), frozenset({2, 5})],
[frozenset({2, 3, 5})], []]
频繁项集及其支持度:{frozenset({1}): 0.5, frozenset({3}): 0.75, frozenset({2}):
0.75, frozenset({5}): 0.75, frozenset({1, 3}): 0.5, frozenset({2, 3}): 0.5,
frozenset({3, 5}): 0.5, frozenset({2, 5}): 0.75, frozenset({2, 3, 5}): 0.5}

# 11.3　关联规则的产生

由于使用频繁项集的子集组成的关联规则的支持度肯定大于或等于支持度阈值,所以关联规则产生的就是在由频繁项集的子集组成的所有关联规则中,找出所有置信度大于或等于置信度阈值的强关联规则。

## 11.3.1　关联规则产生的原理

忽略前件或后件为空的规则,每个频繁 $k$ 项集能够产生多达 $2^k - 2$ 个关联规则。提取强关联规则的基本步骤如下。

（1）对每个频繁项集 $l$,产生 $l$ 的所有非空子集。

（2）对于 $l$ 的每个非空子集 $X$,如果

$$\frac{\text{Support\_count}(l)}{\text{Support\_count}(X)} \geqslant \text{min\_conf}$$

则输出强关联规则 $X \rightarrow (l - X)$,其中 min\_conf 是置信度阈值。

设 $X = \{$面包,尿布,豆奶$\}$ 是频繁项集,可以由 $X$ 产生 6 个候选关联规则:$\{$面包,尿布$\} \rightarrow \{$豆奶$\}$,$\{$面包,豆奶$\} \rightarrow \{$尿布$\}$,$\{$尿布,豆奶$\} \rightarrow \{$面包$\}$,$\{$面包$\} \rightarrow \{$尿布,豆奶$\}$,$\{$尿布$\} \rightarrow \{$面包,豆奶$\}$,$\{$豆奶$\} \rightarrow \{$面包,尿布$\}$。这些规则的支持度都等于 $X$ 的支持度,因而这些规则一定满足支持度阈值。计算关联规则的置信度不需要再次扫描事务数据集,对于关联规则 $\{$面包,尿布$\} \rightarrow \{$豆奶$\}$,其由频繁项集 $X$ 产生,该关联规则的置信度为

$$\text{Support\_count}(\{面包,尿布,豆奶\})/\text{Support\_count}(\{面包,尿布\})$$

由于这两个项集的支持度计数已经在频繁项集产生时得到,都为 3,因此关联规则 $\{$面包,尿布$\} \rightarrow \{$豆奶$\}$ 的置信度为 1。同理,可求得其他关联规则的置信度:

$\{$尿布,豆奶$\} \rightarrow \{$面包$\}$,confidence($\{$尿布,豆奶$\} \rightarrow \{$面包$\}$)=3/3=100%

$\{$面包,豆奶$\} \rightarrow \{$尿布$\}$,confidence($\{$面包,豆奶$\} \rightarrow \{$尿布$\}$)=3/3=100%

$\{$豆奶$\} \rightarrow \{$面包,尿布$\}$,confidence($\{$豆奶$\} \rightarrow \{$面包,尿布$\}$)=3/4=75%

$\{$面包$\} \rightarrow \{$尿布,豆奶$\}$,confidence($\{$面包$\} \rightarrow \{$尿布,豆奶$\}$)=3/4=75%

$\{$尿布$\} \rightarrow \{$面包,豆奶$\}$,confidence($\{$尿布$\} \rightarrow \{$面包,豆奶$\}$)=3/4=75%

关联规则生成算法的优化问题主要集中在减少不必要的规则生成尝试方面。下面是两个重要的结论。

结论 1:设项目集 $X_1$ 是项目集 $X$ 的一个子集,如果关联规则 $X \rightarrow (l - X)$ 不是强关联规则,那么 $X_1 \rightarrow (l - X_1)$ 一定不是强关联规则。

由结论 1 可知,在生成关联规则尝试中可以利用已知的结果来有效避免测试一些肯定不是强关联规则的尝试。

结论 2:设项目集 $X_1$ 是项目集 $X$ 的一个子集,如果关联规则 $Y \rightarrow X$ 是强关联规则,那么规则 $Y \rightarrow X_1$ 一定是强关联规则。

由结论 2 可知,在生成强关联规则尝试中可以利用已知的强关联规则的结果来有效避免测试一些肯定是强关联规则的尝试。

### 11.3.2 Apriori 算法产生关联规则的方式

Apriori 算法使用一种逐层方法来产生关联规则,其中每层对应于规则后件中的项数。首先,提取规则后件只含一个项的所有高置信度规则,其次使用这些规则来产生新的候选规则。例如,$\{acd\}\rightarrow\{b\}$和$\{abd\}\rightarrow\{c\}$是两个高置信度的规则,则通过合并这两个规则的后件产生候选规则$\{ad\}\rightarrow\{bc\}$。图 11-5 中显示了由频繁项集$\{abcd\}$产生关联规则的格结构。如果格中的任意结点具有低置信度,则可立即剪掉该结点生成的整个子图。假设规则$\{bcd\}\rightarrow\{a\}$具有低置信度,则可以丢弃前件为$\{bcd\}$的子集且后件包含 a 的所有规则,包括$\{cd\}\rightarrow\{ab\}$,$\{bd\}\rightarrow\{ac\}$,$\{bc\}\rightarrow\{ad\}$,$\{d\}\rightarrow\{abc\}$,$\{c\}\rightarrow\{abd\}$和$\{b\}\rightarrow\{acd\}$。Apriori 算法中规则产生过程与频繁项集产生过程类似,二者唯一的不同是,在规则产生时,不必再次扫描数据集计算候选规则的置信度,而使用频繁项集产生时计算的支持度计数来确定规则的置信度。

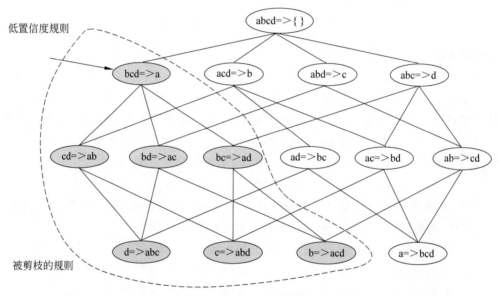

图 11-5　由频繁项集产生关联规则的格结构

基于 11.2.4 节程序代码运行返回的频繁项集及其支持度,下面给出产生关联规则的 Python 代码实现。

```
#生成关联规则
def generateRules(frequentSet, frequentSet_support, minConf=0.7):
    bigRuleList = []
    for i in range(1, len(frequentSet)):        #从 2 个元素的频繁项集开始
        for freqSet in frequentSet[i]:
            #将多个元素的频繁项集转换为单个元素的集合列表
            #如 frozenset({2, 5})转换为[frozenset({2}),frozenset({5})]
            H1 = [frozenset([item]) for item in freqSet]
            #如果集合元素大于 2 个,则需要处理才能获得规则
            if (i > 1):
```

```
                GenCandidateRule_set(freqSet, H1, frequentSet_support, bigRuleList,
minConf)
            else:
                calcConf(freqSet, H1, frequentSet_support, bigRuleList, minConf)
    return bigRuleList
#获得满足最小可信度的关联规则
def calcConf(freqSet, H, frequentSet_support, brl, minConf=0.7):
    prunedH = []                              #记录满足最小可信度的关联规则
    for conseq in H:
        #计算(freqSet-conseq)-->conseq规则的置信度
        Confidence = frequentSet_support[freqSet]/frequentSet_support[freqSet-
conseq]
        if Confidence >=minConf:
            print(freqSet-conseq, '-->',conseq,'置信度:',Confidence)
            brl.append((freqSet-conseq, conseq, Confidence))
                                    #以元组的形式记录关联规则及其置信度
            prunedH.append(conseq)
    return prunedH
#生成候选规则集合
def GenCandidateRule_set(freqSet, H, frequentSet_support, brl, minConf=0.7):
    m = len(H[0])
    if (len(freqSet) > (m + 1)):              #进一步合并
        Hmp1 = createCk(H, m+1)               #将单个集合元素两两合并
        Hmp1 = calcConf(freqSet, Hmp1, frequentSet_support, brl, minConf)
        if (len(Hmp1) > 1):
            GenCandidateRule_set(freqSet, Hmp1, sfrequentSet_support, brl,
minConf)
rules = generateRules(frequentSet_,frequentSet_support_,minConf=0.7)
                                    #调用函数
print("元组形式的关联规则:", rules)           #输出结果
```

运行上述程序代码得到的输出结果如下。

```
frozenset({1}) --> frozenset({3}) 置信度: 1.0
frozenset({5}) --> frozenset({2}) 置信度: 1.0
frozenset({2}) --> frozenset({5}) 置信度: 1.0
元组形式的关联规则: [(frozenset({1}), frozenset({3}), 1.0), (frozenset({5}),
frozenset({2}), 1.0), (frozenset({2}), frozenset({5}), 1.0)]
```

## 11.3.3 频繁项集的紧凑表示

实践中,由事务数据集产生的频繁项集的数量可能非常大。因此,从中识别出可以推导出其他所有的频繁项集的、较小的、具有代表性的项集是非常有用的。下面介绍具有代表性的项集:极大频繁项集。

极大频繁项集的直接超集都不是频繁的。

为了解释极大频繁项集,考虑图11-6所示的项集格。格中的项集分为两组:频繁项集

和非频繁项集。图中虚线表示频繁项集的边界。位于边界上方的每个项集都是频繁的,而位于边界下方的项集(阴影结点)都是非频繁的。在边界附近结点中,{a, d}、{a, c, e}和{b, c, d, e}都是极大频繁项集,因为它们的直接超集都是非频繁的。如项集{a, d}是极大频繁的,因为它的所有直接超集{a, b, d}、{a, c, d}和{a, d, e}都是非频繁的;相反,项集{a, c}不是极大的,因为它的一个直接超集{a, c, e}是频繁的。

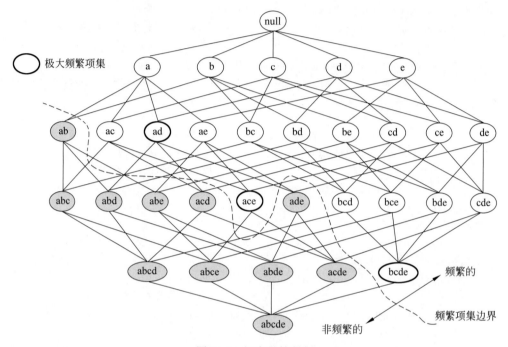

图 11-6　极大频繁项集

极大频繁项集有效地提供了频繁项集的紧凑表示。极大频繁项集形成了可导出所有频繁项集的最小的项集的集合。例如图 11-6 中的频繁项集可以分为以下两组。

(1) 以项 a 开始,可能包含项 c、d 和 e 的频繁项集。这一组包含的频繁项集有{a}、{a, c}、{a,d}、{a,e}和{a,c,e}。

(2) 以项 b、c、d 或 e 开始的频繁项集。这一组包含的项集有{b}、{b,c}、{b,d}、{b,c, d, e}等。

属于第 1 组的频繁项集是{a,c,e}或{a,d}的子集,而属于第 2 组的频繁项集都是{b,c, d, e}的子集。因此,极大频繁项集{a,d}、{a,c,e}和{b,c,d, e}提供了图 11-6 中显示的频繁项集的紧凑表示。

## 11.4　FP 增长算法

与 Apriori 算法的"候选项集产生-核查出频繁项集"方式不同,FP-growth(Frequent-Pattern growth,频繁模式增长,简称 FP 增长)算法使用一种称为 FP 树(频繁模式树)的紧凑数据结构组织数据,并直接从该数据结构中提取频繁项集。频繁模式通常用关联规则(association rule)或频繁项集的形式表示。

FP增长算法取分而治之的思想：首先，将代表频繁项集的数据库（集）压缩到一棵FP树中，该树仍然保留项集的关联信息。然后，把这种压缩后的数据库（集）划分成一组条件数据库（一种特殊类型的投影数据库），每个数据库关联一个频繁项，并分别挖掘每个条件数据库。对于每个频繁项，只需要考察与它相关联的数据集。因此，随着被考察的模式的"增长"，这种方法可以显著地压缩被搜索的数据集的大小。由上可知，FP增长算法包含两个步骤：第一步，构造FP树；第二步，在FP树上挖掘频繁项集。

## 11.4.1 构建FP树

FP树是输入数据的一种压缩表示，它通过逐一读入事务并把每个事务映射为FP树的一条路径来构建。由于不同的事务可能会有若干个相同的项，因此它们的路径可能部分重叠。路径相互重叠越多，输入数据的FP树压缩表示的效果越好。如果FP树足够小，就可以将其存放在内存中，这样就可以直接在内存中提取频繁项集，而不必重复地扫描存放在硬盘上的数据。

如表11-3显示了一个事务数据集，它包含7个事务和6个项，设定最小支持度计数为2，下面给出构建FP树的过程。

（1）扫描一次数据集，确定每个项的支持度计数，结果如表11-4所示；丢弃非频繁1项集，得到频繁1项集并按支持度计数递减排序，结果如表11-5所示，得出I1是最频繁的项，接下来依次是I2、I4、I3、I5；对事务数据集中的项集逐一扫描，每个项集剔除非频繁项后，余下的频繁项按照支持度计数降序重新排列，如表11-3的第3列。

<table>
<tr><td colspan="3" align="center">表 11-3 事务数据集</td></tr>
<tr><td>TID</td><td>项集</td><td>删除非频繁项<br>并重新排序</td></tr>
<tr><td>1</td><td>{I1,I2}</td><td>{I1,I2}</td></tr>
<tr><td>2</td><td>{I2,I3,I4}</td><td>{I2,I4,I3}</td></tr>
<tr><td>3</td><td>{I1,I3,I4,I5}</td><td>{I1,I4,I3,I5}</td></tr>
<tr><td>4</td><td>{I1,I4,I5}</td><td>{I1,I4,I5}</td></tr>
<tr><td>5</td><td>{I1,I3,I2,I6}</td><td>{I1,I2,I3}</td></tr>
<tr><td>6</td><td>{I1,I2,I3,I4}</td><td>{I1,I2,I4,I3}</td></tr>
<tr><td>7</td><td>{I2,I4,I5,I7}</td><td>{I2,I4,I5}</td></tr>
</table>

<table>
<tr><td colspan="2" align="center">表 11-4 支持度计数</td></tr>
<tr><td>{I1}</td><td>5</td></tr>
<tr><td>{I2}</td><td>5</td></tr>
<tr><td>{I3}</td><td>4</td></tr>
<tr><td>{I4}</td><td>5</td></tr>
<tr><td>{I5}</td><td>3</td></tr>
<tr><td>{I6}</td><td>1</td></tr>
<tr><td>{I7}</td><td>1</td></tr>
</table>

<table>
<tr><td colspan="2" align="center">表 11-5 频繁 1 项集</td></tr>
<tr><td>{I1}</td><td>5</td></tr>
<tr><td>{I2}</td><td>5</td></tr>
<tr><td>{I4}</td><td>5</td></tr>
<tr><td>{I3}</td><td>4</td></tr>
<tr><td>{I5}</td><td>3</td></tr>
</table>

（2）创建FP树的根结点，并标记为null。第二次扫描数据集，读入第1个事务{I1，I2}，创建标记为I1和I2的结点，然后形成null→I1→I2的路径，该路径上的所有结点的支持度计数为1，如图11-7所示。

（3）读入TID=2的事务{I2，I4，I3}，创建标记为I2、I4和I3的结点，然后连接结点null→I2→I4→I3，形成一条代表该事务的路径，该路径上的每个结点的支持度计数也等于1，如图11-8所示。尽管TID=2的事务与TID=1的事务具有一个共同项I2，但是它们的路径不相交，因为这两个事务没有共同的前缀。

（4）读入TID=3的事务{I1，I4，I3，I5}，该事务与第1个事务共享1个共同前缀项I1，所以第 3 个事务的路径 null→I1→I4→I3→I5 与第 1 个事务的路径 null→I1→I2 部分重叠,所以结点 I1 的支持度计数增加为 2,而新创建的结点 I4、I3 和 I5 的支持度计数等于 1,如图 11-9 所示。

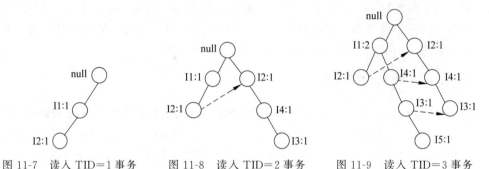

图 11-7　读入 TID=1 事务　　　图 11-8　读入 TID=2 事务　　　图 11-9　读入 TID=3 事务

(5) 读入 TID=4 的事务{I1,I4,I5},该事务与第 3 个事务共享 2 个共同前缀项 I1、I4,所以第 4 个事务的路径 null→I1→I4→I5 与第 3 个事务的路径 null→I1→I4→I3→I5 部分重叠,所以结点 I1 的支持度计数增加为 3,结点 I4 的支持度计数增加为 2,而新创建的结点 I5 的支持度计数等于 1,如图 11-10 所示。

(6) 读入 TID=5 的事务{I1,I2,I3}(已经去掉非频繁项 I6),该事务与第 1 个事务共享 2 个共同前缀项 I1、I2,所以第 5 个事务的路径 null→I1→I2→I3 与第 1 个事务的路径 null→I1→I2 部分重叠,所以结点 I1 的支持度计数增加为 4,结点 I2 的支持度计数增加为 2,而新创建的结点 I3 的支持度计数等于 1,如图 11-11 所示。

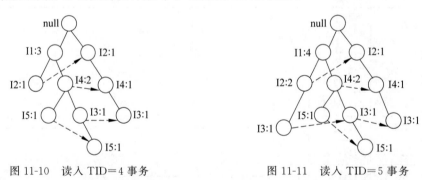

图 11-10　读入 TID=4 事务　　　　　图 11-11　读入 TID=5 事务

(7) 读入 TID=6 的事务{I1,I2,I4,I3},该事务与第 1 个事务共享 2 个共同前缀项 I1、I2,所以第 6 个事务的路径 null→I1→I2→I4→I3 与第 1 个事务的路径 null→I1→I2 部分重叠,所以结点 I1 的支持度计数增加为 5,结点 I2 的支持度计数增加为 3,而新创建的结点 I4、I3 的支持度计数等于 1,如图 11-12 所示。

(8) 读入 TID=7 的事务{I2,I4,I5}(已经去掉非频繁项 I7),该事务与第 2 个事务共享 2 个共同前缀 I2、I4,所以第 7 个事务的路径 null→I2→I4→I5 与第 2 个事务的路径 null→I2→I4→I3 部分重叠,所以结点 I2 的支持度计数增加为 2,结点 I4 的支持度计数增加为 2,而新创建的结点 I5 的支持度计数等于 1,如图 11-13 所示。

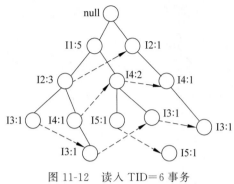

图 11-12 读入 TID=6 事务

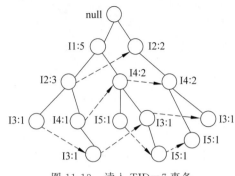

图 11-13 读入 TID=7 事务

通常,FP 树的大小比未压缩的事务数据集小,因为事务数据集的事务常常共享一些共同项。FP 树包含一个连接具有相同项的结点的指针列表,这些指针在图中用虚线表示,有助于方便快速地访问树中的项。

为了方便树的遍历,创建一个项头指针表,使每项通过一个指针指向它在树中的位置。扫描所有的事务,得到的 FP 树显示在图 11-14 中,带有相关的结点指针。因此,构造 FP 树,是把事务数据集中的各个事务的项集按照支持度排序后,把每个事务中的项按降序依次插入到一棵以 null 为根结点的树中,同时在每个结点处记录该结点出现的支持度计数。

| 项 | 支持度计数 | 项指针 |
|---|---|---|
| I1 | 5 | |
| I2 | 5 | |
| I3 | 5 | |
| I4 | 4 | |
| I5 | 3 | |

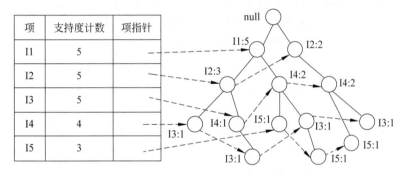

图 11-14 带项头指针的 FP 树

## 11.4.2 FP 树的挖掘

FP 增长算法以自底向上的方式探索 FP 树以产生频繁项集。给定图 11-13 所示的 FP 树,算法首先查找以 I5 结尾的频繁项集,接下来依次是 I3、I4、I2,最后是 I1。由于每个事务都映射为 FP 树中的一条路径,因而通过考察包含特定结点(例如 I5)的路径,就可以发现以 I5 结尾的频繁项集,然后使用与结点 I5 相关联的指针,可以快速访问这些路径,图 11-15(a) 显示了所提取的路径。

发现以 I5 结尾的频繁项集之后,算法通过处理与结点 I3 相关联的路径,进一步寻找以 I3 结尾的频繁项集,图 11-15(b) 显示了对应的路径。继续该过程,直到处理了所有与结点 I4、I2 和 I1 相关联的路径为止。图 11-15(c)~图 11-15(e) 分别显示了这些项的路径。

FP 产生频繁项集的过程为:从长度为 1 的频繁模式(初始后缀模式)开始,构造它的条

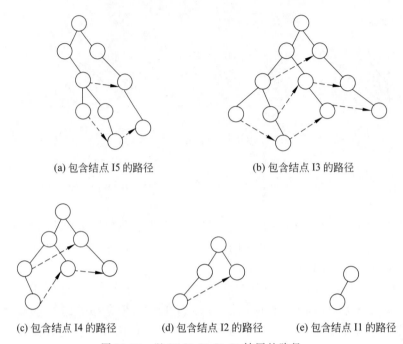

(a) 包含结点 I5 的路径　　　　　　　(b) 包含结点 I3 的路径

(c) 包含结点 I4 的路径　　(d) 包含结点 I2 的路径　　(e) 包含结点 I1 的路径

图 11-15　以 I5、I3、I4、I2、I1 结尾的路径

件模式基(一个"子数据库",由 FP 树中与该后缀模式一起出现的前缀路径集组成)。然后,构建它的 FP 树(称为条件 FP 树),并递归地在该树上进行挖掘。模式增长通过后缀模式与条件 FP 树产生的频繁模式连接实现。具体步骤如下。

(1) 对 FP 树的项头指针表从表尾向表头逆序逐一扫描,当扫描到某个频繁 1 项 $I_j$ 时,由其结点指针得到 FP 树中以 $I_j$ 结尾的前缀路径。例如,图 11-15(a)得到以结点 I5 结尾的前缀路径为<I1,I4,I5:1>、<I1,I4,I3,I5:1>和<I2,I4,I5:1>。

(2) 以频繁项 $I_j$ 在该路径上的支持度计数为依据,更新前缀路径上结点的支持度计数。根据已更新支持度计数的前缀路径,可以得到频繁项 $I_j$ 的条件模式基。

如图 11-16(a)所示,依据结点 I5 的支持度计数更新前缀路径上结点的支持度计数,在此基础上,得到结点 I5 的条件模式基{I1,I4}、{I1,I4,I3}、{I2,I4}。

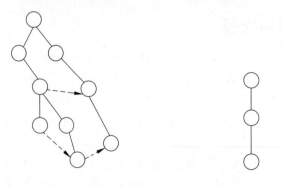

(a) 依据 I5 的支持度计数更新前缀　　　　　　(b) 结点 I5 的条件 FP 树
　　路径上结点的支持度计数

图 11-16　使用 FP 增长算法发现以 I5 结尾的频繁项集

（3）构建条件 FP 树。使用 I5 的条件模式基{I1，I4}、{I1，I4，I3}和{I2，I4}作为事务数据库，构建 I5 的条件 FP 树，它只包含单个路径<I4，I1>，如图 11-16（b）所示，不包含 I2、I3，因为它们的支持度计数为 1，小于最小支持度计数。

（4）构建频繁项集。如果该条件 FP 树有多条路径，则继续迭代，构造条件 FP 树。否则，如果该条件 FP 树只有一条路径，则直接求以该结点结尾的频繁项集。该单个路径产生频繁模式的所有组合：{I4,I5}、{I1，I5}和{I4,I1，I5}。

同理可求得以 I1、I2、I4、I3 为后缀的频繁项集。

## 11.5　本章小结

本章主要讲解关联规则挖掘。先讲解关联规则相关的概念、关联规则类型。接着，讲解了频繁项集产生的先验原理、Apriori 算法产生频繁项集的过程，并给出频繁项集及其支持度的 Python 实现。然后，讲解了关联规则产生的原理，并给出 Apriori 算法产生关联规则的方式及其算法实现。最后，讲解了构建 FP 树，并给出 FP 树的挖掘过程。

# 第 12 章

# 推 荐 系 统

随着信息技术和互联网技术的发展,人们从信息匮乏时代步入了信息过载时代,在这种时代背景下,人们越来越难从大量的信息中找到自身感兴趣的信息,信息也越来越难展示给可能对它感兴趣的用户,而推荐系统的任务就是连接用户和信息,创造价值。

## 12.1 推荐系统的概念

### 12.1.1 基本概念

推荐系统是一种软件工具和技术方法,它可以向用户建议有用的物品,这种建议适用于多种决策过程,如基于顾客过去的购物历史或商品搜索历史,为在线零售商的顾客推荐可能想要买的商品;基于对用户兴趣的预测结果,推荐用户看什么电影、听什么音乐、在网上浏览什么新闻等。

推荐系统的发展源于一个很简单的现象:人们在日常工作和日常决策时总是依赖于其他人提供的建议。例如,要选择一本书时,通常依靠朋友的推荐;想出去度假时,经常通过互联网咨询相关的旅游攻略来确定度假地点和方式;当选择观看的影片时,人们倾向于阅读并依赖影评家的影评。传统上,人们会用各种各样的方法来解决这些决策问题:找朋友聊聊、从可信的第三方获取信息、在互联网上咨询、凭直觉或索性随大流。然而,几乎每个人都有过这样的经历:推销员大献殷勤的建议并不那么有用;凭感觉跟着邻居或好友投资,却没有真正给我们带来收益;无休止地花费时间在互联网上会导致困惑,却不能做出迅速而正确的决定。总而言之,好的建议难得一遇。大多数情况下,需要花费大量时间或金钱,即便如此还总是让人半信半疑。

随着 Web 技术的发展,使得内容的创建和分享变得越来越容易。每天都有大量的图片、博客、视频发布到网上。互联网信息的爆炸式增长和种类的纷繁复杂使得人们找到他们需要的信息并做出最恰当的选择是非常困难的。这种选择多样性不但没有产生经济效益,反而降低了用户满意度。传统的搜索技术是一个相对简单的帮助人们找到信息的工具,也广泛地被人们所使用,但搜索引擎并不能完全满足用户对信息发现的需求,原因之一是用户很难用恰当的关键词描述自己的需求,原因之二是基于关键词的信息检索在很多情况下是不够的。推荐系统的出现,使用户获取信息的方式从简单的、目标明确的,数据的搜索转换到更高级更符合人们使用习惯的,上下文信息更丰富的信息发现。

近年来,推荐系统被证明是一种解决信息过载问题的有效工具。从根本上来讲,推荐系统是通过为用户指引该用户不熟悉的新物品来解决信息过载现象的,这些新物品或许与该用户当前的需求有关。对于用户每一个清晰表达的请求,根据不同的推荐方法和用户所处的环境和需求,推荐系统利用存储在自定义数据库的关于用户、可用物品以及先前交易的数据和各种类型的其他知识产生推荐内容。然后用户可以浏览推荐的内容,用户可能接受也可能不接受推荐,也可能马上或者过一段时间提供隐式或者显式的反馈,所有这些用户的行为和反馈可以存储在推荐数据库,并且可用于在下一次用户和系统相互作用时产生新的推荐。

## 12.1.2 推荐系统的类型

从不同角度,推荐系统可以分为不同的类型:从用户的角度,根据是否为不同的用户推荐不同的数据,推荐系统可以分为基于大众行为的推荐系统和个性化推荐系统;从推荐系统的数据源角度,根据不同的数据源以发现数据相关性,推荐系统可以分为基于人口统计学的推荐、基于内容的推荐、协同过滤的推荐;根据推荐模型的建立方式,可以分为基于物品和用户本身的用户-物品评价模型、基于关联规则的推荐、基于模型的推荐。综上所述,推荐系统的分类没有一个严格统一的标准。目前,大家比较认可的是,根据使用一系列不同的技术,推荐系统分为基于内容的推荐系统、协同过滤系统和混合推荐系统。

### 1. 基于内容的推荐

基于内容的推荐是在推荐引擎出现之初应用最为广泛的推荐机制,它的核心思想是根据推荐物品或内容的元数据,发现物品或者内容的相关性,然后基于用户以往的喜好记录,推荐给用户相似的物品。这种推荐系统多用于一些资讯类的应用上,针对文章本身抽取一些标志(tag)作为该文章的关键词,继而可以通过这些 tag 来评价两篇文章的相似度。

这种推荐系统的优点如下。

(1)易于实现,不需要用户数据,因此不存在稀疏性和冷启动问题。

(2)基于物品本身特征推荐,因此不存在过度推荐热门的问题。

其缺点在于抽取的特征既要保证准确性又要具有一定的实际意义,否则很难保证推荐结果的相关性。例如,豆瓣网采用人工维护 tag 的策略,依靠用户去维护内容的 tag 的准确性。

### 2. 协同过滤推荐

协同过滤是一种在推荐系统中广泛采用的推荐方法。这种算法基于"物以类聚,人以群分"的假设,喜欢相同物品的用户更有可能具有相同的兴趣。基于协同过滤的推荐系统一般应用于有用户评分的系统之中,通过分数去刻画用户对于物品的喜好。协同过滤被视为利用集体智慧的典范,不需要对物品进行特殊处理,而是通过用户建立物品与物品之间的联系。

### 3. 混合推荐

以上介绍的方法是推荐领域最常见的几种方法。但是可以看出,每个方法都不是完美的。如果既有群体知识,又可以取得详尽的物品信息,那么把基于内容的技术与协同过滤技术相混合,可能会增强推荐系统的效果。这种设计尤其适用于克服纯粹协同方法的规模膨胀问题,并可依赖内容分析处理新物品或新用户。在混合推荐方面研究和应用最多的是内容推荐和协同过滤推荐的组合。最简单的做法就是分别用基于内容的方法和协同过滤推荐方法去产生一个推荐预测结果,然后用某方法组合其结果。尽管从理论上有很多种推荐组合方法,但在某一具体问题中并不见得都有效,混合推荐一个最重要原则就是通过组合后要能避免或弥补各自推荐技术的弱点。

## 12.2 基于内容的推荐

基于内容的推荐算法是最早使用的推荐算法,它的思想非常简单:根据用户过去喜欢的物品(称为 item),为用户推荐和他过去喜欢的物品相似的物品。基于内容的推荐算法的关键是物品相似性的度量。基于内容的推荐算法最早主要应用在信息检索系统当中。

基于内容的推荐的核心思想是挖掘用户曾经喜欢的物品,从而尝试去推荐类似的物品使用户满意。举个简单的例子:在京东上购物的用户应该都知道,打开京东 App 后,有一个"精选为你推荐"的栏目,这时候它就会根据你经常购买的物品和经常浏览的物品给你推荐相似的物品。例如对本书作者来说:我经常购买数据分析方面的书籍,所以它就会给我推荐类似的书籍,当然京东的推荐算法不可能这么单一,但其中肯定包括基于内容的推荐算法。

基于内容的推荐过程一般包括以下 3 步。

(1) 物品表示。为每个物品 item 抽取出一些特征(即物品的描述,也称物品的内容),用这些特征来表示物品。

(2) 特征学习。利用一个用户过去喜欢(及不喜欢)的物品的特征数据,来学习出此用户的喜好特征。

(3) 生成推荐列表。通过比较上一步得到的用户的喜好特征与候选物品的特征,为该用户推荐一组相关性最大的物品。

举个基于内容的文本推荐的例子来说明前面的三个步骤,在这个例子中一个物品 item 就是一篇文章。

(1) 首先从文章内容中抽取出代表文章的特征属性。常用的方法就是利用出现在一篇文章中的关键词来代表这篇文章,而每个关键词对应的权重往往使用信息检索中的 TF-IDF(词频-逆文件频率)来计算。利用这种方法,一篇文章就可以抽象为一个向量来表示。

(2) 根据用户过去喜欢的文章来产生刻画此用户喜好的特征向量,最简单的方法可以把用户所有喜欢的文章对应的向量的平均值作为此用户的特征向量。例如一个人经常在今日头条阅读数据挖掘相关的文章,那么今日头条的算法可能会把这个人的喜好特征中的"数据预处理""分类""聚类""关联规则"等关键词的权重设置得比较大。

(3) 这样,当这个人登录头条客户端时,头条客户端获取到这个人的喜好特征后,基于内容推荐算法将计算这个人的喜好特征与文章的特征的相似度,然后按相似度大小取最大的前 N 篇文章作为推荐结果返回给这个人的推荐列表中。

下面再给出一个基于内容的电影推荐的例子,如图 12-1 所示。

图 12-1 是个基于内容推荐的电影推荐系统,首先对每部电影给出特征描述,这里只简单描述了电影的类型;然后通过电影特征发现电影间的相似度,因为类型都是"爱情,浪漫",电影 A 和 C 被认为是相似的电影;最后实现推荐,对于用户 A,他喜欢电影 A,那么系统就可以给他推荐类似的电影 C。

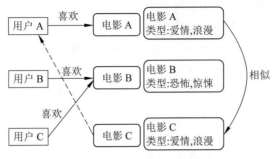

图 12-1 基于内容的电影推荐

## 12.2.1 文本表示

真实应用中的物品往往都会有一些可以描述它的属性。这些属性通常可以分为两种：结构化的属性与非结构化的属性。所谓结构化的属性就是这个属性的意义比较明确，其取值限定在某个范围；而非结构化的属性往往其意义不太明确，取值没什么限制，通常无法直接使用。例如在交友网站上，物品就是人，一个人会有结构化属性，如姓名、年龄、性别、身高、学历、籍贯等，也会有非结构化属性（如人自己写的个性描述、博客内容、朋友圈等）。对于结构化数据，可以直接就用；但对于非结构化数据（如博客内容，称为文章），往往要先把它转化为结构化数据后才能在模型里加以使用。真实场景中碰到最多的非结构化数据可能就是文章了。可提取文档的关键词来代表这篇文档，关键词提取得好坏将会直接影响算法的效果，常用的关键词提取方法有文档频率、互信息、词频-逆文件频率（TF-IDF）等。本节重点介绍文本文档类物品的关键词表示方法。

#### 1. 基于文档频率的关键词提取

在文档频率方法中，将包含关键词的文档的数目和所有文档数目的比值作为文档频率。在进行关键词抽取时，首先计算出每一个关键词的文档频率，然后设定合适的阈值，根据阈值去进行关键词选取。如果文档频率低于某一阈值，说明该关键词在文档中占的权重相对较弱，就丢弃；但如果文档频率大于某一值，说明该关键词在文档中出现得比较频繁，不具有代表性，也会被丢弃；最后剩下的就是需要的关键词。

该方法比较简单方便，但没有考虑关键词本身在一个文档中出现的次数。有可能一个关键词文档频率很低，但是该关键词在某一篇文档中出现次数很高，表明该关键词和文档是高度相关的，可这样的关键词按文档频率方法是无法被选取的。

#### 2. 基于互信息的关键词提取

互信息是信息论中描述事件 A 和事件 B 同时出现，发生相关联而提供的信息量。在分类问题中，可以使用互信息衡量某一个特征和特定类别的相关性，互信息越大，说明该特征和该特定类别的相关性越大，反之相关性越小。因而，互信息可以有效地体现特征与文本类别的关联度。

特征词 $t$ 与文本类别 $C$ 之间的互信息定义为

$$\mathrm{MI}(t,C) = \log_2 \frac{P(t,C)}{P(t)P(C)}$$

其中，$P(t,C)$ 表示类别 $C$ 中包含特征词 $t$ 的文本数与总文本数的比率，$P(t)$ 表示出现特征

词 $t$ 的文本数与总文本数的比率，$P(C)$ 表示属于类别 $C$ 的文本数与总文本数的比率。

### 3. 基于词频-逆文件频率的关键词提取

词频-逆文件频率(Term frequency-Inverse Document Frequency，TF-IDF)是一种用于信息检索与数据挖掘的常用加权技术。TF-IDF 是一种统计方法，用于评估一个词对于一个文件集或一个语料库中的其中一份文件的重要程度。TF-IDF 的基本思想：词语的重要性与它在文件中出现的次数成正比，但同时会随着它在语料库(文件集)中出现的频率成反比下降。也就是说，一个词语 $w$ 在一篇文章 $d$ 中出现次数越多，并且在其他文章中很少出现，则认为词语 $w$ 具有很好的区分能力，该词语与文章 $d$ 的相关程度就越高，越能够代表该文章，适合用来把文章 $d$ 和其他文章区分开来。

词频(Term Frequency，TF)指的是一个词在文件中出现的频率，词频是对词数的归一化，以防止它偏向长的文件。之所以这样做，是因为同一个词语在长文件里可能会比在短文件里有更高的词数，而不管该词语重要与否。对于文件 $d_j$ 中的词语 $t_i$ 而言，它的词频 $\text{TF}_{ij}$ 可表示为

$$\text{TF}_{ij} = \frac{n_{ij}}{\sum_k n_{kj}}$$

其中，$n_{ij}$ 是该词在文件 $d_j$ 中出现的次数，而分母则是文件 $d_j$ 中所有词汇出现的次数之和。

逆文件频率(Inverse Document Frequency，IDF)用来衡量某一词语在文件集的重要性，某一特定词语的 IDF，可以由文件集的总文件数目除以包含该词语的总文件数目，再将得到的商取对数得到。

对文件集 $D$，设 $|D|$ 表示 $D$ 中的总文件数，$|D_i|$ 表示 $D$ 中含有第 $i$ 种词的总文件数，用 $\text{IDF}_i$ 表示第 $i$ 种词在文件集 $D$ 的逆文件频率，则 $\text{IDF}_i$ 定义为

$$\text{IDF}_i = \log_2 \frac{|D|}{|D_i|+1}$$

利用文件内的较高的词语频率，以及词语在整个文件集合中的较低文件频率，可以得到较高权重的 TF-IDF 词语，这些词语在该文件中具有较高的重要程度。因此，通过 TF-IDF 选取重要词语可用于过滤掉常见的词语，得到重要的词语。

TF-IDF 算法是建立在这样一个假设之上的：对区别文档最有价值的词语应该是那些在文档中出现频率高，而在整个文档集合的其他文档中出现频率少的词语。另外考虑到词语区别不同类别的能力，TF-IDF 算法认为一个词语出现的文本频数越小，它区别不同类别文本的能力就越大，因此引入了逆向文件频率 IDF 的概念，以 TF 和 IDF 的乘积作为选取特征词的测度，并用它完成对权值 TF 的调整，调整权值的目的在于突出重要单词，抑制次要单词。本质上，IDF 是一种试图抑制噪声的加权，并且单纯地认为文本频数小的单词就越重要，文本频数大的单词就越无用，显然这并不是完全正确的。IDF 的简单结构并不能有效地反映单词的重要程度和特征词的分布情况，使其无法很好地完成对权值调整的功能，所以 TF-IDF 法的精度并不是很高。

统计一篇文档中 TF-IDF 最高的三个单词，这里要用到自然语言处理工具包 nltk，使用前需要先安装。

```
import nltk          #导入自然语言处理工具包 nltk
```

```
import math
import string
from nltk.corpus import stopwords
from nltk.stem.porter import *
#Counter是一个简单的计数器,例如统计字符出现的个数
from collections import Counter
text1="Being grateful is an important philosophy of life and a great wisdom. It is
impossible for anyone to be lucky and successful all the time so long as he lives in
the world.smile and so will it when you cry to it.If you are grateful to life, it
will bring you shining sunlight."
text2 = "If you always complain about everything, you may own nothing in the end.
When we are successful, we can surely have many reasons for being grateful, but we
have only one excuse to show ungratefulness if we fail."
text3 = "I think we should even be grateful to life whenever we are unsuccessful or
unlucky. Only by doing this can we find our weakness and shortcomings when we fail.
We can also get relief and warmth when we are unlucky. This can help us find our
courage to overcome the difficulties we may face, and receive great impetus to move
on.We should treat our frustration and misfortune in our life in the other way just
as President Roosevelt did.We should be grateful all the time and keep having a
healthy attitude to our life forever, keep having perfect characters and
enterprising spirit."
words1 =text1.lower()
words1 = words1.split()
#将字符串中的非单词字符替换为'',即剔除标点符号
words1=[re.sub('\W', '', i) for i in words1]
filtered1 = [w for w in words1 if not w in stopwords.words('english')]
count1 = Counter(filtered1)                    #Counter()函数用于统计每个单词出现的次数
words2 =text2.lower()
words2 = words2.split()
words2=[re.sub('\W', '', i) for i in words2]
filtered2 = [w for w in words2 if not w in stopwords.words('english')]
count2 = Counter(filtered2)
words3 =text3.lower()
words3 = words3.split()
words3=[re.sub('\W', '', i) for i in words3]
filtered3 = [w for w in words3 if not w in stopwords.words('english')]
count3 = Counter(filtered3)
def tf(word, count):                           #获取word在文件count中的词频
    return count[word]/sum(count.values())
def n_containing(word, count_list):            #获取含有word词的总文件数
    return sum(1 for count in count_list if word in count)
def idf(word, count_list):                     #获取逆文件频率
return math.log(len(count_list)/(1 + n_containing(word, count_list)))
def tfidf(word, count, count_list):            #获取词频-逆文件频率
    return tf(word, count) * idf(word, count_list)
```

```
countlist = [count1, count2, count3]
for i, count in enumerate(countlist):
    print("Top words in document {}".format(i + 1))
    scores = {word: tfidf(word, count, countlist) for word in count}
    sorted_words = sorted(scores.items(), key=lambda x: x[1], reverse=True)
    for word, score in sorted_words[:3]:    #输出文档中 TF-IDF 最高的三个单词
        print("\tWord: {}, TF-IDF: {}".format(word, round(score, 5)))
```

执行上述代码后可以得到如下结果。

```
Top words in document 1
    Word: important, TF-IDF: 0.01931
    Word: philosophy, TF-IDF: 0.01931
    Word: wisdom, TF-IDF: 0.01931
Top words in document 2
    Word: always, TF-IDF: 0.02534
    Word: complain, TF-IDF: 0.02534
    Word: everything, TF-IDF: 0.02534
Top words in document 3
    Word: find, TF-IDF: 0.01655
    Word: keep, TF-IDF: 0.01655
    Word: think, TF-IDF: 0.00827
```

Python 的机器学习包 Scikit-Learn 也提供了内置的 TF-IDF 实现,实现 TF-IDF 的模型是 TfidfVectorizer(),TfidfVectorizer()的语法格式如下。

```
TfidfVectorizer(decode_error='strict',lowercase=True, stop_words=None, token_
pattern='(?u)\b\w\w+\b', max_df=1.0, min_df=1, max_features=None, vocabulary=
None)
```

作用:TfidfVectorizer()函数将原始文档集合转换为 TF-IDF 特征矩阵,函数的返回值是 TfidfVectorizer 对象。

参数说明如下。

decode_error:有三种取值{'strict','ignore','replace'},默认为 strict,遇到不能解码的字符将报 UnicodeDecodeError 错误,设为 ignore 时将会忽略解码错误。

lowercase:将所有字符变成小写。

stop_words:设置停用词,设为 english 将使用内置的英语停用词,设为一个 list 可自定义停用词,设为 None 不使用停用词。设为 None 且 max_df∈[0.7, 1.0)将自动根据当前的语料库建立停用词表。

token_pattern:表示 token 的正则表达式,需要设置 analyzer == 'word',默认的正则表达式选择 2 个及以上的字母或数字作为 token,标点符号默认当作 token 分隔符,而不会被当作 token。

max_df:可以设置为范围在[0.0 1.0]的浮点数,也可以设置为没有范围限制的整数,默认为 1.0。这个参数的作用是作为一个阈值,当构造语料库的关键词集时,如果某个词的 document frequence 大于 max_df,这个词不会被当作关键词。如果这个参数是浮点数,则

表示词出现的次数与语料库文档数的百分比;如果是整数,则表示词出现的次数。如果参数中已经给定了 vocabulary,则这个参数无效。

min_df:类似于 max_df,不同之处在于如果某个词的 document frequence 小于 min_df,则这个词不会被当作关键词。

max_features:默认为 None,可设为 int,对所有关键词的 term frequency 进行降序排序,只取前 max_features 个作为关键词集。

vocabulary:默认为 None,自动从输入文档中构建关键词集,也可以是一个字典或可迭代对象。

TfidfVectorizer 对象的属性如下。

vocabulary_:字典类型,key 为关键词,value 是特征索引。关键词集被存储为一个数组向量的形式,vocabulary_ 中的 key 是关键词,value 就是该关键词在数组向量中的索引,使用 get_feature_names()方法可以返回该数组向量。

idf_:逆文件频率向量。

stop_words_:集合类型,仅在没有给出 vocabulary 时,一般用这个属性来检查停用词是否正确。

```
from sklearn.feature_extraction.text import TfidfVectorizer
text0 = "I think we should even be grateful to life whenever we are unsuccessful or
unlucky.  Only by doing this can we find our weakness and shortcomings when we
fail. We can also get relief and warmth when we are unlucky. "
text1 = "If you always complain about everything, you may own nothing in the end.
When we are successful, we can surely have many reasons for being grateful, but we
have only one excuse to show ungratefulness if we fail."
text=[text0,text1]
vectorizer = TfidfVectorizer(min_df=1)    #构建模型
tfidf=vectorizer.fit_transform(text)
print(tfidf.shape)
```

运行上述代码得到的输出结果如下。

```
(2, 53)
```

tfidf 的数据形状是一个 $2\times53$ 的矩阵,每行表示一个文档,每列表示该文档中的每个词的评分。数字 53 表示语料库里词汇表中一共有 53 个(不同的)词。

```
words = vectorizer.get_feature_names()    #获取文本的关键字
print(words)
```

得到的输出结果如下。

```
['about', 'also', 'always', 'and', 'are', 'be', 'being', 'but', 'by', 'can',
'complain', 'doing', 'end', 'even', 'everything', 'excuse', 'fail', 'find', 'for',
'get', 'grateful', 'have', 'if', 'in', 'life', 'many', 'may', 'nothing', 'one',
'only', 'or', 'our', 'own', 'reasons', 'relief', 'shortcomings', 'should', 'show',
'successful', 'surely', 'the', 'think', 'this', 'to', 'ungratefulness', 'unlucky',
'unsuccessful', 'warmth', 'we', 'weakness', 'when', 'whenever', 'you']
```

上面的输出结果给出了 53 个词的列表。

```
for i in range(len(text)):
    print('----text%d----' % (i))
    for j in range(len(words)):
        print(words[j], tfidf[i,j])
```

运行上述代码得到的输出结果如下。

```
----text0----
about 0.0
also 0.13694174095259493
always 0.0
…
unsuccessful 0.13694174095259493
warmth 0.13694174095259493
we 0.5846110593393227
weakness 0.13694174095259493
when 0.19487035311310755
whenever 0.13694174095259493
you 0.0
----text1----
about 0.1496650313022314
also 0.0
always 0.1496650313022314
…
when 0.10648790243088213
whenever 0.0
you 0.2993300626044628
```

上述输出结果的每个文本都包含 53 行,我们可以看到在 text0 中,并没有出现 about,所以 about 对应的 TF-IDF 值为 0。

下面给出利用 jieba(结巴分词)系统中的 TF-IDF 实现中文文本的关键词抽取。

```
>>> from jieba import analyse
>>> tfidf = analyse.extract_tags        #引入 TF-IDF 关键词抽取接口
>>> text = "进程是计算机中的程序关于某数据集合上的一次运行活动,是系统进行资源分配和调
度的基本单位,是操作系统结构的基础。在早期面向进程设计的计算机结构中,进程是程序的基本
执行实体;在当代面向线程设计的计算机结构中,进程是线程的容器。程序是指令、数据及其组织形
式的描述,进程是程序的实体。"
#基于 TF-IDF 算法从 text 文本抽取 10 个关键词并返回关键词权重
>>> keywords = tfidf(text,topK = 10,withWeight = True)
Building prefix dict from the default dictionary ...
Loading model from cache C:\Users\caojie\AppData\Local\Temp\jieba.cache
Loading model cost 0.995 seconds.
Prefix dict has been built succesfully.
>>> print(keywords)
```

[('进程', 0.6797314452052083), ('程序', 0.5277345872091667), ('线程', 0.4981153126208333), ('计算机', 0.42529902693), ('面向', 0.31314513554083334), ('结构', 0.3019362256125), ('实体', 0.2815441687195833), ('资源分配', 0.23057217308125), ('设计', 0.230296829615), ('基本', 0.20004821312916665)]

## 12.2.2 文本相似度

基于内容推荐系统的一般工作原理是,评估用户还没看到的物品与当前用户过去喜欢的物品的相似程度,为用户推荐和他过去喜欢的物品相似的物品。因而需要两类信息、一类是用户对以前物品的评分("喜欢"或"不喜欢")记录;另一类是需要一个标准来衡量两个物品的相似度。物品相似度的计算方法一般采用余弦相似性来度量。

基于 TF-IDF 计算文本相似度的处理流程如下。

(1) 使用 jieba 分词,找出两篇文章的关键词。

(2) 每篇文章各取出若干个关键词(比如 20 个),合并成一个集合,计算每篇文章对于这个集合中的词的词频(为了避免文章长度的差异造成的影响,可以使用相对词频)。得到两篇文章各自的词频向量。

(3) 计算两个词频向量的余弦相似度,值越大就表示越相似。

例如,给定文章 $A$ 和文章 $B$,文章 $A$ 的词频向量为 $(1,1,2,1,1,1,0,0,0)$,文章 $B$ 的词频向量为 $(1,1,1,0,1,1,1,1,1)$。采用余弦相似性计算文档相似度。

(1) 计算向量 $A$、$B$ 的点积:

$$A \cdot B = 1×1+1×1+2×1+1×0+1×1+1×1+0×1+0×1+0×1 = 6$$

(2) 计算向量 $A$、$B$ 的欧几里得范数,即 $\|A\|$、$\|B\|$:

$$\|A\| = \sqrt{1^2+1^2+2^2+1^2+1^2+1^2+0^2+0^2+0^2} = 3$$

$$\|B\| = \sqrt{1^2+1^2+1^2+0^2+1^2+1^2+1^2+1^2+1^2} = \sqrt{8}$$

(3) 计算相似度:

$$\cos(A, B) = \frac{A \cdot B}{\|A\| \times \|B\|} = 0.707$$

下面给出文本相似度的代码实现。

```
>>> import gensim
>>> import jieba
>>> texts = ['这只皮靴号码大了,那只号码合适',
        '这只皮靴号码不小,那只更合适',
        '这只皮靴号码不小,另外一只更合适']
>>> text = '这只皮靴号码还行,那只更合适'
#对文本集 texts 中的文本进行中文分词,返回分词列表
>>> words = [jieba.lcut(text) for text in texts]   #将 texts 生成分词列表
>>> print(words)
[['这', '只', '皮靴', '号码', '大', '了', ',', '那', '只', '号码', '合适'], ['这', '只',
'皮靴', '号码', '不小', ',', '那', '只', '更', '合适'], ['这', '只', '皮靴', '号码',
'不小', ',', '另外', '一只', '更', '合适']]
#基于分词列表 words 建立词典
```

```
>>> dictionary = gensim.corpora.Dictionary(words)
>>> print('词典:', dictionary)
词典: Dictionary(13 unique tokens: ['了', '只', '号码', '合适', '大']...)
>>> for x in dictionary.items():
        print(x,end=';')
(0, '了');(1, '只');(2, '号码');(3, '合适');(4, '大');(5, '皮靴');(6, '这');(7, '那
');(8, ',');(9, '不小');(10, '更');(11, '一只');(12, '另外');
>>> print('词典(字典):', dictionary.token2id)
词典(字典): {'了': 0, '只': 1, '号码': 2, '合适': 3, '大': 4, '皮靴': 5, '这': 6, '那':
7, ',': 8, '不小': 9, '更': 10, '一只': 11, '另外': 12}
>>> num_features = len(dictionary.token2id)         #获取词典中词的个数
>>> print("文本集的特征数为:",num_features)
文本集的特征数为: 13
#基于词典,将分词列表集转换成稀疏向量集,称作语料库
#doc2bow()函数将所有单词取集合,并对每个单词分配一个 ID 号
>>> corpus = [dictionary.doc2bow(text) for text in words]
>>> print('语料库:', corpus)
语料库:[[(0, 1), (1, 2), (2, 2), (3, 1), (4, 1), (5, 1), (6, 1), (7, 1), (8, 1)], [(1,
2), (2, 1), (3, 1), (5, 1), (6, 1), (7, 1), (8, 1), (9, 1), (10, 1)], [(1, 1), (2, 1), (3,
1), (5, 1), (6, 1), (8, 1), (9, 1), (10, 1), (11, 1), (12, 1)]]
#同理,把 text 也转换为稀疏向量
>>> text_vector = dictionary.doc2bow(jieba.lcut(text))
>>> print(text_vector)
[(1, 2), (2, 1), (3, 1), (5, 1), (6, 1), (7, 1), (8, 1), (10, 1)]
#创建 TF-IDF 模型,传入语料库来训练
>>> tfidf = gensim.models.TfidfModel(corpus)
#用训练好的 TF-IDF 模型处理被检索文本 text
>>>tf_texts = tfidf[corpus]                         #此处将语料库用作被检索文本
>>>tf_text = tfidf[text_vector]
#相似度计算
>>> sparse_matrix = gensim.similarities.SparseMatrixSimilarity(tf_texts, num_
features)
>>>similarities = sparse_matrix.get_similarities(tf_text)
>>> for e, s in enumerate(similarities, 1):
        print('text 与 texts%d 相似度为:%.2f' % (e, s))
text 与 texts1 相似度为:0.18
text 与 texts2 相似度为:0.82
text 与 texts3 相似度为:0.17
```

## 12.2.3　Python 实现基于内容的推荐

基于内容的推荐系统的核心思想:向用户 A 推荐那些与 A 给出高评价的物品近似的物品。本节将根据某电影的内容属性(例如电影类别)来推荐相似的电影。所采用的数据集为 IMDB 电影评分数据 movie_metadata.csv,来自 5043 部电影和 4906 张电影海报,每部电影用 28 个列标签来描述,涵盖 66 个国家,横跨 100 年的时间,有 2399 位电影导演和数以千

计的男女演员。

```
>>> import pandas as pd
>>> movies=pd.read_csv('I:/movie_metadata.csv')
>>> movies.shape                    #查看原始数据的行列数,输出结果表明有 5043 行、28 列
(5043, 28)
>>> movies.columns                  #查看列标签
Index(['color', 'director_name', 'num_critic_for_reviews', 'duration',
'director_facebook_likes', 'actor_3_facebook_likes', 'actor_2_name', 'actor_1_
facebook_likes', 'gross', 'genres', 'actor_1_name', 'movie_title', 'num_voted_
users', 'cast_total_facebook_likes','actor_3_name', 'facenumber_in_poster',
'plot_keywords','movie_imdb_link', 'num_user_for_reviews', 'language', 'country',
'content_rating', 'budget', 'title_year', 'actor_2_facebook_likes','imdb_score',
'aspect_ratio', 'movie_facebook_likes'],dtype='object')
```

各个列标签的含义如下。

color：画面颜色。

director_name：导演姓名。

num_critic_for_reviews：评论的评分数量。

duration：电影时长。

director_facebook_likes：facebook 上喜欢该导演的人数。

actor_3_facebook_likes：facebook 上喜欢 3 号演员的人数。

actor_2_name：2 号演员姓名。

actor_1_facebook_likes：facebook 上喜欢 1 号演员的人数。

gross：票房收入。

genres：电影题材。

actor_1_name：1 号演员姓名。

movie_title：电影名字。

num_voted_users：参与投票的用户数量。

cast_total_facebook_likes：脸书上投喜欢的总数。

actor_3_name：3 号演员姓名。

facenumber_in_poster：海报中的人脸数量。

plot_keywords：剧情关键词。

movie_imdb_link：电影 imdb 链接。

num_user_for_reiews：评论的用户数。

language：语言。

country：国家。

content_rating：内容评级。

budget：制作成本。

title_year：上线日期。

actor_2_facebook_likes：facebook 上喜欢 2 号演员的人数。

imdb_score：imdb 评分。

aspect_ratio：电影宽高比。

movie_facebook_likes：电影在 facebook 上被点赞的数量。

电影地域性分析如下。

```
>>> grouped = movies.groupby('country').size()
>>> print(grouped.sort_values( ascending=False ).head(10))    #按照值排序
country
USA          3807
UK            448
France        154
Canada        126
Germany        97
Australia      55
India          34
Spain          33
China          30
Italy          23
dtype: int64
```

从输出结果可知，美国 3807 部电影，英国 448 部电影，法国 154 部电影，中国 30 部电影。

使用 sklearn 库中的 TfIdfVectorizer 来计算 TF-IDF 矩阵。

```
>>> from sklearn.feature_extraction.text import TfidfVectorizer
>>> tfidf=TfidfVectorizer(stop_words='english')
>>> movies['genres']=movies['genres'].fillna('')                    #增加 1 列
>>> tfidf_matrix=tfidf.fit_transform(movies['genres'])
>>> tfidf_matrix.shape
(5043, 29)
```

接着利用余弦距离来计算两个电影之间的相关性。这里使用 linear_kernel()，而不是 cosine_similarities()，因为已经得到了 TF-IDF 矢量 tfidf_matrix，直接使用 linear_kernel() 计算点积就可以得到余弦距离，这样可减少计算时间。

```
>>> from sklearn.metrics.pairwise import linear_kernel
>>> cosine_sim=linear_kernel(tfidf_matrix,tfidf_matrix)
#为电影列表建立索引,方便后面将电影与电影序号进行相互索引
>>> indices = pd. Series (movies. index, index = movies ['movie_title']).drop_
duplicates()
>>> indices.head(5)
movie_title
Avatar                                                   0
Pirates of the Caribbean: At World's End                 1
Spectre                                                  2
The Dark Knight Rises                                    3
Star Wars: Episode VII - The Force Awakens               4
```

```
dtype: int64
>>> def get_recommendation(title, similarities):  #定义基于电影题材内容的推荐函数
    idx=indices[title]
    sim_scores=list(enumerate(similarities[idx]))
    sim_scores=sorted(sim_scores,key=lambda x:x[1],reverse=True)
    sim_scores=sim_scores[1:11]
    movie_indices=[i[0]for i in sim_scores]
    return movies['movie_title'].iloc[movie_indices]
>>> get_recommendation(0,cosine_sim)        #计算与 Avatar 相似的电影,0 对应 Avatar
15                                      Man of Steel
39                               The Amazing Spider-Man 2
236           Star Wars: Episode III - Revenge of the Sith
237           Star Wars: Episode II - Attack of the Clones
240            Star Wars: Episode I - The Phantom Menace
520              The League of Extraordinary Gentlemen
1536          Star Wars: Episode VI - Return of the Jedi
2051        Star Wars: Episode V - The Empire Strikes Back
2687                               Highlander: Endgame
3024            Star Wars: Episode IV - A New Hope
Name: movie_title, dtype: object
```

## 12.3  基于用户的协同过滤推荐

基于用户的协
同过滤推荐

协同过滤推荐是一种重要的个性化推荐技术,得到了广泛的应用。协同过滤分为两种:
基于用户的协同过滤和基于物品的协同过滤。

基于用户的协同过滤推荐算法基于这样一个假设:如果两个用户对一些项目的评分比
较相似,则他们对其他项目的评分也比较相似。算法根据用户对不同项目的评分来计算用
户之间的相似性,取相似系数最大的前 $K$ 个用户作为目标用户的邻居($K$ 近邻),然后根据
目标用户的最近邻居(最相似的若干用户)对某个项目的评分逼近目标用户对该项目的评
分,将近邻用户所喜欢的物品推荐给目标用户。基本原理就是利用用户访问行为的相似性
来互相推荐用户可能感兴趣的项目。

下面给出一个基于用户的协同过滤推荐的例子,如图 12-2 所示。

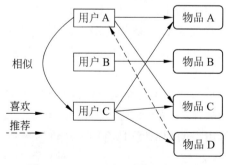

图 12-2  基于用户的协同过滤推荐

图 12-2 给出了基于用户的协同过滤推荐机制的基本原理：假设用户 A 喜欢物品 A、物品 C,用户 B 喜欢物品 B,用户 C 喜欢物品 A、物品 C 和物品 D;从这些用户的历史喜好信息中,可以发现用户 A 和用户 C 的偏好是比较相似的,由于用户 C 喜欢物品 D,那么可以推断用户 A 可能也喜欢物品 D,因此可以将物品 D 推荐给用户 A。

协同过滤推荐算法基于用户对商品的评分或其他行为(如购买)模式来为目标用户提供个性化的推荐,而不需要了解用户或者商品的大量信息。协同过滤的最大优点是对推荐对象没有特殊的要求,能处理非结构化的复杂对象,如音乐、电影。

基于用户的协同过滤推荐电影的过程：找到用户 A 的兴趣爱好;找到与用户 A 具有相同电影兴趣爱好的用户群体集合 user_Set,进而找到该群体喜欢的电影集合 movie_Set;将这些电影集合 movie_Set 推荐给用户 A。

基于用户的协同过滤推荐算法主要分为三个阶段：收集用户偏好、寻找相似的用户、进行推荐。

## 12.3.1　收集用户偏好

如何收集用户的偏好信息成为基于用户的协同过滤推荐系统推荐效果最基础的决定因素。可以通过多种方式收集用户的偏好信息。

用户在购物网站的行为可分为"查看""购买""评分""收藏"等,如当当网、淘宝网给出的"购买了该图书的人还购买了……""查看该图书的人还查看了……",将用户的不同行为所反映的用户喜欢的程度进行加权求和,得到用户对物品的总体喜好。

再如在影视网站可收集用户对电影喜好的评价,得到用户对电影的偏好。什么是"喜欢",需要人为定义,例如浏览过、查找过、点赞过,这些数据可从用户日志里得到。

## 12.3.2　寻找相似的用户

下面通过模拟 5 个用户对 5 件商品的评分来说明如何通过用户对不同商品的偏好寻找相似的用户。在示例中,5 个用户分别对 5 件商品进行了评分,这里的分值是用户对商品不同评价指标给出评价值,例如可以是浏览商品的次数、向朋友推荐商品的次数或商品满意度分值等,这些行为都可以表示用户对商品的偏好程度。这样,每个用户都有一个已评价的物品列表,那么该列表就是用户的一个属性向量,用户的相似度就是该向量间的相似度。

通过属性向量衡量用户之间的相似性的方法有欧几里得距离、余弦相似性、改进余弦相似性、Pearson 相关系数等。对于基于用户的协同过滤推荐来说,Pearson 相关系数效果更好。需要指出的是,Pearson 相关系数只是更适用于基于用户的推荐系统。对于基于物品的协同过滤推荐技术,余弦相似度方法比 Pearson 相关度量表现得更好。

### 1. 欧几里得距离度量相似性

两个用户的评分属性向量的欧几里得距离 $d(u_i, u_j)$ 越小,两个用户越相似。这里采用改进的欧几里得距离度量相似性：$sim = 1/(1 + d(u_i, u_j))$,sim 越大,两个用户越相似。

使用欧几里得距离计算用户的相似度时,将用户评价的物品作为坐标轴,将物品的评分值对应的点画在相应的位置,表 12-1 是 5 个用户对 5 种商品的评分。

表 12-1　5 个用户对 5 种商品的评分

| 用户 | 商品 1 | 商品 2 | 商品 3 | 商品 4 | 商品 5 |
|------|--------|--------|--------|--------|--------|
| 用户 A | 3.3 | 6.4 | 2.9 | | |
| 用户 B | 3.5 | 5.7 | 3.2 | 3.6 | 5.2 |
| 用户 C | 5.5 | 3.4 | 4.6 | 5.3 | 3.3 |
| 用户 D | 5.4 | 2.9 | 4.2 | 4.9 | 2.9 |
| 用户 E | 5.2 | 3.1 | 4.8 | 5.2 | 3.1 |

计算表 12-1 所示的用户间的改进的欧几里得距离的代码如下。

```
from math import sqrt
dict = {"用户 A":{'商品 1':3.3,'商品 2':6.4,'商品 3':2.9},
        "用户 B":{'商品 1':3.5,'商品 2':5.7,'商品 3':3.2,'商品 4':3.6,'商品 5':5.2},
        "用户 C":{'商品 1':5.5,'商品 2':3.4,'商品 3':4.6,'商品 4':5.3,'商品 5':3.3},
        "用户 D":{'商品 1':5.4,'商品 2':2.9,'商品 3':4.2,'商品 4':4.9,'商品 5':2.9},
        "用户 E":{'商品 1':5.2,'商品 2':3.1,'商品 3':4.8,'商品 4':5.2,'商品 5':3.1}}
def sim_E_distance(prefer,person1,person2):
    sim = {}
    for item in prefer[person1].keys():
        if item in prefer[person2].keys():
            sim[item]=1                          #添加共同项到字典中
        #无共同项,返回 0
        if len(sim)==0:
            return 0
    #计算两个用户所有共有项目的差值的平方和
    sum_all=sum([pow(prefer[person1][item]-prefer[person2][item],2) for item in
sim.keys()])
    #返回改进的欧几里得距离
    return 1/(1+sqrt(sum_all))
#计算用户之间的改进欧几里得距离以度量用户间的相似性
print("\n 用户间的改进欧几里得距离 sim_distance:")
print("sim_E_distance(dic,'用户 A','用户 B')=",sim_E_distance(dict,"用户 A","用户
B"))
print("sim_E_distance(dic,'用户 A','用户 C')=",sim_E_distance(dict,"用户 A","用户
C"))
print("sim_E_distance(dic,'用户 A','用户 D')=",sim_E_distance(dict,"用户 A","用户
D"))
print("sim_E_distance(dic,'用户 A','用户 E')=",sim_E_distance(dict,"用户 A","用户
E"))
print("sim_E_distance(dic,'用户 D','用户 E')=",sim_E_distance(dict,"用户 D","用户
E"))
```

运行上述代码得到的输出结果如下。

用户间的改进欧几里得距离 sim_distance:

sim_E_distance(dic,'用户 A','用户 B')=0.5594716121021549

sim_E_distance(dic,'用户 A','用户 C')=0.19645468958954304

sim_E_distance(dic,'用户 A','用户 D')=0.18926167136142816

sim_E_distance(dic,'用户 A','用户 E')=0.19027379112744844

sim_E_distance(dic,'用户 D','用户 E')=0.5698059452858723

从上述输出结果可以看出,用户 A 与用户 B、用户 D 和用户 E 之间的相似度较高。

**2. pearson 相关系数度量相似性**

两个变量 $X$、$Y$ 之间的 pearson 相关系数可通过以下公式计算。

公式一:

$$\rho_{X,Y} = \frac{\mathrm{cov}(X,Y)}{\sigma_X \sigma_Y} = \frac{E((X-\mu_X)(Y-\mu_Y))}{\sigma_X \sigma_Y}$$

$$= \frac{E(XY) - E(X)E(Y)}{\sqrt{E(X^2) - E^2(X)} \sqrt{E(Y^2) - E^2(Y)}}$$

其中,$\mu_X = E(X)$,$\mu_Y = E(Y)$。

公式二:

$$\rho_{X,Y} = \frac{N \sum XY - \sum X \sum Y}{\sqrt{N \sum X^2 - \left(\sum X\right)^2} \sqrt{N \sum Y^2 - \left(\sum Y\right)^2}}$$

公式三:

$$\rho_{X,Y} = \frac{\sum (X - \overline{X})(Y - \overline{Y})}{\sqrt{\sum (X - \overline{X})^2 \sum (Y - \overline{Y})^2}}$$

其中,$\overline{X}$ 表示 $X$ 的均值。

公式四:

$$\rho_{X,Y} = \frac{\sum XY - \dfrac{\sum X \sum Y}{N}}{\sqrt{\left(\sum X^2 - \dfrac{\left(\sum X\right)^2}{N}\right)\left(\sum Y^2 - \dfrac{\left(\sum Y\right)^2}{N}\right)}}$$

以上列出的四个公式等价,其中 $E$ 表示数学期望,cov 表示协方差,$N$ 表示变量取值的个数。

pearson 相关系数的变化范围为 $-1$~$1$。系数的值为 1 意味着 $X$ 和 $Y$ 可以很好地由直线方程来描述,所有的数据点都很好地落在一条直线上,且 $Y$ 随着 $X$ 的增加而增加。系数的值为 $-1$ 意味着所有的数据点都落在直线上,且 $Y$ 随着 $X$ 的增加而减少。系数的值为 0 意味着两个变量之间没有线性关系。

当两个变量的标准差都不为零时,pearson 相关系数才有意义,pearson 相关系数适用于以下情况。

(1) 两个变量之间是线性关系,都是连续数据。

(2) 两个变量的总体是正态分布,或接近正态的单峰分布。

(3) 两个变量的观测值是成对的,每对观测值之间相互独立。

```
from math import sqrt,pow
dict = {"用户 A":{'商品 1':3.3,'商品 2':6.4,'商品 3':2.9},
        "用户 B":{'商品 1':3.5,'商品 2':5.7,'商品 3':3.2,'商品 4':3.6,'商品 5':5.2},
        "用户 C":{'商品 1':5.5,'商品 2':3.4,'商品 3':4.6,'商品 4':5.3,'商品 5':3.3},
        "用户 D":{'商品 1':5.4,'商品 2':2.9,'商品 3':4.2,'商品 4':4.9,'商品 5':2.9},
        "用户 E":{'商品 1':5.2,'商品 2':3.1,'商品 3':4.8,'商品 4':5.2,'商品 5':3.1}}
def sim_pearson(prefer,user1,user2):
    sim={}
    #查找双方都评价过的项
    for item in prefer[user1].keys():
        if item in prefer[user2].keys():
            sim[item]=1                                    #将相同项添加到字典 sim 中
    n=len(sim)
    #无共同项,返回 0
    if len(sim)==0:
        return 0
    #所有评分之和
    sum1=sum([prefer[user1][item] for item in sim.keys()])
    sum2=sum([prefer[user2][item] for item in sim.keys()])
    #求平方和
    sum1Sq=sum([pow(prefer[user1][item],2) for item in sim.keys()])
    sum2Sq=sum([pow(prefer[user2][item],2) for item in sim.keys()])
    #求乘积之和
    sumMulti=sum([prefer[user1][item] * prefer[user2][item] for item in sim.keys()])
    num1=sumMulti-(sum1 * sum2/n)
    num2=sqrt((sum1Sq-pow(sum1,2)/n) * (sum2Sq-pow(sum2,2)/n))
    if num2==0:
        return 0
    else:
        return num1/num2
#计算用户之间的 Pearson 系数以度量用户间的相似性
print("\n 用户之间的 Pearson 系数 sim_pearson:")
print("sim_pearson(dict,'用户 A','用户 B')=",sim_pearson(dict,"用户 A","用户 B"))
print("sim_pearson(dict,'用户 A','用户 C')=",sim_pearson(dict,"用户 A","用户 C"))
print("sim_pearson(dict,'用户 A','用户 D')=",sim_pearson(dict,"用户 A","用户 D"))
print("sim_pearson(dict,'用户 A','用户 E')=",sim_pearson(dict,"用户 A","用户 E"))
print("sim_pearson(dict,'用户 D','用户 E')=",sim_pearson(dict,"用户 D","用户 E"))
```

运行上述代码得到的输出结果如下。

```
用户之间的 Pearson 系数 sim_pearson:
sim_pearson(dict,'用户 A','用户 B')=0.9999847673502152
sim_pearson(dict,'用户 A','用户 C')=-0.8546623603520392
sim_pearson(dict,'用户 A','用户 D')=-0.8224460138293919
sim_pearson(dict,'用户 A','用户 E')=-0.9596813176845042
sim_pearson(dict,'用户 D','用户 E')=0.9681193924547312
```

从上述输出结果可以看出,用户 A 与用户 B、用户 D 和用户 E 之间的相似度较高。

## 12.3.3 为相似的用户推荐商品

假设用户 A 和 B、C 是相似用户。假设 Item1、Item2、Item3 三个物品是 B、C 购买过但 A 未购买过的物品。那么我们就可以向 A 推荐这些物品。如何计算这三个物品对用户 A 的吸引力呢? 以 B、C 和 A 的相似度为权重,计算 B、C 对物品的评分均值即可。

```python
#利用所有人评分的加权均值进行推荐,相似度越高,影响因子越大
def recommendations(prefer,user,similarity=sim_pearson):
    totals={}
    simSums={}
    for other in prefer.keys():
        if other==user:
            continue
        else:
            sim=similarity(prefer,user,other)  #计算与其他用户的相似度
        if sim<=0.5:                            #设置相似度的阈值为0.5,大于0.5为相似用户
            continue
        #相似度大于0
        for item in prefer[other].keys():
            if item not in prefer[user].keys():
                #setdefault(item,0):如果字典中包含给定键
                #则返回该键对应的值,否则返回该键设置的值
                totals.setdefault(item,0)
                #加权评分值:相似度×评分值
                totals[item]+=prefer[other][item] * sim
                simSums.setdefault(item,0)
                #相似度之和
                simSums[item]+=sim
    #建立归一化列表
    ranks=[(total/simSums[item],item) for item,total in totals.items()]
    #返回经排序后的列表
    ranks.sort()
    ranks.reverse()
    return ranks
#测试
print("\n按推荐值大小推荐的商品(推荐值,商品):")
print(recommendations(dict,'用户 A'))
```

运行上述代码得到的输出结果如下。

```
按推荐值大小推荐的商品(推荐值,商品):
[(5.2, '商品 5'), (3.6, '商品 4')]
```

## 12.4 基于物品的协同过滤推荐

尽管基于用户的协同过滤方法已经成功地应用在不同领域，但在一些有着数以千万计用户和物品的大型电子商务网站上还是会存在很多严峻挑战。尤其是当需要扫描大量潜在近邻时，这种方法很难做到实时计算预测值。因此，大型电子商务网站经常采用一种不同的技术：基于物品的协同过滤推荐。这种推荐非常适合做线下预处理，因此在评分矩阵非常大的情况下也能做到实时计算推荐。

基于物品的协同过滤推荐算法的主要思想是利用物品间的相似度，而不是用户间的相似度来计算预测值。

物品的评分数据保存在 item_goods.txt 文本文件里，具体内容如下。

```
刘岚,4,6001
陈杰,5,6001
张继,4,6001
李华,4,6001
刘岚,4,6002
李华,5,6002
刘岚,5,6003
张继,6,6003
李华,6,6003
刘岚,5,6004
张继,4,6004
刘岚,6,6005
```

item_goods.txt 文本文件里有三列数据，第一列是用户名，第二列是评分，第三列为 goodsId。

### 12.4.1 获取用户对物品的评分

获取用户的物品评分的代码如下。

```python
def readData(item_goods_file):
    user_goods = dict()                          #记录用户-物品的评分
    for line in open(item_goods_file):
        user,score,item = line.strip().split(",")
        user_goods.setdefault(user,{})
        user_goods[user][item] = int(float(score))
    return user_goods
user_goods=readData("C:\\Users\\caojie\\item_goods.txt")
for items in user_goods.items():
    print(items)
```

运行上述代码得到的输出结果如下。

```
('刘岚', {'6001': 4, '6002': 4, '6003': 5, '6004': 5, '6005': 6})
```

```
('陈杰', {'6001': 5})
('张继', {'6001': 4, '6003': 6, '6004': 4})
('李华', {'6001': 4, '6002': 5, '6003': 6})
```

### 12.4.2　计算物品共同出现的次数和一个物品被多少个用户购买

计算物品共同出现的次数和一个物品被多少个用户购买的代码如下。

```
def Item_Simultaneous_Buy(user_goods):
    #建立物品-物品的共现矩阵
    Simultaneous = dict()                                    #记录物品-物品共同出现的次数
    Buy = dict()                                             #记录购买同一物品的用户数
    for user,items in user_goods.items():
        for i in items.keys():
            Buy.setdefault(i,0)
            Buy[i] += 1
            Simultaneous.setdefault(i,{})
            for j in items.keys():
                if i ==j : continue
                Simultaneous[i].setdefault(j,0)
                Simultaneous[i][j] += 1
    return Simultaneous,Buy
simultaneous,buy=Item_Simultaneous_Buy(user_goods)          #调用函数进行计算
print("物品共同出现的次数:")
for items in simultaneous.items():
    print(items)
print("一个物品的购买用户数:")
for items in buy.items():
    print(items)
```

运行上述代码得到的输出结果如下。

物品共同出现的次数:
```
('6001', {'6002': 2, '6003': 3, '6004': 2, '6005': 1})
('6002', {'6001': 2, '6003': 2, '6004': 1, '6005': 1})
('6003', {'6001': 3, '6002': 2, '6004': 2, '6005': 1})
('6004', {'6001': 2, '6002': 1, '6003': 2, '6005': 1})
('6005', {'6001': 1, '6002': 1, '6003': 1, '6004': 1})
```
一个物品的购买用户数:
```
('6001', 4)
('6002', 2)
('6003', 3)
('6004', 2)
('6005', 1)
```

### 12.4.3　计算物品之间的相似度

计算物品之间的相似度可以用以下公式计算:

$$w_{ij} = \frac{|N(i) \bigcap N(j)|}{|N(i)|}$$

其中,$N(i)$表示喜欢物品$i$的用户数,$N(j)$表示喜欢物品$j$的用户数,分子表示同时喜欢物品$i$和物品$j$的用户数。上式可以理解为喜欢物品$i$的用户中喜欢物品$j$的用户所占的比例。

也可以利用下面的余弦相似度计算公式计算两个物品余弦相似度:

$$w_{ij} = \frac{|N(i) \bigcap N(j)|}{\sqrt{|N(i)||N(j)|}}$$

计算物品之间的相似度的代码如下。

```python
import math
def ItemSimilarity(simultaneous,buy):
#计算物品之间的相似度
    similarity = dict()
    for i,related_items in simultaneous.items():
        similarity.setdefault(i,{})
        for j,item_ij in related_items.items():
            similarity[i][j] = item_ij / (math.sqrt(buy[i] * buy[j]))
    return similarity
itemSimilarity=ItemSimilarity(simultaneous,buy)        #调用函数计算相似度
print("物品之间的相似度:")
for items in itemSimilarity.items():
    print(items)
```

运行上述代码得到的输出结果如下。

```
物品之间的相似度:
('6001', {'6002': 0.7071067811865475, '6003': 0.8660254037844387, '6004':
0.7071067811865475, '6005': 0.5})
('6002', {'6001': 0.7071067811865475, '6003': 0.8164965809277261, '6004': 0.5,
'6005': 0.7071067811865475})
('6003', {'6001': 0.8660254037844387, '6002': 0.8164965809277261, '6004':
0.8164965809277261, '6005': 0.5773502691896258})
('6004', {'6001': 0.7071067811865475, '6002': 0.5, '6003': 0.8164965809277261,
'6005': 0.7071067811865475})
('6005', {'6001': 0.5, '6002': 0.7071067811865475, '6003': 0.5773502691896258,
'6004': 0.7071067811865475})
```

## 12.4.4 给用户推荐物品

在得到物品之间的相似度后,基于物品的协同过滤推荐通过如下公式计算用户$u$对一个物品$j$的偏好(即推荐值):

$$\text{preference}_{uj} = \sum_{i \in N(u) \bigcap S(j,k)} w_{ji} r_{ui}$$

其中,$N(u)$是用户$u$喜欢的物品的集合,$S(j,k)$是和物品$j$最相似的$k$个物品的集合,$w_{ji}$

是物品 $j$ 和 $i$ 的相似度，$r_{ui}$ 是用户 $u$ 对物品 $i$ 的评分。

利用用户 user 的前 $K$ 个评分高的 item 给用户 user 推荐 $N$ 个物品的代码如下。

```
def Recommend(user,K=3,N=3):
    rank = dict()
    action_item = user_goods[user]                    #获取用户 user 评过分的 item 和评分
    for item,score in action_item.items():
        sortedItems = sorted(itemSimilarity[item].items(),key=lambda x:x[1],
reverse=True)[0:K]
        for j,wj in sortedItems:
            if j in action_item.keys():
                continue
            rank.setdefault(j,0)
#计算与用户 user 评分过的 item 相似的 user 未评分过的物品的推荐值
            rank[j] += score * wj
    return dict(sorted(rank.items(),key=lambda x:x[1],reverse=True)[0:N])
recommedDict = Recommend("陈杰")                        #调用函数进行推荐
print("为陈杰推荐的物品及推荐值:")
for k,v in recommedDict.items():
    print(k,"\t",v)
```

运行上述代码得到的输出结果如下。

```
为陈杰推荐的物品及推荐值:
6003      4.330127018922194
6002      3.5355339059327373
6004      3.5355339059327373
```

## 12.5  本章小结

本章主要讲解推荐系统。先讲解推荐系统的相关概念、推荐系统的类型。接着，讲解了基于内容的推荐，并给出基于内容的推荐的 Python 实现。然后，讲解了基于用户的协同过滤推荐，并给出基于用户的协同过滤推荐的 Python 实现。最后，讲解了基于物品的协同过滤推荐，并给出基于物品的协同过滤推荐的 Python 实现。

# 第 13 章

# 电商评论网络爬取与情感分析

随着大数据时代的到来,网络爬虫在互联网中的地位越来越重要。人们利用爬虫技术可以下载感兴趣的图片、文章,可以自动地完成很多需要人工操作的事情。本章介绍网络爬虫,如何通过 BeautifulSoup 库解析 HTML 或 XML,即从网页中提取数据,然后介绍使用 urllib 库开发最简单的网络爬虫,最后给出一个用 requests 库爬取京东小米手机评论的网络爬虫综合案例。

## 13.1 网络爬虫概述

### 13.1.1 网页的概念

网页是构成网站的基本元素,通俗地说,网站就是由网页组成的。网页是一个包含 HTML 标签的纯文本文件,它可以存放在世界某个角落的某一台计算机中,是万维网中的一"页",是超文本标记语言格式(文件扩展名为 html 或 htm),通过网页浏览器来阅读。文字与图片是构成一个网页的两个最基本的元素,除此之外,网页的元素还包括动画、音乐、程序等。

在网页上右击,选择菜单中的"查看源文件"命令,就可以通过记事本看到网页的实际内容。可以看到网页实际上只是一个纯文本文件。它通过各式各样的标记对页面上的文字、图片、表格、声音等元素进行描述(例如字体、颜色、大小),而浏览器则对这些标记进行解释并生成页面,于是就得到现在所看到的画面。为什么在源文件看不到任何图片?这是因为网页文件中存放的只是图片的链接位置,而图片文件与网页文件是互相独立存放的,甚至可以存放于不同的计算机上。

### 13.1.2 网络爬虫的工作流程

网络爬虫(又被称为网页蜘蛛,网络机器人)是一种按照一定的规则自动地爬取万维网信息的程序或者脚本。通俗地讲,就是通过向需要的 URL 发出 HTTP 请求,获取该 URL 对应的 HTTP 报文主体内容,之后提取该报文主体中人们所需要的信息。

网络爬虫的基本流程如下。

**1. 发起请求**

向目标站点发起请求,创建 Request 请求对象,请求可以包含额外的 header 等信息,等待服务器响应。

### 2. 获取响应内容

如果服务器能正常响应,返回一个 Response 对象,Response. text 的内容便是所要获取的页面内容。

### 3. 解析内容

得到的内容可能是 HTML,可以用正则表达式、页面解析库进行解析;得到的内容可能是 Json 数据形式,可以直接转换为 Json 对象解析。

### 4. 保存数据

保存形式多样,可以保存为文本,也可以保存到数据库,或者保存为特定格式的文件。

## 13.2 使用 BeautifulSoup 库提取网页信息

BeautifulSoup 是 Python 的一个 HTML 或 XML 的解析库,可以用来从网页中提取数据,即从被标记的信息中识别出来标记信息。BeautifulSoup 库提供了很多解析 HTML 的方法,可以帮助人们很方便地提取所需要的内容。在 BeautifulSoup 中,人们最常用的方法就是 find() 和 find_all(),借助于这两个方法,可以轻松地获取到人们需要的标签或者标签组。

### 13.2.1 BeautifulSoup 的安装

BeautifulSoup 库一个非常优秀的 Python 第三方库,可以很好地对 HTML 进行解析并且提取其中的信息。可通过 pip install beautifulsoup4 安装 BeautifulSoup 库。

### 13.2.2 BeautifulSoup 库的导入

BeautifulSoup 库也叫 beautifulsoup4 或 bs4,使用 BeautifulSoup 库,主要是使用其中的 BeautifulSoup 类。

```
from bs4 import BeautifulSoup                    #导入 BeautifulSoup 类
```

假设 html_doc 是已经下载的网页文件,要想从中解析并获取感兴趣的内容,可先通过 BeautifulSoup(html_doc,*** )方法将文件 html_doc 按指定的解析器*** 转换成一个 BeautifulSoup 对象(HTML 文件的标签树)。BeautifulSoup() 方法除了支持 Python 标准库中的 HTML 解析器外,还支持第三方解析器如 lxml。BeautifulSoup 支持的解析器及它们的优缺点如表 13-1 所示。

表 13-1　BeautifulSoup 支持的解析器及它们的优缺点

| 解 析 器 | 语 法 格 式 | 说　　明 |
| --- | --- | --- |
| Python 标准库中的 HTML 解析器 | BeautifulSoup(markup,"html.parser") | 速度适中,容错能力强 |
| lxml HTML 解析器 | BeautifulSoup(markup,"lxml") | 速度快,容错能力强 |
| lxml XML 解析器 | BeautifulSoup(markup,"xml") | 速度快,支持 XML 的解析 |
| html5lib 解析器 | BeautifulSoup(markup,"html5lib") | 容错性最好,以浏览器方式解析文档,生成 HTML5 格式的文档,速度比较慢 |

### 13.2.3 BeautifulSoup 类的基本元素

BeautifulSoup 通过 BeautifulSoup(html_doc,***)方法将 HTML 文件 html_doc 按指定的解析器***转换成一个 BeautifulSoup 对象(HTML 文件的标签树),每个结点都是 Python 对象,具体可归纳为 5 种:Tag、Name、Attributes、NavigableString、Comment,其说明如表 13-2 所示。

表 13-2 BeautifulSoup 类的基本元素

| BeautifulSoup 类的基本元素 | 说 明 |
| --- | --- |
| Tag | 标签,最基本的信息组织单元,分别用<>和</>标明开头和结尾 |
| Name | 标签的名字,<p>…</p>的名字是"p",格式为<tag>.name |
| Attributes | 标签的属性,字典形式组织,格式为<tag>.attrs |
| NavigableString | 标签内非属性字符串,<>…</>中…字符串,格式为<tag>.string |
| Comment | 标签内字符串的注释部分 |

Tag(标签)是最基本的信息组织单元,分别用<>和</>标明开头和结尾,标签的组成及相关内容的获取方式如图 13-1 所示。任何存在于标签树中的标签的相关内容"___"都可以用"beautifulsoup 对象.___"访问获得,当标签树中存在多个相同内容时,"beautifulsoup 对象.___"只返回第一个。如果想得到所有标签,可用 find_all()方法。find_all()方法返回的是一个序列,可以对它进行循环,依次得到想得到的内容。

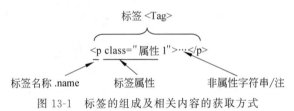

图 13-1 标签的组成及相关内容的获取方式

【例 13-1】 输出一个 BeautifulSoup 类对象的组成元素。

```
>>> from bs4 import BeautifulSoup
#待分析字符串
>>> html_doc = """
<html>
<head>
<title>这是网页的标题</title>
</head>
<body>
<p class="标题属性">
<b>
这是网页的标题
</b>
```

```
</p>
</body>
</html>
"""
>>> soup = BeautifulSoup(html_doc)            #用 html_doc 字符串创建 BeautifulSoup 对象
>>> print(soup.prettify())                    #HTML 文件的格式化输出,便于人们分析网页
<html>
<head>
<title>
这是网页的标题
</title>
</head>
<body>
<p class="标题属性">
<b>
这是网页的标题
</b>
</p>
</body>
</html>
>>> print(soup.title)                         #输出 title 标签
<title>这是网页的标题</title>
>>> print(soup.title.name)                    #输出 title 标签的标签名称
title
>>> print(soup.title.string)                  #输出 title 标签的非属性内容
这是网页的标题
>>> print(soup.title.parent.name)             #输出 title 标签的父标签的标签名称
head
>>> print(soup.p['class'])                    #输出 p 标签的 class 属性内容
['标题属性']
>>> print(soup.get_text())                    #获取所有文字内容
这是网页的标题
这是网页的标题
>>> soup.p.attrs                              #输出 p 标签的属性
{'class': ['标题属性']}
```

## 13.2.4　HTML 内容搜索

　　HTML 的英文全称是 HyperText Markup Language,即超文本标记语言。超文本是一种组织信息的方式,它通过超链接方法将文本中的文字、图表与其他信息媒体相关联。这些相互关联的信息媒体可能在同一文本中,也可能是其他文件,或是地理位置相距遥远的某台计算机上的文件。使用 HTML,将所需要表达的信息按某种规则写成 HTML 文件,通过专用的浏览器来识别,并将这些 HTML 文件"翻译"成可以识别的信息,即通常所见到的网页。

HTML 文件是由各种 HTML 元素组成的,如<html>…</html>定义 HTML 文件,<head>…</head>定义 HTML 文件头部,<title>…</title>定义 HTML 文件的标题,<body>…</body>定义 HTML 文件可见的页面内容,<!――…――>定义 HTML 文件的注释,<p>…</p>定义 HTML 文件的段落,这些元素都是通过尖括号"<>"组成的标签形式来表现的。HTML 标签是由一对尖括号"<>"及标签名组成的。标签分为"起始标签"和"结束标签"两种,两者的标签名称是相同的,只是结束标签多了一个斜杠"/",具体如图 13-1 所示,<p>为起始标签,</p>为结束标签,p 为标签名称,它是英文 paragraph(段落)的缩写。

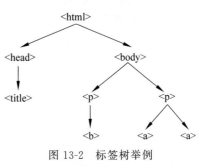

图 13-2 标签树举例

BeautifulSoup 通过 BeautifulSoup(html_doc)方法将 HTML 文件 html_doc 转换成一个 BeautifulSoup 对象(HTML 文件的标签树),具体地说,<>…<>构成了所属关系,形成了标签的树状结构,一个标签树举例如图 13-2 所示。

最常用的搜索标签树的函数是 find_all(),其语法格式如下。

```
<>.find_all( name, attrs, recursive, text, limit=None,**kwargs )
```

函数功能:find_all()搜索当前 tag 的所有子结点,并判断是否符合过滤器的条件。
参数说明如下。

name:该参数可以查找所有名字为 name 的 Tag,该参数的数据类型为字符串。

attrs:对标签属性值进行检索。

recursive:是否对子孙全部检索,默认为 True。

text:通过 text 参数可以搜索文档中的字符串内容。

limit:限制返回结果的数量。

【例 13-2】 find_all()函数使用举例。

```
>>> from bs4 import BeautifulSoup
>>> import re
>>> #待分析字符串
>>> html_doc = """
<html>
<head>
<title>这是网页的标题</title>
</head>
<body>
<p class="标题属性">
<b>
这是网页的标题
</b>
</p>
</body>
<head>
```

```
<title>这是网页的内容</title>
</head>
<body>
<p class="内容属性">
<b>
这是网页的内容
</b>
</p>
</body>
</html>
"""
>>> soup = BeautifulSoup(html_doc)          #用 html_doc 字符串创建 BeautifulSoup 对象
>>> soup.find_all('p')                       #检索 p 标签,输出了一个列表的类型
[<p class="标题属性">
<b>
这是网页的标题
</b>
</p>, <p class="内容属性">
<b>
这是网页的内容
</b>
</p>]
>>> soup.find_all(['head', 'p'])             #检索 head 和 p 标签
[<head>
<title>这是网页的标题</title>
</head>, <p class="标题属性">
<b>
这是网页的标题
</b>
</p>, <head>
<title>这是网页的内容</title>
</head>, <p class="内容属性">
<b>
这是网页的内容
</b>
</p>]
>>> soup.find_all('p', attrs={'class': '内容属性'}) #输出了带有内容属性的 p 标签
[<p class="内容属性">
<b>
这是网页的内容
</b>
</p>]
>>> soup.find_all('p', class_='内容属性')           #class 是关键字,所以后面加了_
[<p class="内容属性">
<b>
```

这是网页的内容
</b>
</p>]
```
>>> soup.find_all(text="这是网页的标题")          #通过 text 参数搜索文档中的字符串内容
['这是网页的标题']
>>> soup.find_all(text=re.compile("这是"))     #使用了正则表达式,返回一个列表
['这是网页的标题', ' \n                  这是网页的标题 \n              ', '这是网页的内容', ' \n
这是网页的内容 \n']
```

## 13.3　使用 urllib 库编写简单的网络爬虫

urllib 库是 Python 的标准库,提供了一系列用于操作 URL 的功能,是网络爬虫经常使用的一个库。它主要包含以下四个模块。

urllib.request:基本的 HTTP 请求模块,可以模拟浏览器向目标服务器发送请求,然后返回 HTTP 的响应。

urllib.error:异常处理模块,捕获请求中的异常,然后进行重试或其他的操作以保证程序不会意外中止。

urllib.parse:URL 解析模块。

urllib.robotpaser:主要用来识别网站的 robots.txt 文件,判断哪些网站可以爬,哪些网站不可以爬。

### 13.3.1　发送不带参数的 GET 请求

使用 GET 方法时,请求数据直接放在 URL 中。下例展示了爬取京东的首页并输出响应内容。

【例 13-3】　利用 request 模块爬取京东的首页。

```
import urllib.request
#通过 urlopen()方法发送请求到 https://www.jd.com,返回的数据存放在 response 变量里
response = urllib.request.urlopen('https://www.jd.com')
#调用 response 对象的 read()方法读取对象的内容并以 UTF-8 格式显示出来
print(response.read().decode('utf-8'))
```

**注意**:使用 read()方法读出来的是字节流,需要 decode("utf-8")对读取的字节流进行解码(decode),才能显示正确的字符串,这是因为大多数网站是 UTF-8 格式的。

response 对象主要包含 read()、readinto()、getheader(name)、getheaders()、fileno()等方法,以及 msg、version、status、reason、debuglevel 和 closed 等属性。

【例 13-4】　利用 request 模块爬取百度首页。

```
import urllib.request
response = urllib.request.urlopen('http://www.baidu.com')
print(response.status)                          #打印状态码信息
#打印出响应的头部信息,内容有服务器类型、时间、文本内容、连接状态等
print(response.getheaders())
```

```
print(response.getheader('Server'))          #获取头部中的服务器数据
print(response.geturl())                      #获取响应的 URL 地址
```

执行上述代码得到的输出结果如下。

```
200
[('Bdpagetype', '1'), ('Bdqid', '0xbfe15b79000fd735'), ('Cache-Control',
'private '), (' Content - Type ', ' text/html '), (' Cxy _ all ', ' baidu +
6434ae5b74be22c6cd61508f33879e34'), ('Date', 'Sun, 18 Aug 2019 10:48:28 GMT'),
('Expires', 'Sun, 18 Aug 2019 10:48:05 GMT'), ('P3p', 'CP=" OTI DSP COR IVA OUR IND
COM "'), ('Server', 'BWS/1.1'), ('Set-Cookie', 'BAIDUID=
EB00EAC19B2224A6EF1B2DACED799B27:FG=1; expires=Thu, 31-Dec-37 23:55:55 GMT;
max-age= 2147483647; path=/; domain =.baidu.com'), ('Set-Cookie', 'BIDUPSID=
EB00EAC19B2224A6EF1B2DACED799B27; expires=Thu, 31-Dec-37 23:55:55 GMT; max-age=
2147483647; path=/; domain=.baidu.com'), (' Set - Cookie ', ' PSTM = 1566125308;
expires=Thu, 31-Dec-37 23:55:55 GMT; max-age=2147483647; path=/; domain=.baidu.
com'), ('Set-Cookie', 'delPer=0; path=/; domain=.baidu.com'), ('Set-Cookie',
'BDSVRTM=0; path=/'), ('Set-Cookie', 'BD_HOME=0; path=/'), ('Set-Cookie', 'H_PS
_PSSID=1996_1437_21086_29523_29520_29098_29567_28834_29221_26350; path=/; domain
=.baidu.com'), ('Vary', 'Accept-Encoding'), ('X-Ua-Compatible', 'IE=Edge,
chrome=1'), ('Connection', 'close'), ('Transfer-Encoding', 'chunked')]
BWS/1.1
http://www.baidu.com
```

### 13.3.2 模拟浏览器发送带参数的 GET 请求

在之前案例中,使用 urlopen()方法打开了一个实际链接 URL,实际上该方法还能打开一个 Request 对象。两者看似没有什么区别,但实际开发爬虫过程中,通常先构建 Request 对象,再通过 urlopen()方法发送请求。这是因为构建的 request_url 可以包含 GET 参数或 POST 数据以及头部信息,这些信息是普通的 URL 所不能包含的。之所以要添加请求头 headers,这是因为很多网站服务器有反爬机制,不带请求头的访问通常都会被认为是爬虫,从而禁止它们的访问。下例中,向 CSDN 网站搜索页面发送带参数的 GET 请求,请求参数是"q=Python 基础语法",返回数据是搜索结果。

【例 13-5】 向 CSDN 网站搜索页面模拟发送带参数的 GET 请求,请求参数是"q=Python 基础语法"。

```
import urllib.request
import urllib.parse
url = 'https://so.csdn.net/so/search/s.do'
params = {'q':'Python 基础语法', }
header = {'User-Agent': 'Mozilla/5.0 (Windows NT 10.0; Win64; x64) AppleWebKit/
537.36 (KHTML, like Gecko) Chrome/65.0.3325.146 Safari/537.36'}
#使用 urlencode()方法对传递的 URL 参数进行编码
encoded_params = urllib.parse.urlencode(params)
#构造请求的 URL 地址,添加参数到 URL 后面
```

```
#拼装后的 URL 地址是 https://so.csdn.net/so/search/s.do? q=Python 基础语法
request_url = urllib. request. Request (url + '? ' + encoded_params, headers =
header)
response = urllib.request.urlopen(request_url)
print(response.read().decode('utf-8'))
```

### 13.3.3 URL 解析

urllib.parse 模块提供了很多拆分和拼接 URL 的函数。

**1. 拆分 URL**

拆分 URL 指的是将 URL 字符串拆分为多个 URL 组件。拆分 URL 的 urlparse()函数的语法格式如下。

```
urllib.parse.urlparse(urlstring, scheme ='', allow_fragments = True )
```

函数功能：将 URL 拆分为 6 个组件，返回一个 6 个元素的元组，分别为协议(scheme)、域名(netloc)、路径(path)、路径参数(params)、查询参数(query)、片段(fragment)。每个元组项都是一个字符串，可能为空。

参数说明如下。

urlstring：这个是必填项，即待解析的 URL。

scheme：它是默认的协议，只有在 URL 中不包含 scheme 信息时生效。

allow_fragments：即是否忽略 fragment 片段标识符，设置成 False 就会忽略，这时候被解析为 path、parameters 或者 query 的一部分，而 fragment 部分为空。

urlparse()函数的使用举例如下。

```
>>> from urllib.parse import urlparse
>>> url='https://item.jd.com/100002757767.html  #comment'
>>> parsed_result=urlparse(url)
>>> print('parsed_result 包含了',len(parsed_result),'个元素')
parsed_result 包含了 6 个元素
>>> parsed_result
ParseResult(scheme= 'https', netloc= 'item.jd.com', path= '/100002757767.html',
params='', query='', fragment='comment')
```

**2. 拼接 URL**

urlunparse()可以拼接 URL，为 urlparse 的反向操作，它可以将已经分解后的 URL 再组合成一个 URL 地址。示例如下。

```
>>> from urllib.parse import urlunparse
>>> print(urlunparse(parsed_result))
https://www.toutiao.com/search/? keyword=python
```

除此之外，urllib.parse 还提供了一个 urljoin()函数，来将相对路径转换成绝对路径的 URL。

```
>>> from urllib.parse import urljoin
```

```
>>> print(urljoin('http://www.example.com/path/file1.html', 'file2.html'))
http://www.example.com/path/file2.html
>>> print(urljoin('http://www.example.com/path/','file3.html'))
http://www.example.com/path/file3.html
>>> print(urljoin('http://www.example.com/path/file.html', '../anotherfile.
html'))
http://www.example.com/anotherfile.html
```

# 13.4 爬取京东小米手机评论

## 13.4.1 京东网站页面分析

在京东拟要爬取的小米 9 手机评论页是 https://item.jd.com/100002757767.html♯comment,从中主要爬小米手机评论的用户名、机身颜色、手机型号以及用户评论内容,并把这些信息保存在本地计算机上。

通常很多网站会用到 AJAX 和动态 HTML 技术,因而只使用基于静态页面爬取的方法是行不通的,对于动态网站信息的爬取需要使用另外一些方法。

### 1. 静态网页和动态网页的判断

通常,含有"查看更多"字样或者打开网站时下拉才会加载内容出来的网页基本都是动态网页;更简便的方法就是在浏览器中查看页面相应的内容,当在查看页面源代码时找不到该内容,则可以确定该页面使用了动态网页技术。

### 2. 静态网页和动态网页爬取方法

静态网页爬取方法:在判断网页是静态网页后,利用该网页的 URL 就可获得该页面的信息。

动态网页爬取方法:在判断网页是动态网页后,需要找到该网页的真实 URL,可通过在网页上单击右键→单击"检查"→单击 Network,然后可从 JS 或者 XHR 中找到动态网页的真实 URL。

下面针对京东网小米手机评论页面进行网页的动态性分析。首先在谷歌浏览器中打开目标网页 https://item.jd.com/100002757767.html♯comment,把网页中的"首先颜值特别好,855 性能绝对能比过 A10! 拍照我很喜欢,像素很好。对小米的系统一直都是情有独钟,小爱同学真的不错,可以和 Siri 媲美了! 快充真的很快,一个小时就可以充满。无线充电、NFC、红外这些功能更是加分项。总之非常赞的"HTML 信息复制下来。然后在小米手机评论所在的网页中,右击页面,在弹出的快捷菜单中选择"查看网页源代码"命令,在弹出的 HTML 源代码中用快捷键(Ctrl+F)调出查询窗口,然后在查询窗口中粘贴复制的 HTML 信息,如图 13-3 所示。发现在 HTML 源代码中找不到粘贴的内容,因此可以确定网页 https://item.jd.com/100002757767.html♯comment 是由 JavaScript 动态生成的动态网页。

在确定网页是动态网页后,需要获取在网页响应中由 JavaScript 动态加载生成的信息,即需要找到产品评论数据接口 URL,然后通过该 URL 来获得需要的数据。这里使用 Chrome 浏览器打开京东小米手机评论页面,打开 Chrome 浏览器的"检查"功能,在弹出的

图 13-3　在查询窗口中粘贴复制的 HTML 信息

检查子页面中选择 Network，然后单击下面的 All，All 栏目下的内容是空的，如图 13-4 所示。

图 13-4　检查子页面中的 Network 下的 All 栏目

　　然后，在网页中单击评论的"下一页"按钮，加载评论数据，这时 All 栏目下面出现了很多的请求信息，如图 13-5 所示。

　　从图 13-5 可以看出，这些请求信息大部分都是以 jpg 结束的图片请求，但也有特别的 URL，由于该网页是由 JavaScript 动态生成的动态网页，所以可以直接查看 Network 中的 JS 或者 XHR，通过查找发现手机评论信息在 JS 的 Preview 标签中，如图 13-6 所示。

　　在 Headers 标签中找到的评论数据接口 URL 是"https://sclub.jd.com/comment/

图 13-5　加载评论数据呈现的请求信息

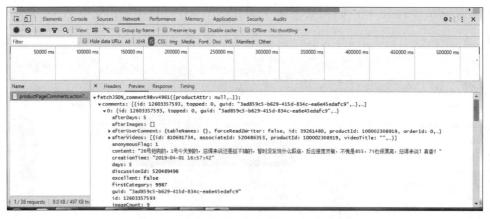

图 13-6　小米手机评论网页的 Preview 信息

productPageComments. action? callback = fetchJSON _ comment98vv4882&productId = 100002757767&score=0&sortType=5&page=0&pageSize=10&isShadowSku=0&rid =0&fold=1",根据此 URL 就可以获取所需要的数据。由于评论数据是以分页形式显示的,接下来就需要对页面的真实 URL 进行分析,从该 URL 中可以看到它包含了 page 和 pageSize 这样的关键字。在第一页时 page=0、pageSize=10,然后单击"下一页"按钮或者单击第 2 页,就可以看到 JS 中增加一个请求"https://sclub. jd. com/comment/productPageComments. action? callback = fetchJSON _ comment98vv4882&productId = 100002757767&score=0&sortType=5&page=1&pageSize=10&isShadowSku=0&rid= 0&fold=1",可以看出关键字 page 由原来的 0 变成了 1,而 pageSize 未发生变化。再次单击"下一页"按钮,可看到 page 由 1 变成 2,pageSize 不变。由此,可总结出一个规律:每次翻页,page 将会变成当前页的页码数加 1,而 pageSize 不发生变化,据此就可以根据该规律

构造 URL 进行数据的批量爬取。

## 13.4.2　编写京东小米手机评论爬虫代码

这里爬取京东小米手机评论的用户名、机身颜色、手机型号以及评论内容。将爬取的数据保存为 csv 格式的文件,通过自定义的函数来存储爬取的数据。为防止被服务器反爬虫,这就需要控制爬虫爬行的速度。

```
#将爬取的评论数据保存成 csv 格式的文件
comment_file_path='XiaoMi_comments.csv'        #设置存储评论数据的文件路径
#定义存储数据的函数
def csv_writer(item):
#以追加的方式打开一个文件,newline 的作用是防止添加数据时插入空行
    with open(comment_file_path, 'a+', encoding='utf-8', newline='') as csvfile:
        writer = csv.writer(csvfile)
        #以读的方式打开 csv 文件,然后判断是否存在标题,防止重复写入标题
        with open(comment_file_path,'r',encoding='utf-8',newline='') as f:
            reader=csv.reader(f)                #返回一个 reader 对象
            if not[row for row in reader]:
                writer.writerow(['用户名', '机身颜色', '手机型号', '评论内容'])
            else:
                writer.writerow(item)            #写入数据
```

下面定义一个 spider_comment 爬虫函数,负责爬取评论页面并解析,由于产品的评论页面是分页显示的,这里先爬取一个页面的评论。

```
#分析页面获得产品评论数据接口 URL,再爬取评论数据
'''定义获取评论页面的函数,其参数 page 表示页数,在 URL 中添加占位符,这样就可以动态修改
URL,爬取指定的页数
'''
#定义爬取评论页面的函数
def spider_comment(page=0):
    print('开始爬取第%d 页' %int(page))         url="https://sclub.jd.com/comment/
productPageComments.action?callback=fetchJSON_comment98vv4694&productId=
100002757767&score=0&sortType=5&page=%s&pageSize=10&isShadowSku=0&rid=0&fold
=1"%page
    #定制请求头,告诉服务器是浏览器,防止反爬
    kv={'Referer': 'https://item.jd.com/100002757767.html',
        'User-Agent': 'Mozilla/5.0 (Windows NT 6.1; Win64; x64) AppleWebKit/537.36
(KHTML, like Gecko) Chrome/74.0.3729.157 Safari/537.36'}
    try:
        r = requests.get(url,headers=kv)         #发起一个带请求头的 HTTP 请求
        r.raise_for_status()                     #若状态不是 200,引发 HTTPError 异常
        #将编码方式修改为网页内容解析出来的编码方式,即可以阅读的编码方式
        r.encoding = r.apparent_encoding
    except:
```

```
        print('第%d页爬取失败'%page)
    r_json_str=r.text[26:-2]                          #截取 JSON 数据字符串
    r_json_object=json.loads(r_json_str)              #将字符串转成 JSON 对象
    r_json_comments=r_json_object['comments']  #获取评论相关数据
    #遍历评论列表,获取评论对象的相关数据
    for r_json_comment in r_json_comments:
        nickname=r_json_comment['nickname']                    #用户名
        productColor=r_json_comment['productColor']            #机身颜色
        productSize=r_json_comment['productSize']              #机身型号
        content=r_json_comment['content']                      #评论内容
        item=[nickname,productColor,productSize,content]       #将爬取的数据组织成列表
        print('正在爬取用户:%s 的评论'%nickname)
        csv_writer(item)                              #然后调用 csv_writer()函数存储数据
```

再接着定义一个 batch_spider_comments()函数来批量爬取手机评论数据,这里爬取 100 页评论数据。

```
#批量抓取手机评论数据
def batch_spider_comments():
    #写入数据前先清空数据
    if os.path.exists(comment_file_path):
        os.remove(comment_file_path)
    for i in range(100):
        spider_comment(i)
        #模拟用户浏览,设置一个爬虫间隔,防止因为爬取太频繁而导致 IP 被封
        time.sleep(random.random() * 2)
```

最后编写一个主程序,来调用 batch_spider_comments()函数,实现小米手机评论的爬取。

```
if __name__ =="__main__":
    batch_spider_comments()
```

将整个爬虫代码保存为 Jingdong_xiaomi_mobile_phone_review.py 文件,完整代码如下所示。

```
import requests
import json
import os
import csv
import time
import random
#将爬取的评论数据保存成 csv 文件
comment_file_path='XiaoMi_comments.csv'
#定义存储数据的函数
def csv_writer(item):
#以追加的方式打开一个文件,newline 的作用是防止添加数据时插入空行
```

```
        with open(comment_file_path, 'a+', encoding='utf-8', newline='') as csvfile:
            writer = csv.writer(csvfile)
            #以读的方式打开 csv 文件,然后判断是否存在标题,防止重复写入标题
            with open(comment_file_path, 'r',encoding='utf-8',newline='') as f:
                reader=csv.reader(f)                    #返回一个 reader 对象
                if not[row for row in reader]:
                    writer.writerow(['用户名', '机身颜色', '手机型号', '评论内容'])
                else:
                    writer.writerow(item)                #写入数据
#定义爬取评论页面的函数
def spider_comment(page=0):
    print('开始爬取第%d页' %int(page))
    url="https://sclub.jd.com/comment/productPageComments.action?callback=
fetchJSON_comment98vv4694&productId=100002757767&score=0&sortType=5&page=%
s&pageSize=10&isShadowSku=0&rid=0&fold=1"%page
        #定制请求头,告诉服务器是浏览器,防止反爬
kv={'Referer': 'https://item.jd.com/100002757767.html',
        'User-Agent': 'Mozilla/5.0 (Windows NT 6.1; Win64; x64) AppleWebKit/537.36
(KHTML, like Gecko) Chrome/74.0.3729.157 Safari/537.36'}
    try:
        r = requests.get(url,headers=kv)        #发起一个带请求头的 HTTP 请求
        r.raise_for_status()                    #若状态不是 200,引发 HTTPError 异常
        #修改编码方式为网页内容解析出来的编码方式,即可以阅读的编码方式
        r.encoding = r.apparent_encoding
    except:
        print('第%d页爬取失败'%page)
r_json_str=r.text[26:-2]                         #截取 JSON 数据字符串
    r_json_object=json.loads(r_json_str)         #将字符串转 JSON 对象
r_json_comments=r_json_object['comments']        #获取评论相关数据
    #遍历评论列表,获取评论对象的相关数据
    for r_json_comment in r_json_comments:
        nickname=r_json_comment['nickname']          #用户名
        productColor=r_json_comment['productColor']  #机身颜色
        productSize=r_json_comment['productSize']     #机身型号
        content=r_json_comment['content']             #评论内容
        item=[nickname,productColor,productSize,content]    #将爬取的数据组织成列表
        print('正在爬取用户:%s 的评论'%nickname)
        csv_writer(item)                          #然后调用 csv_writer()函数存储数据
#批量爬取手机评论数据
def batch_spider_comments():
    #写入数据前先清空数据
    if os.path.exists(comment_file_path):
        os.remove(comment_file_path)
    for i in range(100):
        spider_comment(i)
```

```
#模拟用户浏览,设置一个爬虫间隔,防止因为爬取太频繁而导致 IP 被封
time.sleep(random.random() * 2)
if __name__ =="__main__":
    batch_spider_comments()
```

Jingdong_xiaomi_mobile_phone_review.py 文件整体执行后将把爬取的数据存储在 XiaoMi_comments.csv 文件中,文件部分内容如图 13-7 所示。

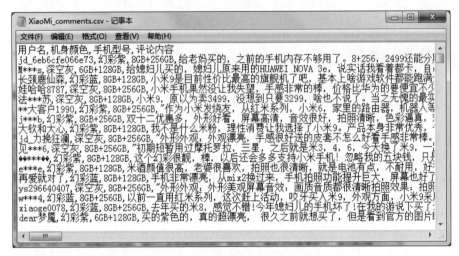

图 13-7    XiaoMi_comments.csv 文件部分内容

# 13.5    对手机评论文本进行情感分析

文本情感分析是指用自然语言处理、文本挖掘以及计算机语言学等方法来识别和提取原素材中的主观信息。目的是为了找出文本中作者对某个实体(包括产品、服务、人、组织机构、事件、话题)的评判态度(支持或反对、喜欢或厌恶等)或情感状态(高兴、愤怒、悲伤、恐惧等)。

## 13.5.1    文本情感倾向分析的层次

文本情感倾向分析可以分成词语情感倾向性分析、句子情感倾向性分析、文档情感倾向性分析、海量信息的整体倾向性预测四个层次。

### 1. 词语情感倾向性分析

词语情感倾向性分析包括对词语极性、强度和上下文模式的分析。词语情感倾向分析目前主要有三种方法。

(1)由已有的词典或词语知识库生成情感倾向词典。中文词语情感倾向信息的获取可依据 HowNet,该方法通过给定一组已知极性的词语集合作为种子,对于一个情感倾向未知的新词,在词典中找到与该词语义相近并且在种子集合中出现的若干个词,根据这几个种子词的极性,对未知词的情感倾向进行推断。

(2)无监督机器学习的方法。该方法也是假设已经有一些已知极性的词语作为种子词,对于一个新词,根据词语在语料库中的同现情况判断其联系紧密程度。假设以"真""善"

"美"作为褒义种子词,"假""恶""丑"作为贬义种子词,则任意其他词语的语义倾向定义为各褒义种子词 PMI(点态互信息量)之和,减去各贬义种子词 PMI 之和。语义倾向的正负号就可以表示词语的极性,而绝对值就代表了强度。词语 A 和 B 的 PMI 定义为它们在语料库中的共现概率与 A、B 概率之积的比值,这个值越高,就意味着 A 和 B 的相关性越大。PMI 计算可通过搜索引擎进行,把 A 当作查询内容送给搜索引擎,将返回的含有 A 的页面数与总的索引页面数的比值作为 A 的概率。A 和 B 的共现概率,通过把 A 和 B 同时送给搜索引擎,将返回的含有 A 和 B 的页面数与总的索引页面数的比值作为 A 和 B 的共现概率。

(3) 基于人工标注语料库的学习方法。首先对情感倾向分析语料库进行手工标注,标注的级别有文档级的情感倾向性、短语级的情感倾向性和分句级的情感倾向性。在这些语料的基础上,在大规模语料中利用词语的共现关系、搭配关系或者语义关系,判断其他词语的情感倾向性。

### 2. 句子情感倾向性分析

词语情感倾向性分析的处理对象是单独的词语,而句子情感倾向性分析的处理对象则是在特定上下文中出现的语句。其任务就是对句子中的各种主观性信息进行分析和提取,包括对句子情感倾向的判断,以及从中提取出与情感倾向性论述相关联的各个要素,包括情感倾向性论述的持有者、评价对象、倾向极性、强度,甚至是论述本身的重要性等。

### 3. 文档情感倾向性分析

文档情感分析旨在从整体上判断某个文本的情感倾向性。代表性的工作是 Turney 和 Pang 对电影评论的分类。Turney 的方法是将文档中词的倾向性进行平均,来判断文档的倾向性。这种方法基于情感倾向性词典,不需要人工标注文本情感倾向性的训练语料。Pang 的任务是对电影评论的数据按照倾向性分成两类,他利用人工标注了文本倾向性的训练语料,基于一元分词(把句子分成一个一个的汉字)和二元分词(把句子从头到尾每两个字组成一个词语)等特征训练分类器,通过训练的分类器实现对电影评论的倾向性分类。

随着电子商务的发展,在线商品评论情感等级预测逐渐成为近年来文档级情感分析的热点,旨在自动预测在线评论的情感打分等级(如 1~5 的情感等级)。

### 4. 海量信息的整体倾向性预测

海量信息的整体倾向性预测的主要任务是对从不同信息源抽取出的、针对某个话题的情感倾向性信息进行集成和分析,进而挖掘出态度的倾向性和走势。

## 13.5.2 中文文本情感倾向分析

情感分析就是分析一句话说得是主观还是客观描述,分析这句话表达的是积极的情绪还是消极的情绪。下面通过"这手机的画面极好,操作也比较流畅。不过拍照真的太烂了!系统也不好。"来阐述中文文本情感倾向分析。

### 1. 分析句子中的情感词

要分析一句话是积极的还是消极的,最简单、最基础的方法就是找出句子里面的情感词,积极的情感词如高兴、快乐、兴奋、幸福、激动、赞、好、顺手、开心、满足、喜悦等;消极情感词如差、烂、坏、堵心、跌眼镜、怀疑、惊呆、愤怒等。出现一个积极的情感词,情感分值就加1,出现一个消极的情感词,情感分值就减1。

句子中就有"好""流畅"两个积极情感词,"烂"一个消极情感词,其中"好"出现了两次,句子的情感分值就是 $1+1-1+1=2$。

### 2. 分析句子中的程度词

"好""流畅"和"烂"前面都有一个程度修饰词。"极好"就比"较好"或者"好"的情感更强,"太烂"也比"有点烂"情感强得多。所以需要在找到情感词后往前找一下有没有程度修饰词,并给不同的程度修饰词一个权值。例如有"极""无比""太"程度词,就把情感分值乘4;有"较""还算"程度词,就把情感分值乘2;有"只算""仅仅"这些程度词,就乘 $0.5$ 了。考虑到程度词,句子的情感分值就是 $1\times4+1\times2-1\times4+1=3$。

### 3. 分析句子中的感叹号

可以发现"太烂了"后面有感叹号,感叹号意味着情感强烈。因此发现感叹号可以为情感值加 2(正面的)或减 2(负面的)。如果考虑感叹号,句子的情感分值就变成了:$4\times1+1\times2-1\times4-2+1=1$

### 4. 分析句子中的否定词

最后面那个"好"并不是表示"好",因为前面还有一个"不"字。所以在找到情感词时,需要往前找否定词。例如"不""不能""非""否"这些词。而且还要数这些否定词出现的次数,如果是单数,情感分值就乘($-1$),但如果是偶数,那情感就没有反转,保持原来的情感分值。在这句话里面,可以看出"好"前面只有一个"不",所以"好"的情感值应该反转,乘($-1$)。这时候,这句话的准确情感分值变为 $4\times1+1\times2-1\times4-2+1\times(-1)=-1$。

### 5. 积极和消极分开来分析

很明显就可以看出,这句话里面有褒有贬,不能仅用一个分值来表示它的情感倾向。此外,权值的设置方式也会影响最终的情感分值。因此,对这句话恰当的处理是给出一个积极分值、一个消极分值,这样消极分值也是正数,不需要使用负数了。它们同时代表了这句话的情感倾向,这时候句子的情感分值就表示为:积极分值为 6,消极分值为 7。

### 6. 以分句的情感为基础进行情感分析

再细分一下,一条评论的情感分值是由不同的分句决定的,因此要得到一条评论的情感分值,就需要先计算出评论中每个句子的情感分值。前面列举的评论有四个分句,以分句的情感为基础进行情感分析,评论的情感分值结构变为$[[4,0],[2,0],[0,6],[0,1]]$,列表中的每个子列表中有两个值:一个表示分句的积极分值,一个表示分句的消极分值。

## 13.5.3 评论文本情感倾向分析

评论文本情感倾向分析主要是基于用户评论信息来分析出用户对某个特定事物的观点、看法、情感倾向以及情感色彩。通过对商品评论挖掘,商家可以及时地获取用户的需求和关注点,了解产品的不足之处,以便及时调整销售策略,实现精准营销,节约企业成本。

使用 snownlp 模块可以方便地直接对评论文本进行情感分析,将评论文本分为正面评论文本和负面评论文本,代码实现如下。

```
import pandas as pd
from snownlp import SnowNLP
#读取采集的小米 9 评论数据 XiaoMi_comments.csv
Data = pd.read_csv("D:/mypython/XiaoMi_comments.csv",usecols=[3],header=0)
Data.duplicated().sum()                          #统计重复的文本数
```

```
#去除重复行评论
XiaoMi_comment_unique = Data.drop_duplicates()
coms=[]
coms=XiaoMi_comment_unique['评论内容'].apply(lambda x: SnowNLP(x).sentiments)
#情感分析,coms 在 0 和 1 之间,以 0.5 分界,大于 0.5 为正面情感
pos_data=XiaoMi_comment_unique[coms>=0.6]          #取 0.6 是为了使情感更强烈
neg_data=XiaoMi_comment_unique[coms<0.4]           #获取负面情感评论文本数据集
#编译正则表达式对象,用于去除高频无意义的词
strinfo = re.compile("手机|小米|米|号|店家|京东|东西|9|,|。|n")
pos_data_useless = pos_data["评论内容"].apply(lambda x:strinfo.sub("",x))
neg_data_useless = neg_data["评论内容"].apply(lambda x:strinfo.sub("",x))
print('正面评论文本的前 10 条记录:\n',pos_data_useless[:10])
print('负面评论文本的前 10 条记录:\n',neg_data_useless[:10])
```

运行上述代码得到的输出结果如下。

正面评论文本的前 10 条记录:

0　　给老妈买的之前的内存不够用了 8+25624 还能分期我觉得性价比极高!轻薄相机绝对够用充电速度...

2　　是目前性价比最高的旗舰机了吧基本上啥游戏软件都能跑满分性能没话说价格依旧亲民雷布斯是真的诚意...

3　　果然没让我失望手感非常的棒价格比华为的要便宜不少性价比很高速度非常的快而且非常的流畅人脸识别...

4　　原以为卖 34 没想到只要 32 啥也不说了当之无愧的最实惠 855 除了电池小点其余很好包装盒都那么好...

5　　作为发烧友从红系列 6 家里的路由器机器人等等都是用的这次趁着双十一入手了这款给老婆用的评价如下...

6　　双十二优惠多外形好看屏幕高清音效很好拍照清晰色彩逼真效果很好运行速度快待机时间长发货快物流给...

7　　我不是什么粉理性消费让我选择了产品本身非常优秀各个方面权衡到极致正代系列都是值得选择的好产品...

8　　外形外观:外观漂亮手感很好送的皮套不怎么好看手感非常棒\n 屏幕音效:屏幕不伤眼清晰好屏幕音质...

9　　初期短暂用过摩托罗三星之后就是 346 今天换了一路走来自然成了粉成因无非有二点性价比和易用程...

10　　这个幻彩很靓棒以后还会多多支持!忽略我的五块钱只是找不到什么挡串码了!这话颜色很值得入手...

Name: 评论内容, dtype: object

负面评论文本的前 10 条记录:

1　　给媳妇儿买的媳妇儿原来用的 HUAWEI NOVA 3e 说实话我看着都卡自己 MI8 用了一年多一...

259　　这个快递真的是快早上 0:02 付的尾款下午就到了 \n 包装很好很满意 \n 还送的有壳不错以前买的时...

276　　总体很好除了那摄像头突出还送了一个保护套前后买了两部一用袋装一部用纸箱你们**包装!

292　　等贴膜到了再撕掉一直用系统比某为强的不是一点半点用送的车载无线充电测试下很

好无线充电真方便

314　　等了一个多星期才到一个跟数据线一个快充头一个耳机转接头送了一个黑色软壳!和一张保修卡指纹解锁...

342　　非常好用比我的六快多啦而且还可以左右划掉用惯了老婆的九在用六感觉特别不适应不过呢这个屏下指纹...

363　　看到价钱和分期都很诱惑本来没打算买的结果还是决定买来玩玩或者当备用机也好耗电比较快其他的 OK...

431　　　　早上亲自去物流拿的小哥很热亲回家包装完好无损简单注册开机正常暂时没什么可描述的晚点追评吧!

508　　　首发就买到了物流很给力! \n 很满意紫色很骚里骚气的也是个指纹收集器啊 &hellip;&hel...

532　　1抢的那一批 今天下午刚到 比人工客服说的早两天 还蛮惊喜的 拆开之后颜色很好看啊 简直 流...

Name: 评论内容, dtype: object

接下来对 pos_data_useless 正面评论文本数据集和 neg_data_useless 负面评论文本数据集进行 jieba 分词和去除停用词,最后得到正面评论文本情感分词集和负面评论文本情感分词集。

## 13.5.4　评论文本分词

中文分词指的是将一个汉字序列切分成一个一个单独的词。分词就是将连续的字序列按照一定的规范重新组合成词序列的过程。分词是分析文本评论的关键步骤,只有分词准确,才能得到正确的词频,也才能通过词频-逆文件频率提取到正确的关键词。如果分词效果不佳,即使后续算法优秀也无法实现理想的效果。例如在特征选择的过程中,不同的分词效果,将直接影响词语在文本中的重要性,从而影响特征的选择。

下面利用 jieba 分词包对评论文本进行中文分词。

```
import jieba
posCut=pos_data_useless.apply(lambda x: list(jieba.cut(x)))
negCut=neg_data_useless.apply(lambda x: list(jieba.cut(x)))
print("\n 对正面评论文本进行中文分词后的前 10 个文本")
print(posCut[:10])
print("\n 对负面评论文本进行中文分词后的前 10 个文本")
print(negCut[:10])
```

运行上述代码得到输出结果如下。

对正面评论文本进行中文分词后的前 10 个文本
0　　[给, 老妈, 买, 的, 之前, 的, 内存, 不够, 用, 了, 8, +, 25624...
2　　[是, 目前, 性价比, 最高, 的, 旗舰机, 了, 吧, 基本上, 啥, 都...
3　　[果然, 没, 让, 我, 失望, 手感, 非常, 的, 棒, 价格比, 华为, 的, 要...
4　　[原以为, 卖, 34, 没想到, 只要, 32, 啥, 也, 不, 说, 了, 当之无愧...
5　　[作为, 发烧友, 从红, 系列, 6, 家里, 的, 路由器, 机器人, 等等, 是...
6　　[双, 十二, 优惠, 多, 外形, 好看, 屏幕, 高清, 音效, 很, 好, 清...
7　　[我, 不是, 什么, 粉, 理性, 消费, 让, 我, 选择, 了, 产品, 非常...

8    [外形, 外观, :, 外观, 漂亮, 手感, 很, 好, 送, 的, 皮套, 不怎么, 好...
9    [初期, 短暂, 用过, 摩托罗拉, 三星, 之后, 就是, 346, 今天, 换, 了, ...
10   [这个, 幻彩, 很靓, 棒, 以后, 还会, 多多, 支持, !, 忽略, 我, 的, 五...
Name: 评论内容, dtype: object

对负面评论文本进行中文分词后的前 10 个文本
1    [给, 媳妇儿, 买, 的, 媳妇儿, 原来, 用, 的, HUAWEI, , NOVA, ...
259  [这个, 快递, 真的, 是, 快, 早上, 0, :, 02, 付, 的, 尾款, 下午, ...
276  [总体, 很, 好, 除了, 那, 摄像头, 突出, 还, 送, 了, 一个, 前...
292  [等, 贴膜, 到, 了, 再, 撕掉, 一直, 用, 系统, 比, 某, 为, 强, 的, ...
314  [等, 了, 一个多, 星期, 才, 到, 一个, 跟, 数据线, 一个, 快, 一...
342  [非常, 好用, 比, 我, 的, 六快, 多, 啦, 而且, 还, 左右, 划掉...
363  [看到, 价钱, 和, 分期, 都, 很, 诱惑, 本来, 没, 打算, 买, 结果, ...
431  [早上, 亲自, 去, 物流, 拿, 的, 小哥, 很热亲, 包装, 完好无损, 简...
508  [首发, 就, 买, 到, 了, 物流, 很, 给, 力, !, \n, 很, 满意, 紫色...
532  [1, 抢, 的, 那, 一批, , 今天下午, 刚到, , 比, 人工, 客服, 说, ...
Name: 评论内容, dtype: object

## 13.5.5　去除停用词

停用词是一些完全没有用或者没有意义的词,停用词大致可分为如下两类。

(1) 使用十分广泛,甚至是过于频繁的一些单词。比如英文的 i、is、what,中文的"我""就"之类的词,几乎在每个文档上均会出现。

(2) 文本中出现频率很高,但实际意义又不大的词。这一类主要包括了语气助词、副词、介词、连词等,通常自身并无明确意义,只有将其放入一个完整的句子中才有一定作用的词语。如常见的"的""在""和""接着"之类。

```
#加载停用词表,sep 设置为文档内不包含的内容,否则会出错,可网上下载 stoplist.txt
stopWords  = pd.read_csv("D:\\mypython\\stoplist.txt",sep = "fenci",encoding =
"utf-8",header = None)
stopWords = list(stopWords[0]) + [" ", ""]              #向 stopWords 里添加空格符
#去除停用词
posStop = posCut.apply(lambda x:[i for i in x if i not in stopWords])
negStop = negCut.apply(lambda x:[i for i in x if i not in stopWords])
print("\n 去除停用词后的前 10 个正面的评论文本")
print(posStop[:10])
print("\n 去除停用词后的前 10 个负面的评论文本")
print(negStop[:10])
```

运行上述代码得到的输出结果如下。

去除停用词后的前 10 个正面的评论文本
0    [老妈, 内存, 25624, 性价比, 极高, 轻薄, 相机, 够用, 充电, 速度, 很...
2    [性价比, 旗舰机, 游戏软件, 跑, 满分, 性能, 没话说, 价格, 依旧, 亲民雷, ...
3    [失望, 手感, 棒, 价格比, 便宜, 性价比, 高速度, 流畅, 人脸识别, 夜...
4    [原以为, 卖, 34, 没想到, 32, 当之无愧, 实惠, 855, 电池, 小点, 包...

```
5       [发烧友, 从红, 系列, 家里, 路由器, 机器人, 双十, 入手, 这款, 评价...
6       [双, 十二, 优惠, 外形, 好看, 屏幕, 高清, 音效, 拍照, 清晰, 色彩, 逼真...
7       [粉, 理性, 消费, 选择, 产品, 优秀, 各个方面, 权衡, 极致, 系列, ...
8       [外形, 外观, 外观, 漂亮, 手感, 送, 皮套, 好看, 手感, 棒, \n, 屏幕,...
9       [初期, 短暂, 用过, 摩托罗拉, 三星, 346, 换, 一路, 走来, 自然, 成, ...
10      [幻彩, 很靓, 棒, 还会, 支持, 忽略, 五块, 钱, 找, 不到, 挡, 串码, 这...
Name: 评论内容, dtype: object
```

去除停用词后的前 10 个负面的评论文本
```
1       [媳妇儿, 媳妇儿, HUAWEI, NOVA, 3e, 说实话, 看着, 卡, MI8, ...
259     [快递, 真的, 早上, 02, 付, 尾款, 下午, \n, 包装, 满意, \n, 送,...
276     [总体, 摄像头, 送, 保护套, 两部, 一部, 袋装, 一部, 纸箱装, 包装]
292     [贴膜, 撕掉, 系统, 强, 一点半点, 送, 车载, 无线, 充电, 测试, 无线, 充...
314     [一个多, 数据线, 充头, 耳机, 转接头, 送, 黑色, 软壳, 一张, 保修卡...
342     [好用, 六快, 划掉, 用惯, 感觉, 特别, 屏下, 指纹, 确实, 太, 不灵...
363     [价钱, 诱惑, 本来, 打算, 买来, 玩玩, 备用机, 耗电, OK, 精美, 干放, 电]
431     [早上, 物流, 小哥, 很热亲, 包装, 完好无损, 简单, 注册, 开机, 暂时...
508     [首发, 物流, 力, \n, 满意, 紫色, 骚里, 骚气, 指纹, 收集器, \n, 一...
532     [抢, 一批, 今天下午, 刚到, 人工, 客服, 早, 两天, 惊喜, 颜色, 好...
Name: 评论内容, dtype: object
```

评论文本的
LDA 主题分析

## 13.5.6  评论文本的 LDA 主题分析

潜在狄利克雷分配模型(Latent Dirichlet Allocation,LDA)是概率生成性模型的一个典型代表,能够发现语料库中潜在的主题信息,也将其称为 LDA 主题模型。所谓生成模型,就是说一篇文章的每个词可通过"以一定概率选择某个主题,并从这个主题中以一定概率选择某个词语"这样的过程而得到。所谓"主题"就是一个文本所蕴涵的中心思想,是文本内容的主体和核心,一个文本可以有一个主题,也可以有多个主题。主题由关键词来体现,可以将主题看作是一种关键词集合,同一个词在不同的主题背景下,它出现的概率是不同的,如一篇文章出现了某个球星的名字,我们只能说这篇文章有很大概率属于体育的主题,但也有小概率属于娱乐的主题。可以说,LDA 用词汇的分布来表达主题,将主题看作是一种词汇分布,用主题的分布来表达文章。LDA 把文章看作是由词汇组合而成,LDA 通过不同的词汇概率分布来反映不同的主题。一组词汇越能反映主题,这组词汇整体的出现概率越大。

下面举例说明 LDA 通过词汇的概率分布来反映主题。

假设有词汇集合{乔丹,篮球,足球,奥巴马,克林顿},假设有两个主题{体育,政治}。LDA 认为体育这个主题具有:{乔丹:0.3,篮球:0.3,足球:0.3,奥巴马:0.02,克林顿:0.03},其中数字代表词出现的概率。而政治这个主题有:{乔丹:0.03,篮球:0.03,足球:0.04,奥巴马:0.3,克林顿:0.3}。

下面举例说明 LDA 通过主题的分布来表达文章。

假设现在有两篇文章《体育快讯》和《娱乐周报》,有三个主题"体育""娱乐""废话"。LDA 认为《体育快讯》是这样的{废话:0.1,体育:0.7,娱乐:0.2},而《娱乐周报》是这样的

｛废话：0.2，娱乐：0.7，体育：0.1｝。也就是说，一篇文章在讲什么，通过不同的主题比例就可以得出。

总的来说，LDA认为每个主题对应一个词汇分布，而每个文档会对应一个主题分布。一篇文章的生产过程如下。

（1）确定主题和词汇的分布。

（2）确定文章和主题的分布。

（3）随机确定该文章的词汇个数 $N$。

（4）如果当前生成的词汇个数小于 $N$，执行第（5）步，否则执行第（6）步。

（5）由文档和主题分布随机生成一个主题，通过该主题由主题和词汇分布随机生成一个词，继续执行第（4）步。

（6）文章生成结束。

只要确定好两个分布（主题与词汇分布，文章与主题分布），然后随机生成文章各个主题比例，再根据各个主题随机生成词，忽略词与词之间的顺序关系，这就是LDA生成一篇文章的过程。

在LDA模型中一篇文档生成的方式如下。

（1）从狄利克雷分布 $\alpha$ 中取样生成文档 $i$ 的主题分布 $\theta_i$。

（2）从主题的多项式分布 $\theta_i$ 中取样生成文档 $i$ 第 $j$ 个词的主题 $z_{i,j}$。

（3）从狄利克雷分布 $\beta$ 中取样生成主题 $z_{i,j}$ 的词语分布 $\phi_{i,j}$。

（4）从词语的多项式分布 $\phi_{i,j}$ 中采样最终生成词语 $w_{i,j}$。

LDA主题模型是在概率隐性语义索引的基础上扩展得到的三层贝叶斯概率模型。LDA主题模型包含词语、主题（隐变量）、文档等三层结构。它的主要思想是将文档看作多个隐性主题集合上的概率分布，同时将每个主题看作相关词语集合上的概率分布。因此，文档可以看作是主题的概率分布，主题是词语的概率分布，一篇文档里面的每个词语出现的概率为

$$p(w_n \mid M_m) = \sum_{i \in K} p(w_n \mid i) p(i \mid M_m)$$

它表示词汇 $w_n$ 出现在文档 $M_m$ 中的概率为各个主题 $i$ 中 $w_n$ 出现的概率与文档 $M_m$ 中主题 $i$ 出现的概率的积之和。$N$ 为所有词汇，$M$ 为所有文档，$K$ 为所有主题。这个LDA主题模型的概率公式可以用如图13-8所示的矩阵表示。

图 13-8　LDA 主题模型的概率公式

其中"文档-词语"矩阵表示文档中每个词语的词频，即出现的概率；"文档-主题"矩阵表示每个文档中每个主题出现的概率；"主题-词语"矩阵表示每个主题中每个词语的出现概率。

给定一系列文档，通过对文档进行分词，计算各个文档中每个词的词频就可以得到左边这边"文档-词语"矩阵。主题模型就是通过对左边这个矩阵进行训练，学习出右边两个

矩阵。

有三种方法可生成 $M$ 个包含 $N$ 个单词的文档。

方法一：一元文法模型。

该方法通过对训练语料文档统计学习获得所有单词的概率分布函数,然后根据这个概率分布函数每次生成文档中的一个单词,通过 $N$ 次这样的操作生成一个文档,使用这个方法 $M$ 次,生成 $M$ 个文档。

方法二：一元文法的混合。

一元文法模型的方法的缺点就是生成的文本没有主题,过于简单,一元文法的混合方法对其进行了改进,该模型使用下面方法生成一个文档。

这种方法首先选定一个主题 $z$,主题 $z$ 对应一种单词的概率分布 $p(w|z)$,每次按这个分布生成一个单词,通过 $N$ 次这样的操作生成一个文档,使用 $M$ 次这个方法生成 $M$ 份不同的文档。该方法的缺点是：只允许一个文档只有一个主题,这不太符合常规情况,通常一个文档可能包含多个主题。

方法三：LDA 模型。

LDA 模型生成的文档可以包含多个主题,该模型使用下述方法生成一个文档。

根据主题向量 $\boldsymbol{\theta}$ 的分布函数 $p(\boldsymbol{\theta})$ 生成一个主题向量 $\boldsymbol{\theta}$,向量的每一列表示一个主题在文档出现的概率;然后在生成每个单词时,先根据 $\boldsymbol{\theta}$ 中主题 $z$ 的概率分布 $p(z|\boldsymbol{\theta})$,从主题分布向量 $\boldsymbol{\theta}$ 中选择一个主题 $z$,按主题 $z$ 中的单词概率分布 $p(w|z)$ 生成一个单词。LDA 生成文档的流程如图 13-9 所示。

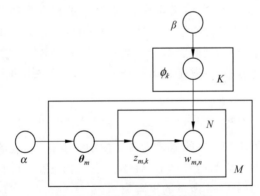

图 13-9　LDA 生成文档的流程

其中 $\alpha$ 表示文档主题分布的先验参数,$\beta$ 表示主题的词语分布的先验参数,$\theta_m$ 表示第 $m$ 个文档的主题分布向量,$\phi_k$ 表示第 $k$ 个主题的词语分布,$z_{m,k}$ 表示第 $m$ 个文档的第 $k$ 个主题,$w_{m,n}$ 表示第 $m$ 个文档的第 $n$ 个单词。

LDA 主题模型的建模过程,主要是从训练集当中学习出控制参数 $\alpha$ 和 $\beta$。$\alpha$ 是每个文本的主题的多项式分布的狄利克雷先验参数,$\beta$ 是每个主题的词语的多项式分布的狄利克雷先验参数,参数 $\alpha$ 与 $\beta$ 的估计,可通过 EM 推断和用 Gibbs 抽样得到。

使用 LDA 主题模型生成包含 $M$ 个文档、涵盖 $K$ 个主题的语料库的流程可用图 13-10 表示。

(1)首先对于 $M$ 个文档中的每个文档,生成"文档-主题"分布。"文档-主题"分布是一

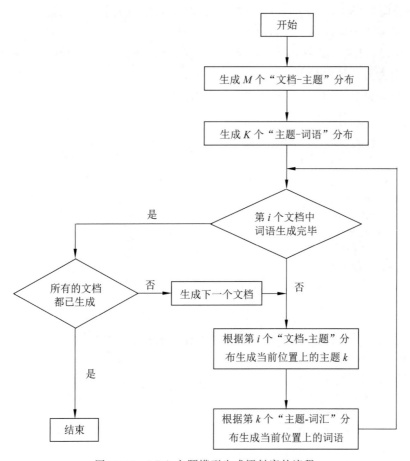

图 13-10　LDA 主题模型生成语料库的流程

个多项式分布,且它的参数变量服从参数为 $\alpha$ 的狄利克雷先验分布。

(2) 获得每个主题下的"主题-词语"分布。"主题-词语"分布是一个多项式分布,且它的参数变量服从参数为 $\beta$ 的狄利克雷先验分布。

(3) 根据"文档-主题""主题-词语"分布,依次生成所有文档中的词语。具体地说,首先根据该文档的"文档-主题"分布规律采样一个主题,然后从这个主题对应的"主题-词语"分布规律中采样生成一个词汇,不断重复(3)的生成过程,直到 $M$ 个文档的词汇全部生成。

下面分别对正面评价和负面评价两类文本进行隐含狄利克雷分布(Latent Dirichlet Allocation,LDA)主题分析。

下面使用 Python 开源的第三方 Gensim 库完成 LDA 主题分析。Gensim 用于从原始的非结构化的文本中,无监督地学习到文本隐层的主题向量表达,它支持包括 TF-IDF、LSA、LDA 和 word2vec 在内的多种主题模型算法。Gensim 的基本概念如下。

(1) 语料(Corpus):一组原始文本的集合,这个集合是 Gensim 的输入,Gensim 会从这个语料中推断出它的结构、主题等。在 Gensim 中,Corpus 通常是一个可迭代的对象(比如列表)。

(2) 向量(Vector):由一组文本特征构成的列表,是一段文本在 Gensim 中的内部表达。

（3）稀疏向量(Sparse Vector)：通常，可以略去向量中多余的 0 元素。此时，向量中的每一个元素是一个形如(key，value)的元组。

（4）模型(Model)：是一个抽象的术语。定义了两个向量空间的变换(即从文本的一种向量表达变换为另一种向量表达)。

下面给出评论文本的 LDA 主题分析的代码实现。

```
from gensim import corpora, models
#负面主题分析
neg_dict = corpora.Dictionary(negStop)                    #建立负面词典
neg_corpus = [neg_dict.doc2bow(i) for i in negStop]       #建立负面语料库
#构建 LDA 模型
neg_lda = models.LdaModel(neg_corpus, num_topics = 3, id2word = neg_dict)
print("\n负面评价")
for i in range(3):
    print("主题%d: " %i)
    print(neg_lda.print_topic(i) )                        #输出主题
#正面主题分析
pos_dict = corpora.Dictionary(posStop)
pos_corpus = [pos_dict.doc2bow(i) for i in posStop]
pos_lda = models.LdaModel(pos_corpus, num_topics = 3, id2word = pos_dict)
print("\n正面评价")
for i in range(3):
    print("主题%d : " %i)
    print(pos_lda.print_topic(i) )                        #输出主题
```

运行上述代码得到的输出结果如下。

负面评价
主题 0：
0.016 * "指纹" + 0.014 * "拍照" + 0.014 * "很快" + 0.013 * "充电" + 0.011 * "速度" + 0.010 * "电池" + 0.010 * "玩游戏" + 0.009 * "点" + 0.008 * "确实" + 0.008 * "感觉"
主题 1：
0.021 * "" + 0.016 * "华为" + 0.013 * "系统" + 0.013 * "满意" + 0.013 * "续航" + 0.012 * "屏幕" + 0.010 * "下午" + 0.010 * "不错" + 0.008 * "早上" + 0.008 * "快递"
主题 2：
0.019 * "壳" + 0.015 * "送" + 0.010 * "无线" + 0.010 * "充电" + 0.010 * "体验" + 0.010 * "摄像头" + 0.008 * "一部" + 0.008 * "系统" + 0.008 * "包装" + 0.007 * "手感"
正面评价
主题 0：
0.040 * "" + 0.019 * "拍照" + 0.019 * "效果" + 0.019 * "运行" + 0.017 * "屏幕" + 0.016 * "速度" + 0.014 * "不错" + 0.012 * "音效" + 0.011 * "外观" + 0.011 * "外形"
主题 1：
0.019 * "" + 0.018 * "不错" + 0.017 * "拍照" + 0.014 * "速度" + 0.010 * "运行" + 0.010 * "屏幕" + 0.010 * "外观" + 0.010 * "充电" + 0.009 * "喜欢" + 0.009 * "流畅"
主题 2：
0.046 * "" + 0.020 * "速度" + 0.019 * "屏幕" + 0.016 * "外观" + 0.016 * "拍照" + 0.014 *

"运行" + 0.012 * "效果" + 0.012 * "很快" + 0.011 * "不错" + 0.010 * "待机时间"

经过 LDA 主题分析后,正面评价和负面评价文本分别被聚成 3 个主题,每个主题下显示 10 个最有可能出现的词语以及相应的概率。根据对小米 9 正面评价的 3 个潜在主题的特征词提取,主题 0 中的高频特征词有"拍照""效果""运行""屏幕""速度""不错""音效"等,主要反映京东上的小米 9 的质量不错,表现在"拍照""运行""屏幕""音效"等方面;主题 1 中的高频特征词有"不错""速度""运行""屏幕""外观""充电""喜欢"等,主要反映小米 9 手机的运行速度不错、屏幕外观好、音效不错;主题 2 中的高频特征词有"速度""屏幕""外观""运行""待机时间"等,主要反映京东上的小米 9 手机待机时间不错。

根据对小米 9 差评的 3 个潜在主题的特征词提取,主题 0 中的高频特征词有"指纹""拍照"等,主要反映小米 9 的指纹和"拍照"存在问题等;主题 1 中的高频特征词有"系统""续航""快递"等,主要反映小米 9 系统、电池续航和快递方面存在一些问题;主题 2 中的高频特征词有"壳""充电"等,主要反映小米 9 手机壳和充电方面存在一些问题。

从输出的正面评价和负面评价的 3 个主题来看,主题内容还不够聚焦,尤其负面主题在"负"的表现上还不够,这是因为我们没有提前对采集的评论文本进行有效的预处理,没有去除价值低的评论。查看采集到的小米 9 评论文本后,可以发现评论具有以下特点。

(1) 文本短,很多评论就是一句话。

(2) 情感倾向明显,如"好""可以""漂亮"。

(3) 语言不规范,会出现一些网络用词、符号、数字等,如 666、"神器"。

(4) 重复性大,一句话出现多次词语重复,如"很好,很好,很好"。

总的来说,文本评论数据里存在大量价值很低甚至没有价值的评论,如果对这些评论数据进行分词、词频统计、提取主题乃至情感分析,必然造成很大的干扰,评论数据分析结果的质量也将会受到很大的影响。因此,在利用这些评论文本进行数据分析之前就必须对文本进行预处理,去除低价值、无价值的评论。

文本评论数据的预处理主要包括 3 个方面:文本去重、机械压缩去词、短句删除。进行这些处理后,最后进行 LDA 主题分析后输出的主题一定能够很好地聚焦。

## 13.6　本章小结

本章主要讲解电商评论网络爬取与情感分析。先讲解了网页的概念、网络爬虫的工作流程。然后,讲解了如何使用 BeautifulSoup 库提取网页信息。接着,讲解了如何使用 urllib 库编写简单的网络爬虫,以及爬取京东小米手机评论的整个过程。最后,讲解了对手机评论文本进行情感分析。

# 参 考 文 献

［1］ 张良均,王路,谭立云,等. Python 数据分析与数据挖掘[M]. 2 版. 北京：机械工业出版社,2019.

［2］ Tan P T,Michael S, Vipin K. 数据挖掘导论(完整版)[M]. 范明,范宏建,译. 北京：人民邮电出版社,2017.

［3］ Fabio N. Python 数据分析实战[M]. 杜春晓,译. 北京：人民邮电出版社,2017.

［4］ Sebastian R. Python 机器学习[M]. 高明,徐莹,陶虎成,译. 北京：机械工业出版社,2017.

［5］ 周志华. 机器学习[M]. 北京：清华大学出版社,2016.

［6］ 张啸宇,李静. Python 数据分析从入门到精通[M]. 北京：电子工业出版社,2018.

［7］ 方巍. Python 数据挖掘与机器学习实战[M]. 北京：机械工业出版社,2019.

# 图书资源支持

感谢您一直以来对清华版图书的支持和爱护。为了配合本书的使用，本书提供配套的资源，有需求的读者请扫描下方的"书圈"微信公众号二维码，在图书专区下载，也可以拨打电话或发送电子邮件咨询。

如果您在使用本书的过程中遇到了什么问题，或者有相关图书出版计划，也请您发邮件告诉我们，以便我们更好地为您服务。

**我们的联系方式：**

地　　址：北京市海淀区双清路学研大厦 A 座 714

邮　　编：100084

电　　话：010-83470236　　010-83470237

客服邮箱：2301891038@qq.com

QQ：2301891038（请写明您的单位和姓名）

资源下载：关注公众号"书圈"下载配套资源。

资源下载、样书申请

书圈

获取最新书目

观看课程直播